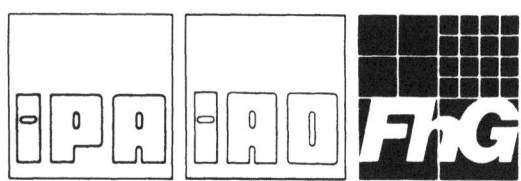

Forschung und Praxis

Band T 29

Berichte aus dem

Fraunhofer-Institut für Produktionstechnik und Automatisierung (IPA), Stuttgart

Fraunhofer-Institut für Arbeitswirtschaft und Organisation (IAO), Stuttgart

Institut für Industrielle Fertigung und Fabrikbetrieb (IFF) der Universität Stuttgart, und

Institut für Arbeitswissenschaft und Technologiemanagement (IAT) der Universität Stuttgart

Herausgeber: H. J. Warnecke und H.-J. Bullinger

IAO-Forum
12. Mai 1992

Objektorientierte Informationssysteme II

Neue Trends und
aktuelle Applikationen

Herausgegeben von H.-J. Bullinger

Springer-Verlag Berlin Heidelberg GmbH 1992

Dr.-Ing. Dr. h. c. Dr.-Ing. E. h. H. J. Warnecke
o. Professor an der Universität Stuttgart
Fraunhofer-Institut für Produktionstechnik und Automatisierung (IPA), Stuttgart

Dr.-Ing. habil. Dr. h. c. H.-J. Bullinger
o. Professor an der Universität Stuttgart
Fraunhofer-Institut für Arbeitswirtschaft und Organisation (IAO), Stuttgart

ISBN 978-3-540-55540-7   ISBN 978-3-662-01584-1 (eBook)
DOI 10.1007/978-3-662-01584-1

Dieses Werk ist urheberrechtlich geschützt. Die dadurch begründeten Rechte, insbesondere die der Übersetzung, des Nachdrucks, der Entnahme von Abbildungen und Tabellen, der Funksendung, der Mikroverfilmung oder der Vervielfältigung auf anderen Wegen und der Speicherung in Datenverarbeitungsanlagen, bleiben, auch bei nur auszugsweiser Verwertung, vorbehalten. Eine Vervielfältigung dieses Werkes oder von Teilen dieses Werkes ist auch im Einzelfall nur in den Grenzen der gesetzlichen Bestimmungen des Urheberrechtsgesetzes der Bundesrepublik Deutschland vom 9. September 1965 in der Fassung vom 24. Juni 1985 zulässig. Sie ist grundsätzlich vergütungspflichtig. Zuwiderhandlungen unterliegen den Strafbestimmungen des Urheberrechtsgesetzes.

© Springer-Verlag Berlin Heidelberg, 1992
Ursprünglich erschienin bei Springer-Verlag Berlin Heidelberg 1992

Die Wiedergabe von Gebrauchsnamen, Handelsnamen, Warenbezeichnungen usw. in diesem Werk berechtigt auch ohne besondere Kennzeichnung nicht zu der Annahme, daß solche Namen im Sinne der Warenzeichen- und Markenschutz-Gesetzgebung als frei zu betrachten wären und daher von jedermann benutzt werden dürften.

Sollte in diesem Werk direkt oder indirekt auf Gesetze, Vorschriften oder Richtlinien (z. B. DIN, VDI, VDE) Bezug genommen oder aus ihnen zitiert worden sein, so kann der Verlag keine Gewähr für Richtigkeit, Vollständigkeit oder Aktualität übernehmen. Es empfiehlt sich, gegebenenfalls für die eigenen Arbeiten die vollständigen Vorschriften oder Richtlinien in der jeweils gültigen Fassung hinzuziehen.

Gesamtherstellung: Copydruck GmbH, Heimsheim

2362/3020-543210

Vorwort

Objektorintierte DV-Systeme werden insbesondere im technischen Bereich in Zukunft zunehmend an Bedeutung gewinnen. Eigenschaften wie erhöhte Wiederverwendbarkeit von Softwaremoduln verringern die Entwicklungszeit, vereinfachen die Wartung und steigern die Performance der Anwendungssysteme.

Nach objektorientierten Programmiersprachen und Benutzeroberflächen erobern derzeit die Datenbanksysteme diese zukunftsträchtige Technologie. Objektorientierte Datenbanken sind die Systeme der kommenden Jahre: Sie sind anwenderfreundlich, flexibel, mächtig in der Modellierung, und in der Performance können sie relationale Systeme um Größenordnungen übertreffen.

Besonders für anspruchsvolle Anwendungsgebiete wie CAD/CAM, Büroautomatisierung, Software Engineering oder Wissenrepräsentation ist die hohe Ausdrucksfähigkeit des objektorientierten Modells von entscheidender Bedeutung. Objektorientierte Datenbanksysteme begegnen den komplexen Anforderungen dieser Anwendungen vor allem dadurch, daß ihr Datenmodell Konzepte anbietet, mit denen die Struktur und das Verhalten von realen Objekten weitgehend 1:1 durch Datenbankobjekte abbildbar sind. Dadurch vereinfachen sich Datenbankentwurf sowie Datenverwaltung und weisen den Vorteil erhöhter Fehlertoleranz auf. Außerdem werden die Konsistenz der Datenbank verbessert und die Effizienz des Anwendungssystems gesteigert.

Im Forum werden die in objektorientierten Anwendungssystemen implementierten Ansätze sowie die daraus gewonnenen praktischen Erfahrungen aufgezeigt und diskutiert. Der Schwerpunkt liegt dabei auf der praktischen Anwendung der Konzepte und wird durch Vorführung von kommerziellen Produkten sowie von am IAO entwickelten Prototypen veranschaulicht.

Stuttgart, Mai 1992   Prof. Dr. H.-J. Bullinger

Inhalt

Objektorientiertes Informationsmanagement im Engineering   9
H.-J. Bullinger, Fraunhofer Institut für Arbeitswirtschaft und Organisation (IAO), Stuttgart

Objektorientierte Datenbanksysteme – leistungsfähige Basis komplexer Anwendungssysteme   37
K. R. Dittrich, Universität Zürich, A. Geppert, Universität Zürich

Objektmodellierung betrieblicher Informationssysteme   63
E. Sinz, Otto-Friedrich-Universität Bamberg

Objektorientierte Datenbanksysteme – Marktübersicht 1992   85
D. Koch, Fraunhofer Institut für Arbeitswirtschaft und Organisation (IAO), Stuttgart

Einsatzpotentiale objektorientierter Datenbanken im Produktionsmanagement   113
D. Fischer, Fraunhofer Institut für Arbeitswirtschaft und Organisation (IAO), Stuttgart
F. Wagner, Fraunhofer Institut für Arbeitswirtschaft und Organisation (IAO), Stuttgart

Objektorientiertes Datenmanagement in Automatisierungssystemen   135
W. Olberding, AEG Aktiengesellschaft, Frankfurt/M., S. Brandt

Technische Dokumentation für den Engineeringprozeß   205
J. Matthes, Fraunhofer Institut für Arbeitswirtschaft und Organisation (IAO), Stuttgart
F. Marcial, Fraunhofer Institut für Arbeitswirtschaft und Organisation (IAO), Stuttgart

Objektorientierte Ingenieursysteme in der Raumfahrt   223
J. Eickhoff, Dornier GmbH, Friedrichshafen

Siframe – Eine objektorientierte Umgebung für Concurrent Engineering   245
B. Schulz, Siemens Nixdorf Informationssysteme AG, München,
H. G. Thonemann, Siemens Nixdorf Informationssysteme AG, München,
M. D. Irvine, S. Keßler

Objektorientiertes Klassensystem zum Bau von anwendungsspezifischen Leitständen   259
Th. Otterbein, Fraunhofer Institut für Arbeitswirtschaft und Organisation (IAO), Stuttgart

Methoden und Werkzeuge zur Analyse und Auslegung objektorientierter Systeme   285
F. Wagner, Fraunhofer Institut für Arbeitswirtschaft und Organisation (IAO), Stuttgart
U. Fischer, Fraunhofer Institut für Arbeitswirtschaft und Organisation (IAO), Stuttgart

IAO-Forum
**Objektorientierte
Informationssysteme II**

**Objektorientiertes
Informationsmanagement
im Engineering**

H.-J. Bullinger

1 Industrielle Trends
Potentiale und Probleme bei der industriellen Produktentwicklung

Der zunehmende internationale Wettbewerbsdruck in der industriellen Produktentwicklung zwingt die Unternehmen dazu, qualitativ hochwertige Produkte, die sehr genau auf Kundenbedürfnisse, Aktivitäten des Wettbewerbs und neue technologische Entwicklungen abgestimmt sind, zu geringstmöglichen Kosten anzubieten. Durch die Wettbewerbsstrukturen und als Folge des geforderten hohen Innovationstempos ergeben sich sinkende Produktlebenszeiten. Zudem sehen sich die Groß- und Mittelbetriebe der Technikbranche aufgrund der erhöhten Komplexität der Produkte, der wachsenden Variantenvielfalt und zunehmender Qualitätsansprüche mit drastisch steigenden Entwicklungsaufwänden konfrontiert.

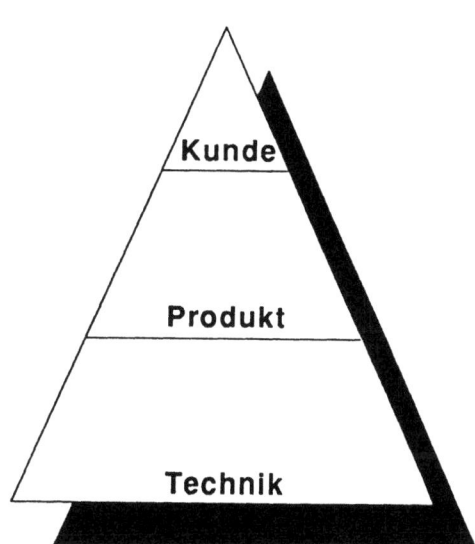

Bild 1: Strategische Erfolgsfaktoren im Wandel der Zeit

Direkte Folge dieser Situation sind steigende Amortisationszeiten für Investitionen in neue Produkte. Sie nähern sich in allen Branchen bedrohlich den Produktlebenszeiten an. Im Bereich der Unterhaltungselektronik und der Computerbranche verkürzen sich beispielsweise die Produktlebenszeiten um ganze 46 % auf unter 5 Jahre. Gleichzeitig steigt die *Pay-off-Periode*, d.h. die Zeitspanne vom Markteintritt bis zur Amortisation der jeweiligen Entwicklungsausgaben, um 5,5 % auf knapp 4 Jahre an. Bei bestimmten Unternehmen und Produkten finden sich bereits Überschneidungen nicht nur zwischen Produktentwicklungszeit und Produktlebenszeit, sondern in Einzelfällen auch schon zwischen Produktlebenszeit und Pay-off-Periode /1/.

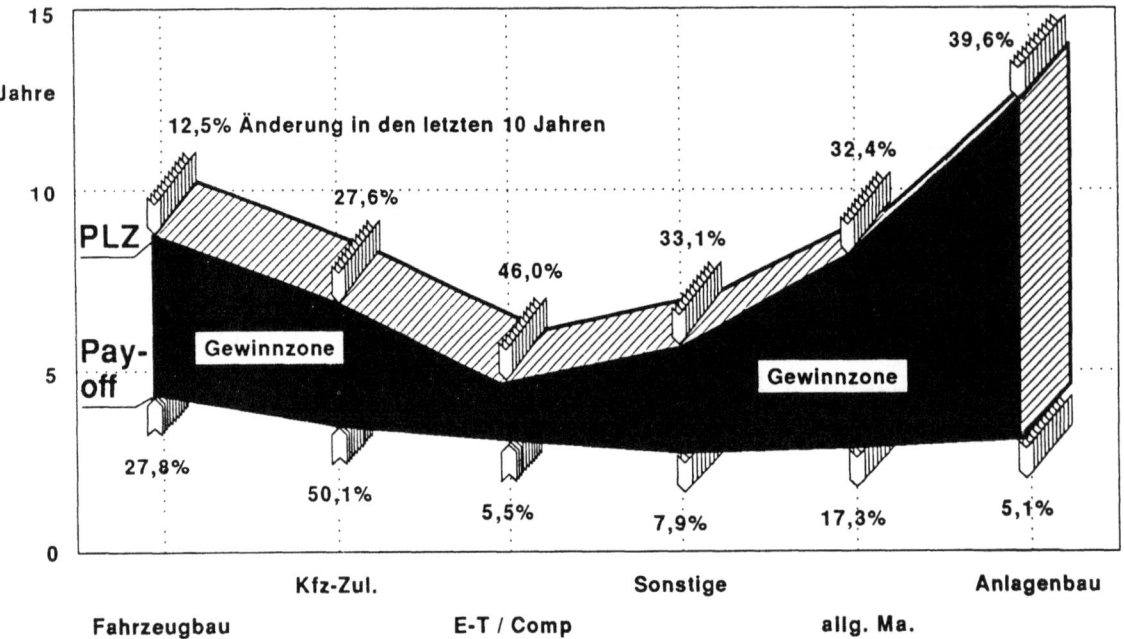

Bild 2: Produktlebenszeit und Pay-off-Periode im Vergleich

Time-to-Market, die Zeitspanne vom Bedarfsimpuls bis zur Vermarktung, wird von Unternehmen der industriellen Produktentwicklung mit großer Mehrheit als strategischer Erfolgsfaktor im internationalen Wettbewerb angesehen. Die Unternehmen müssen sich nicht nur auf immer kürzer werdende Produktlebenszyklen einstellen, sondern sie müssen sich auch der Herausforderung kürzerer Entwicklungs- und Durchlaufzeiten stellen. Im direkten Produktionsbereich wurden durch *Just-in-Time* als organisatorische Strategie, Ressourcen zu optimieren, erhebliche Kostenentlastungen und Verkürzungen der Produktionszeit erreicht.

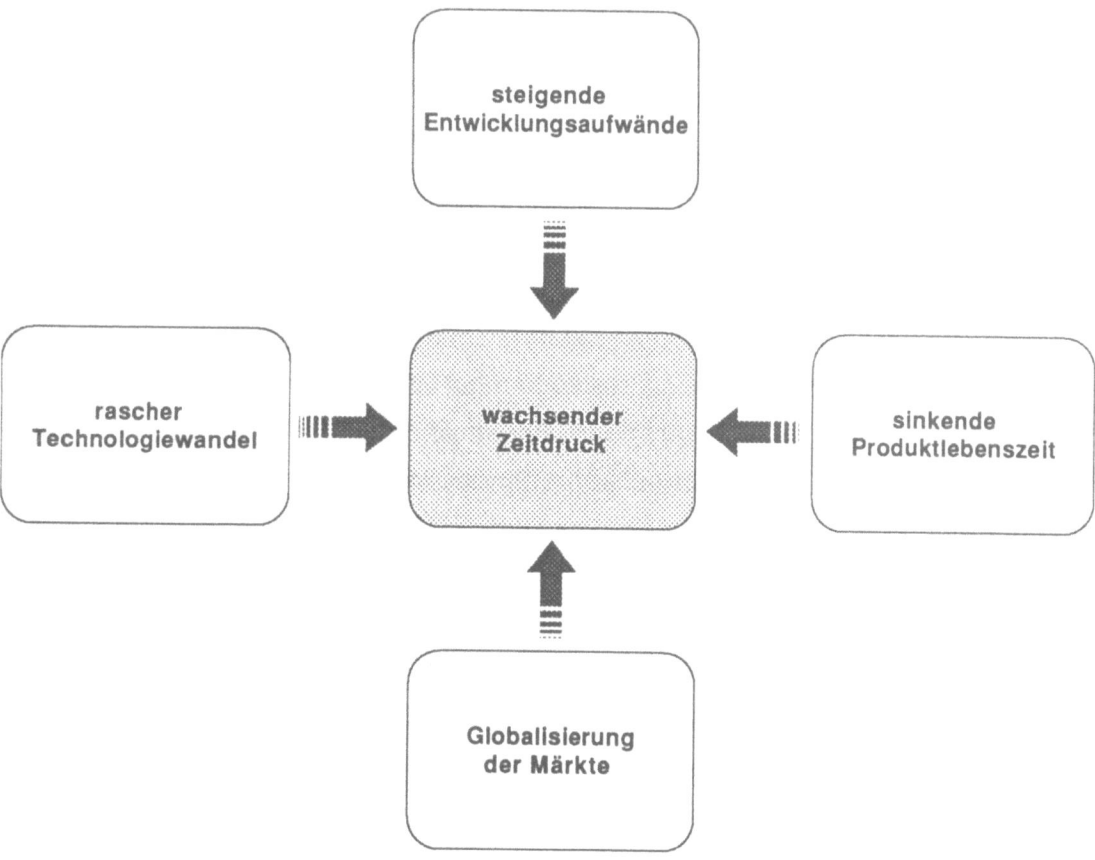

Bild 3: Wettbewerbsfaktor Zeit

Um weitere Verbesserungspotentiale freizusetzen, bedarf es der Ausdehnung der zeit- und kostenorientierten Betrachtungsweise auf die der Produktion vorgelagerten Bereiche Entwicklung, Konstruktion und Arbeitsvorbereitung, d. h. den gesamten Engineering-Bereich. Diese Forderung wird durch die deutliche Zunahme des Anteils der produktionsvorgelagerten Bereiche an der Wertschöpfung eines Produkts zusätzlich gerechtfertigt. Zur Entschärfung der Zeitproblematik und zur Vermeidung eines stetig steigenden Entwicklungsaufwands muß die Produktivität des Entwicklungsprozesses erhöht werden.

Simultaneous Engineering ist eine ablauforganisatorische Strategie, die als Problemlöser im Kampf gegen die Zeit insbesondere auf die Senkung des Änderungsaufwands abzielt. Durch Simultaneous Engineering sollen die einzelnen Engineering-Prozesse im Rahmen des komplexen Produktentstehungsprozesses von der Idee bis zur Auslieferung des Produktes durch organisatorische sowie technologische Maßnahmen parallelisiert werden. Um Zeit und Effektivitätsverluste zu vermeiden, bedarf es einer ganzheitlichen integrierten Betrachtung der Produktentwicklung. Die *integrierte Produktentwicklung* zeichnet sich durch die frühzeitige Einbeziehung der technischen Bereiche in die mittel- und langfristige Markt- und Produktplanung aus und ist die notwendige Voraussetzung, um einerseits flexibel und kurzfristig auf Kundenwünsche reagieren zu können und andererseits die zur Steigerung der Entwicklungseffektivität erforderlichen Synergien in Unternehmen ausreichend zu nutzen. Charakteristisch für Simultaneous Engineering ist die enge informatorische Kopplung von Tätigkeiten der Entwicklung, Erprobung, Bewertung und Entscheidung. Simultaneous Engineering fördert so bereichsübergreifendes, auf Problemlösung gerichtetes Zusammenarbeiten zwischen den unterschiedlichen Fachabteilungen. Insofern kann der Simultaneous-Engineering-Prozeß durch den organisatorisch fundierten Einsatz von Informationstechnologien wirksam unterstützt werden. Informationsmanagement in Verbindung mit dem Organisationsprinzip des Simultaneous Engineering (SE) entwickelt sich zum Instrument einer *Fast-to-Market*-Strategie und hilft, den Zielkonflikt zwischen *Fast-to-Market* und *Save-to-Market* zumindest teilweise aufzulösen. Informationsgestützte Simultaneous Engineering-Prozesse erfordern die Entwicklung eines durchgängigen unternehmensweiten Datenmodells. Außerdem ist die Verwendung von wirksamen Tools und Methoden zur Analyse und zum Entwurf der Datenstrukturen notwendig.

2 Steigerung der Produktivität im Engineering

2.1 Simultaneous Engineering und integrierte Produktentwicklung

Zielsetzung und Grundgedanke der Simultaneous-Engineering-Strategie und der integrierten Produktentwicklung sind sowohl die Verkürzung der Gesamtdurchlaufzeit über die gesamte Wertschöpfungskette des Unternehmens hinweg durch Parallelisierung und Integration der einzelnen Aktivitäten der Entwicklung, Fertigungsvorbereitung und -ausführung sowie Qualitätssicherung als auch die Reduzierung der Entwicklungsaufwände. Beides muß einhergehen mit einer Steigerung der Produktivität des Produktentwicklungsprozesses und der Integration der Produktentwicklung in andere Unternehmensbereiche. Steigerung der Produktivität bedeutet gleichermaßen die Verbesserung von Effizienz und Effektivität. Im Rahmen der integrierten Produktentwicklung wird die konzeptionelle Produktplanung gemeinsam von den Bereichen Marketing, Entwicklung und Fertigung durchgeführt. Diese marktorientierte Produktplanung hilft Markteinführungsrisiken gering zu halten.

Eine Steigerung der Effizienz läßt sich durch bessere Planung und Steuerung des Entwicklungsprozesses erzielen. Ebenso trägt die gezielte Einführung von Qualitätssicherungsmaßnahmen durch frühzeitiges Erkennen von Fehlern und der Reduzierung nachträglicher aufwendiger Änderungen zur Steigerung der Effizienz bei. Von welcher Bedeutung der Änderungsaufwand bei Entwicklungsprojekten ist, belegen auch unsere Untersuchungen in der Bundesrepublik Deutschland: Danach geht man davon aus, daß durchschnittlich 33 % des gesamten Entwicklungsaufwands zu Lasten vermeidbarer Änderungen gehen.

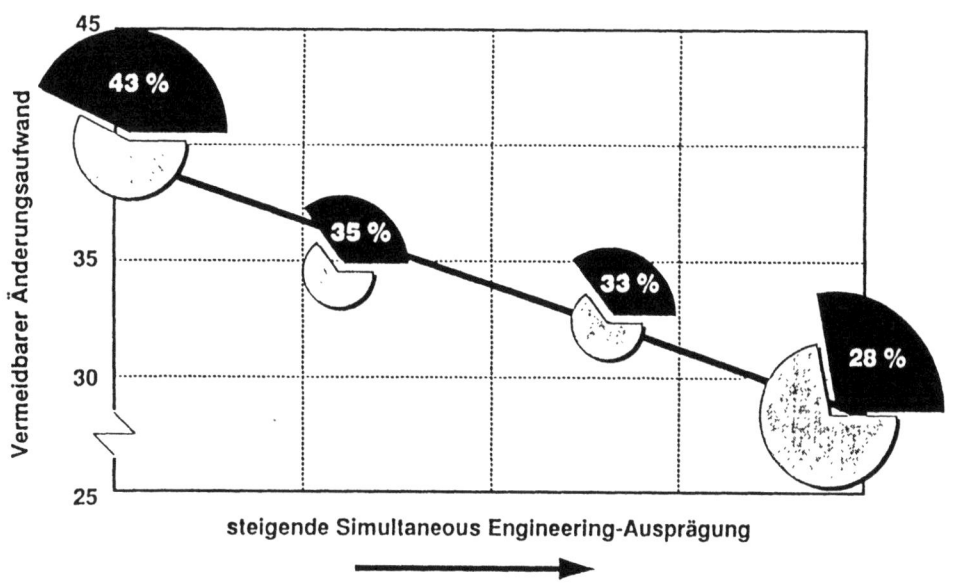

Bild 4: Vermeidbarer Änderungsaufwand beim Gesamtentwicklungsaufwand

Interessant ist, daß durch die frühzeitige Einbeziehung der beteiligten Abteilungen und den Einsatz von Projektmanagement dieser Änderungsaufwand halbiert wird. Die Effizienz-Überlegungen, die zur Simultaneous-Engineering-Strategie führen, gehen davon aus, daß die technische Struktur eines Produkts die Ablaufstrukturen bei Produktentwicklungsprozessen mitbestimmt. Erst durch die Kenntnis der Produktstruktur können Maßnahmen zur Parallelisierung von Abläufen und damit zur Verkürzung der Entwicklungsprozesse abgeleitet werden.

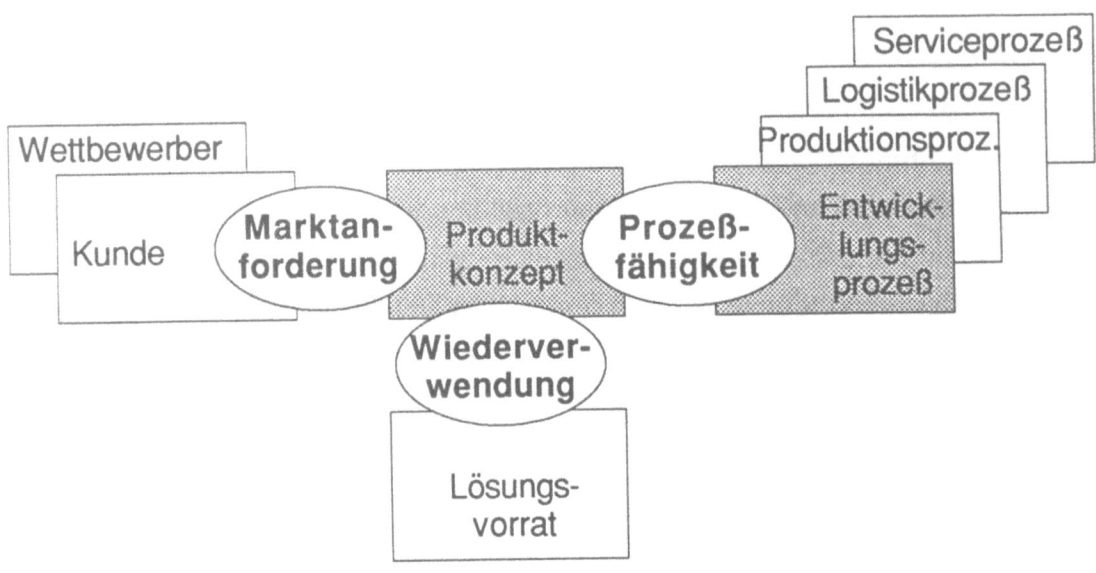

Bild 5: Verknüpfung von Produktstruktur und Entwicklungsprozeß /2/

Kennzeichnend für das Simultaneous-Engineering-Strategiekonzept ist demnach

o die Parallelisierung von Entwicklungsschritten
o die methodische Planung und Steuerung der Projekte und die frühzeitige Einbindung der beteiligten Bereiche
o Teamarbeit
o die Synchronisation der Produkt- und Produktionsmittelentwicklung
o die verbesserte Abstimmung zwischen Organisation und Technik
o die methodische Planung und Gestaltung neuer Produkte
o die Integration der Zulieferer in die Entwicklung
o die frühe Einbindung der Produktionsmittelhersteller

2.2 Konsequenzen aus der Umsetzung von Simultaneous Engineering und integrierter Produktentwicklung

Die Vorgehensweisen einer integrierten Produktentwicklung und des Simultaneous Engineering haben durch die frühzeitige Integration aller Unternehmensbereiche in den Entwicklungsprozeß und die Anpassung der Organisation an die Produkt- und

Fertigungsstruktur Auswirkungen auf den Ablauf des Entwicklungsprozesses und die Organisation. Für eine effiziente Umsetzung im Unternehmen sind daher

o   ein effektives Projektmanagement
o   die informationstechnische Integration aller am Entwicklungsprozeß unmittelbar und mittelbar Beteiligten
o   eine umfassende, durchgängige Rechnerunterstützung des Entwicklungsbereichs
o   der Einsatz von Informationssystemen
o   ein erweiterter Ansatz der Qualitätssicherung

notwendig /3/.

3   Konzepte zur Rechnerunterstützung in der Produktentwicklung

3.1 CAD-Systeme mit erweiterter Funktionalität auf der Basis eines gemeinsamen Produktmodells

Der Forderung nach umfassender Rechnerunterstützung der Entwicklung kann durch den Einsatz integrierter CAD-Systeme mit erweiterter Funktionalität entsprochen werden. Eine Zunahme der Funktionalität ermöglicht die Ausdehnung der Rechnerunterstützung von der Konstruktion über die Produktgestaltung bis hin zur Produktentwicklung.

o   Die rechnerunterstützte Konstruktion erlaubt den Einsatz komplexer Berechnungslogarithmen, insbesondere zur Analyse und zur Simulation (z. B. FEM-Algorithmen), sowie den Einsatz geometrischer Modellierer. Wesentliche Grundlage für Systeme zur rechnergestützten Konstruktion sind Geometriemodelle der konstruierten Produkte.

o   Bei der rechnerunterstützten Produktgestaltung werden zusätzliche Anwendungssysteme eingesetzt, die durch die programmtechnische Abbildung einer Konstruktionslogik und die interaktive Sicherung durch den Konstrukteur die Geometrie automatisch erzeugen. Es müssen Funktion, Geometrie, Technologie und Nutzung der konstruierten Produkte und deren Abhängigkeiten integriert behandelt werden. Wesentliche Grundlage für Systeme zur rechnerunterstützten Produktgestaltung sind Produktmodelle, die Informationen über die Funktion, Nutzung, Geometrie und Technologie der konstruierten Produkte enthalten. Zusätzlich ist die Verarbeitung von Wissen notwendig.

o Die <u>rechnerunterstützte Produktentwicklung</u> entspricht der integrierten Produktentwicklung und dient zur notwendigen Entwicklungszeitverkürzung, zur Qualitätsverbesserung und auch zur Entwicklung ressourcenschonender Produkte. Die rechnerunterstützte Produktentwicklung erstreckt sich über den gesamten Produktlebenszyklus und bindet die verschiedenen Unternehmensbereiche wie Marketing, Vertrieb, Entwicklung, Fertigung und Qualitätssicherung ein. Zusätzlich werden die erforderlichen ablauforganisatorischen Veränderungen des Entwicklungsprozesses und die Veränderungen des Team- und Projektmanagements im Sinne des Simultaneous Engineering und die Methoden und Konzepte des Quality Engineering unterstützt.

3.2 Einsatz technischer Informationssysteme

Ein hinsichtlich der Ablauforganisation optimiertes System mit synchronisierten Produkt- und Produktionsmittel-Entwicklungsprozessen kann durch den Einsatz von Informationssystemen weitere Entwicklungszeitverkürzungen erreichen. Abteilungsübergreifende Aufgaben, die aufgrund eines hohen Änderungsaufwands die Durchlaufzeiten erhöhen, können durch den Einsatz von Informationssystemen besser vom Bearbeiter der jeweiligen Kernaufgabe gelöst werden und helfen, Aspekte zu berücksichtigen, die schwerpunktmäßig von anderen Abteilungen bearbeitet werden. Durch die Verwendung technischer Informationssysteme und integrierter CAD-Systeme wird eine Reduktion des Änderungsaufwands und eine umfassende Unterstützung des Konstrukteurs erzielt. Konstruktionsinformationssysteme ermöglichen die vollständige Berücksichtigung verschiedenster Anforderungen aus den nachgelagerten Unternehmensbereichen und damit eine integrierte Produktentwicklung.

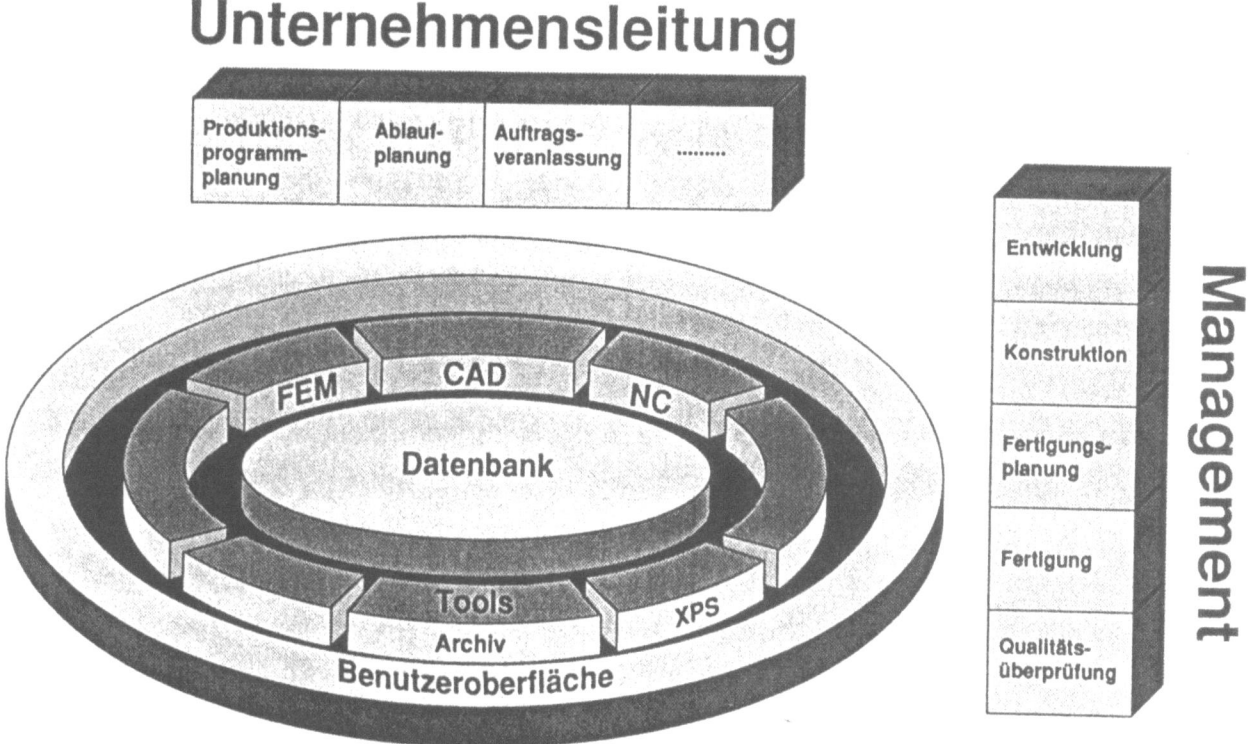

Bild 6: Schematischer Aufbau eines technischen Informationssystems

Beispiele für eine wirksame Unterstützung des Konstrukteurs und des Entwicklers sind folgende am Fraunhofer-Institut für Arbeitswirtschaft und Organisation entwickelte Systeme:

WYSIKON
Rechnergestütztes Informationssystem zur Unterstützung des methodischen Engineering
Die strategische Bedeutung des Dokumentationsmanagements als Basis der effizienten Produktentwicklung wurde von innovativen Unternehmen erkannt und erfolgreich im gesamten Engineering-Bereich umgesetzt. Davon betroffen sind nur produktbeschreibende Daten, wie sie in der herkömmlichen Dokumentation enthalten sind. Der Paradigmenwechsel macht ebenso auch im Engineering eine erweiterte Sichtweise notwendig, die die Erkenntnisse des Methodical Engineering in der Produktentwicklung nutzbar macht. Das bedeutet, daß die Methoden und die Vorge-

hensweisen, die im gesamten Entwicklungsprozeß eines Produktes eingesetzt werden, dokumentiert und für den späteren Einsatz in geeigneter Form zugänglich gemacht werden. WISYKON ist ein System zur Unterstützung der Entwicklung und Konstruktion mit Hilfe rechnergestützter Methoden und Werkzeuge. Konkret bedeutet dies, daß durch WISYKON allen Mitgliedern des Produktentwicklungsteams der effiziente Zugriff bspw. auf bereits bestehende Lösungen, erarbeitete Varianten, prinzipielle Produktkonzepte, Konstruktionsideen ode erfolgreiche, methodische Vorgehensweisen ermöglicht wird.

Der konsequente Einsatz von WYSIKON hat Auswirkungen auf die folgenden strategischen Wettbewerbsfaktoren:

o   Reduzieren des Zeitaufwandes für Informationsbeschaffung durch integriertes Informationsmanagement
o   Verkleinerung des Änderungsaufwandes durch Nutzung der vorhandenen Dokumentation
o   Verkürzung der Entwicklungszeit durch Rückgriff auf erfolgreiche Vorgehensweisen
o   Erhöhung der Flexibilität durch effiziente Variantenentwicklung

FERWIKON
Fertigungswissen für die Konstruktions- und Entwicklungsbereiche

Die Umsetzung von Philosophien des Simultaneous Engineering haben konkrete Auswirkungen auf die Produktgestaltung, auf die Änderung von organisatorischen und DV-technischen Belangen. Ziel von FERWIKON ist es, einen Beitrag zur integrierten Produktgestaltung zu leisten, um den Konstruktions- und Entwicklungsbereichen fertigungsspezifische Informationen während des Gestaltungsprozesses zur Verfügung zu stellen. Es wird damit eine frühzeitige Einflußnahme auf die Entwicklung und Standardisierung von Produkten ermöglicht. FERWIKON ist als Instrument entwickelt worden, um firmenspezifisches Know-how und Know-what aus der Fertigung abzubilden und einem breiten Anwenderkreis im Unternehmen zugänglich zu machen. FERWIKON verwaltet somit Informationen und repräsentiert betriebsspezifisches Wissen durch die Möglichkeit der geschäftsfallorientierten Vernetzung und Hierarchisierung von Informationen. FERWIKON bietet die Möglichkeit der Einbindung bestehender Programme und Datenbanken sowie des Aufbaus von Hyper-

Media-Dokumenten (Bilder, Texte). Es stützt sich im Kern auf ein solches System. Ein Schwerpunkt der Entwicklung wurde auf das Navigieren durch die Informationseinheit gelegt, um eine hohe Akzeptanz bei den Benutzern zu erzielen. Die Methode der Informationsbereitstellung erlaubt den flexiblen Eingriff des Benutzers in den Systemablauf. Ein wesentlicher Vorteil ist die Möglichkeit zur Einbindung von grafischen Informationen, wie gescannte oder digitalisierte Bilder (z. B. Fotos bestimmter Fertigungswerkzeuge realisiert mit einer Still-Video-Kamera). Bewegte Bilder (Videosequenzen) werden im nächsten Release das Leistungsspektrum von FERWIKON erweitern. FERWIKON ist als offenes System konzipiert und als solches erweiterbar. Betriebsspezifische Belange können mit geringem Aufwand abgebildet werden. FERWIKON kann zudem als Wissensakquisitions-Tool aufgefaßt werden, da es die Möglichkeit zur Abbildung der o. g. geschäftsfallorientierten Informationsvernetzungen bietet.

MOCAD
<u>Ein wissensbasiertes CAD-System zum Entwurf montagegerechter Produkte</u>

Der wirtschaftliche Einsatz flexibel automatisierter Montagesysteme stellt wachsende Anforderungen an die montagegerechte Konstruktion. Dazu muß der Montageablauf eines Produkts bereits nach dem Entwurf analysiert und verbessert werden. Angestrebt wird dabei, daß der Produktablauf die umfangreiche Vormontage von Einzelteilen erlaubt und bestehende Montageanlagen zur Herstellung des Produkts genutzt werden können.

Mit bestehenden, geometrie-orientierten CAD-Systemen kann der Entwurf und die Analyse von Produkten nur ungenügend unterstützt werden. Demzufolge wurde mit dem CAD-System MOCAD ein volumenorientiertes CAD-System (EUCLID, Fa. Mdtv) um folgende Möglichkeiten erweitert:

o Entwurf von Produkten an einer problemorientierten Dialogschnittstelle
o rechnerinterne Speicherung nicht-geometrischer Produktinformationen in einer objektorientierten Datenstruktur auf Basis von Prolog
o automatische Ermittlung von Montagebaugruppen und Montagereihenfolgen durch wissensbasierte Modellierfunktionen auf Basis von Prolog
o automatische Zuordnung der Montagebaugruppen an Montagefamilien und damit bestehende Montageanlagen

Mit dem erweiterten CAD-System wird dem Konstrukteur ein Hilfsmittel zur Optimierung des Produktaufbaus unter Montagegesichtspunkten in einer frühen Konstruktionsphase zur Verfügung gestellt. Darüber hinaus können nach Beendigung der Entwurfsphase die ermittelten Montageabläufe zur Montageplanung verwendet werden. Zeitlich parallel dazu werden die Einzelteile des Entwurfs auf Basis des volumenorientierten CAD-System weiter detailliert. Dazu leistet das erweiterte CAD-Systems einen Beitrag zur Verkürzung der Entwicklungsdurchlaufzeiten durch Simultaneous Engineering. Weitere wissensbasierte oder algorithmische Software-Systeme, beispielsweise zur Kostenrechnung oder Wertanalyse, können in das erweiterte CAD-System integriert und dieses somit zu einem umfassenden Informationssystem ausgebaut werden.

3.3 Rechnergestützte Projektmanagementsysteme zum Simultaneous Engineering

Zum erfolgreichen Einsatz des Projektmanagements sind Systeme erforderlich, die Methoden und Funktionen

o   für die Planung des Konstruktions- und Entwicklungsablaufs
o   für die Bereitstellung erforderlicher Daten
o   für die Überwachung und Aktivierung generierter Daten und Informationen

beinhalten.

Eine besondere Bedeutung kommt dabei der Kommunikation zu, deren Qualität v. a. von der ihr zugrundeliegenden Information abhängt. Diese Information ergibt sich aus der Anwendung der Methoden zur Projektplanung, -steuerung und -kontrolle. Hier bietet der Rechnereinsatz eine wertvolle Hilfe für den Projektleiter und die Mitarbeiter. Ein rechnerunterstütztes Projektmanagementsystem ermöglicht

o   die Beschleunigung immer wiederkehrender Planungs- und Kontrolltätigkeiten,
o   durch eine erhöhte Transparenz der Projektabwicklung ein rechtzeitiges Erkennen der Situation und damit ein frühzeitiges Eingreifen in den Ablauf,
o   eine zuverlässige Dokumentation des Ablaufs.

Heute verwenden rund 60 % der größeren Unternehmen zur Planung ihrer Entwicklungsabläufe Projektmanagement-Systeme. Lediglich in 10 % der Fälle werden Projektmanagement-Systeme über alle laufenden Projekte hinweg eingesetzt und die Möglichkeiten der Mehrprojektplanung ausgeschöpft.

Simultaneous Engineering erfordert eine ganzheitliche, zeitorientierte Planung aller zur Produktentstehung notwendigen Prozesse, von der Produktidee bis zur Nullserie. Die durch die unternehmensweite Einführung des Simultaneous-Engineering-Konzepts erhöhte Prozeßkomplexität stellt erweiterte Anforderungen bzgl. der Planung und Steuerung, die von derzeit verfügbaren Projektmanagement-Systemen nur unzureichend erfüllt werden.

Diese neuen Anforderungen stellen heute noch Diskussionsschwerpunkte in Forscherkreisen dar. Es ist jedoch zu erwarten, daß durch den hohen Marktdruck diese Konzepte zukünftig in verfügbare Systeme umgesetzt werden, um Simultaneous Engineering rationell im Unternehmen anwenden zu können.

4 Informationsmanagement im Engineering

4.1 Bedeutung der Information im Engineering-Bereich

Informationsdefizite, die durch fehlende Informationen oder durch Information zur falschen Zeit entstehen, erschweren die Lösungsfindung, erfordern einen unnötigen Ressourceneinsatz und resultieren in Zeitnachteilen über alle Funktionsbereiche hinweg. Informationsdefizite führen zu einem ständigen Aufwand für Mehrfacharbeiten bei der Informationsbeschaffung und damit unter Umständen zu kostspieligen Fehlentscheidungen. Die Relevanz des "Produktionsfaktors Information" für die Auftragsabwicklung läßt sich besonders eindrucksvoll im Zusammenhang mit den Produkterstellungskosten darstellen. Wie Analysen zeigen, werden zwar nur ca. 15 % der Herstellkosten vom Entwicklungsbereich selbst verursacht, aber etwa 70 % der in anderen Bereichen anfallenden Kosten durch den Entwicklungsbereich festgelegt. Berücksichtigt man ferner, daß ca. 33 % der Herstellkosten unnötig verursacht werden und etwa 65 % davon in den Verantwortungsbereich der Entwicklung fallen, dann läßt sich das große Interesse an Möglichkeiten zur geeigneten Informationsbereitstellung erklären. Betrachtet man zusätzlich die Durchlaufzeit eines Produktes, so ergeben sich folgende Werte: etwa 60 % der Gesamtdurchlaufzeit werden von den planenden Unternehmensbereichen Konstruktion und Arbeitsvorbereitung beansprucht.

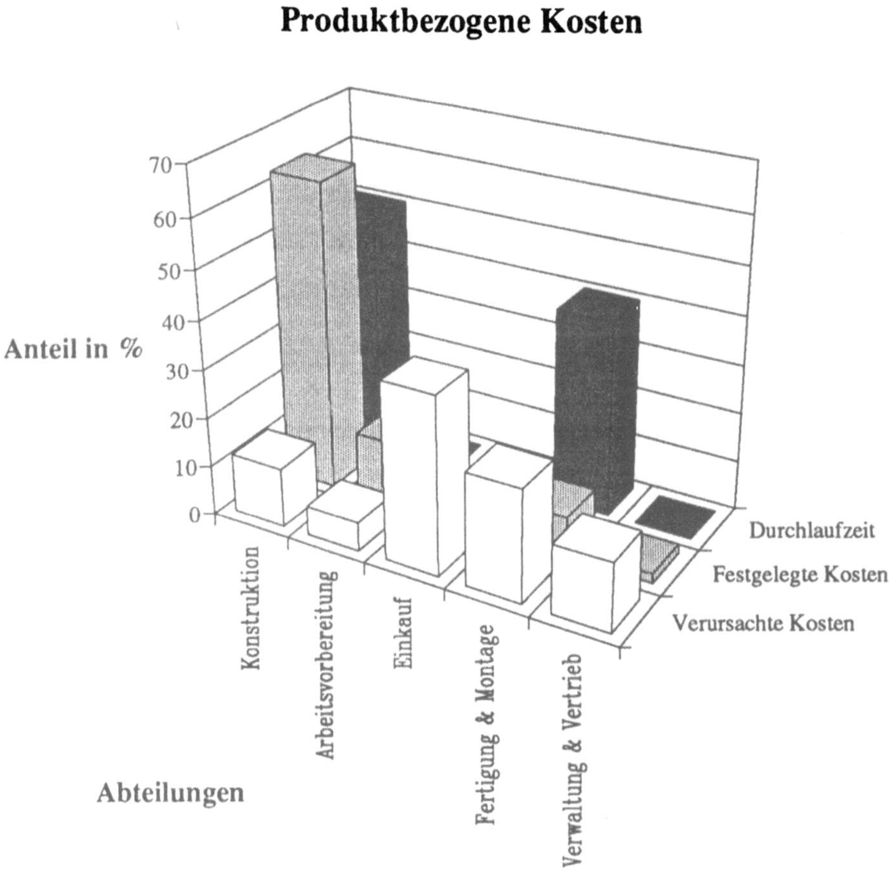

Produktbezogene Kosten

Bild 7: Produktbezogene Kosten

Dies ist mit dem hohen Anteil des Aufwands für Informationsbereitstellung und -beschaffung zu begründen. Im Rahmen einer integrierten Produktentwicklung sind neben den funktionsorientierten Daten, die der technischen Lösungsfindung dienen, technologische, betriebswirtschaftliche, produktionstechnische und organisationsorientierte Informationen zu berücksichtigen, die eher einen für die Entwicklung restriktiven Charakter aufweisen.

Zukünftig müssen für die Produktgestaltung Funktion, Geometrie und Technologie gemeinsam behandelt werden. Von der Produktplanung bis zur Endkontrolle werden daher vielfältige alphanummerische und graphische Informationen benötigt.

Die umfassende Rechnerunterstützung bei der Produktentwicklung erfordert es, daß der Informationsinhalt in rechnerinterner Darstellung verfügbar ist. Zur rechnerinternen Informationsverarbeitung dienen Modelle, die aus Daten, Strukturen und Algorithmen bestehen. Die Einbeziehung von administrativen Daten und ihre Verbindung mit konstruktiven und fertigungstechnischen Daten erfordert ein integriertes Modell. Dieses sogenannte Produktmodell enthält die rechnerinterne, strukturierte Zusammenfassung aller Einzelinformationen, die in einer Fabrik für ein Produkt relevant sind. Das Produktmodell kann damit auch als das datenorientierte Wissen über ein Produkt in einem Betrieb aufgefaßt werden.

Ein Produktmodellkonzept beschleunigt das Bereitstellen aktueller und archivierter Daten sowie ihre Verteilung an die verschiedenen Bereiche des Produktionsablaufs. Produktmodelle sind von Einzelteilen, Baugruppen, Maschinen und Anlagen möglich. Die Festlegung der logischen Produktstruktur ist eine Voraussetzung für die Speicherung der Produktdaten durch Softwaremittel. Zur Verwaltung der Produktdaten müssen Produktdatenverwaltungssysteme bereitstehen, die mit der Datenbanktechnik zu realisieren sind.

4.2 Prinzip der integrierten Informationsverarbeitung

Wesentliche Voraussetzung für eine erfolgreiche Umsetzung der integrierten Produktentwicklung und des Simultaneous Engineering bildet die integrierte Informationsverarbeitung, um eine informationstechnische Integration aller am Entwicklungsprozeß unmittelbar und mittelbar Beteiligten zu erzielen. Das Gesamtkonzept einer durchgehenden Rechnerunterstützung erfordert die Integration der bisher im Inselbetrieb geführten Informationssysteme und ihre Anbindung an vorhandene CAD-Systeme. Die Integrationsbasis bilden Datenbanken, denen ein Datenmodell zugrundeliegt, welches neben der rein geometrischen Betrachtung von Produkten auch technologische, organisatorische und betriebswirtschaftliche Informationen berücksichtigt. Durch eine vollständige Integration aller Daten im Unternehmen kommt der Auswahl des Datenmodells strategische Bedeutung zu.
Neben den sonst üblichen Leistungen wie

o   Datenintegration und Datenunabhängigkeit
o   Unterstützung für den Mehrbenutzerbetrieb
o   Gewährleistung von Datensicherheit

o   Mechanismen für Datenschutz

werden an bereichsübergreifende Datenbanken - mit Schwerpunkt im Engineering-Bereich - bzgl. der Abbildung und der Verarbeitung der Daten und Informationen besonders hohe Anforderungen gestellt:

o   Informationen über den Gegenstandsbereich (die Umweltobjekte) sind aufgrund der hohen Produktkomplexität und der Variantenvielfalt außerordentlich umfangreich und komplex strukturiert. So müssen neben Textinformationen auch grafische Daten, wie etwa Konstruktionszeichnungen oder Meßkurven, Datenstrukturen, wie Stücklisten in Konstruktion, Montage oder Kundendienst, sowie Arbeitspläne und NC-Programme abgebildet werden.

o   Tätigkeiten im Engineering-Bereich sind evolutionäre Prozesse, bei denen auch Zwischenergebnisse später wieder benötigt werden, d. h. die zeitliche Entwicklung in Form einer Änderungsgeschichte sollte vom eingesetzten Datenbanksystem unterstützt werden. Das Datenbanksystem muß in der Lage sein, verschiedene Versionen und Zustände zu erkennen und zu verwalten. Ebenso muß es unterschiedliche Kompositionen von Teilobjekten zu Gesamtobjekten und mehrere Beschreibungen in ganz unterschiedlicher Form (textuell, funktional, geometrisch etc.) für ein einzelnes Objekt zulassen.

o   Transaktionen, die Arbeitseinheiten der Datenbankbenutzung, involvieren viele Daten und können lange dauern (ein Entwurfsvorgang etwa über Wochen und Monate). Trotzdem sollte schon während einer Transaktion ein lesender Zugriff der Arbeitsvorbereitung auf die bisherigen Teilergebnisse im Sinne des Simultaneous Engineering möglich sein.

o   Da die Daten gewöhnlich nicht nur abgefragt, sondern auch verändert werden, sind konsistenzerhaltende Mechanismen unentbehrlich. Die Konsistenzbedingungen fallen außerordentlich kompliziert aus und sind ungemein zahlreich, da nicht nur der Zustand der Datenbasis selbst, sondern auch Übergänge von einem Zustand zum anderen (Operationen) sowie ganze Operationsfolgen betroffen sind.

Die genannten Anforderungen werden von bisher eingesetzten Datenbanken nur unzureichend realisiert bzw. sind nur unter großem Zeitaufwand zu erfüllen. Dieser differenzierte Abbildungsbedarf fordert eine hohe Ausdrucksmächtigkeit des Datenmodells, um die anfallenden Daten und Informationen möglichst vollständig in der Datenbank repräsentieren zu können. Außer der Notwendigkeit, behandelte Daten zu repräsentieren, sollten auch die betrieblichen Funktionen und ihre Zusammenarbeit als Struktur in der Datenbank ablegbar sein. Die herkömmlichen Datenmodelle, d. h. besonders deren bekannteste Vertreter - hierarchisches , netzwerkorientiertes, relationales Modell - mit den ihnen zugrundeliegenden Abstraktionsmechanismen zur Abbildung des Gegenstandsbereichs (Umweltausschnitts) in die Datenbasis, können die genannten Anforderungen nicht erfüllen. Für den Aufbau bereichsübergreifender technischer Informationssysteme mit einer logisch vollständigen Integration aller Daten bieten sich objektorientierte Lösungen an. Objektorientierte Datenbanksysteme begegnen den komplexen Anforderungen vor allem durch Konzepte zur Datenmodellierung, mit denen die Struktur und das Verhalten von realen Objekten als Datenbankobjekte weitgehend 1:1 abbildbar sind. Dadurch vereinfacht sich die Modellierung des Anwendungsbereichs, d. h. Datenbankentwurf sowie Datenverwaltung und -manipulation werden einfacher und weniger fehleranfällig.

5 Der objektorientierte Ansatz

5.1 Grundlagen der objektorientierten Methodik

Grundidee der objektorientierten Methodik ist die Einteilung der Objekte in Klassen und die Anordnung von Objektklassen in einer Hierarchie. Jedes Objekt gehört zu irgendeiner Klasse. Man bezeichnet es als Instanz dieser Klasse und als solche besitzt es alle Eigenschaften seiner Klasse, und alle zugehörigen Methoden sind auf es anwendbar.
Die Hierarchie ist so aufgebaut, daß die Klasse unterhalb der betrachteten Klasse Spezialisierungen und die Klassen oberhalb der betrachteten Klasse Generalisierungen sind.

Eine Klasse ist charakterisiert durch ihre Attribute und ihre Methoden. Die Attribute und Methoden werden an die unteren, spezielleren Klassen weitervererbt. Dadurch wird jede Klasse auf ihrer Abstraktionsebene mit aus generelleren Klassen ererbten und mit bei ihr hinzugefügten Attributen beschrieben.

Eine Methode ist ein Verfahren, das auf Instanzen einer Klasse angewendet werden kann. Methoden sind direkt ihrer Klasse zugeordnet und als einzige berechtigt, in Instanzen einer Klasse einen Lesezugriff oder aber eine Änderung vorzunehmen. Methoden können bei Bedarf zusätzlich noch Nachrichten an andere Klassen senden, um dort einen Methodenaufruf zu initiieren. Methoden werden ebenso wie Attribute an Unterklassen vererbt.

5.2 Vorteile des objektorientierten Ansatzes

o   Durch den Vererbungsmechanismus und die Klassenhierarchie ist die Struktur überaus änderungs- und ergänzungsfreundlich. Die Anordnung der Objektklassen in einem hierarchischen System bildet einen mächtigen Abstraktionsmechanismus, mit Hilfe dessen die Anwendungsentwicklung auf natürlichem Weg modular ausgelegt wird. Dadurch wird die Wartbarkeit und die Wiederverwendbarkeit von Softwarebausteinen erhöht und die Entwicklungszeiten reduziert. Ausgehend von einem logisch integrierten Datenmodell kann, sofern notwendig, die Verteilung auf unterschiedliche Datenbanken mit dazu definierten Konsistenzmechanismen erfolgen. Das Konzept der Nachrichten ist in Verbindung mit dem Transaktionskonzept hervorragend geeignet, die Kommunikation zwischen verteilten Datenbanken modellimmanent zu realisieren.

o   Die Möglichkeit der Versionsverwaltung unterstützt die für die Planungsfunktion typischen inkrementellen und sich wiederholenden Entwurfsabläufe. Es lassen sich mehrere Stadien ein und desselben Objekts gezielt repräsentieren und manipulieren, ohne daß die gesamtheitliche Objektsicht dadurch verlorengeht.

o   Ein objektorientiertes System verfügt über eine große Typenvielfalt für die Datenmodellierung und ermöglicht dadurch auch die Integration von Datentypen für Multimedia-Anwendungen.

o   Einer der Kernpunkte des objektorientierten Ansatzes ist die Vereinigung der Daten- und der Funktionssicht. Damit wurde eines der zentralen Defizite im Bereich der Anwendungsentwicklung betrieblicher Informationssysteme beseitigt.

o   Da das Datenmodell von objektorientierten Datenbanken den Strukturen der objektorientierten Programmiersprachen entspricht, kann das Datenmodell ohne weitere Schwierigkeiten implementiert werden. Da die Datenbankschnittstelle die Programmiersprache "versteht", können Anfrage und Bearbeitung in einem Vorgang erledigt werden. Dies trägt maßgeblich zur Verkürzung der Zugriffszeiten bei.

6   Technische Infrastruktur

Die Integration von Anwendungssystemen zu einem unternehmensweiten Informationssystem stellt besondere Anforderungen an die technische Infrastruktur und an die Qualität der gelieferten Daten, wie ständige Verfügbarkeit, Konsistenz und hohes Antwortzeitverhalten.

Diesen Bedürfnissen kann nur durch den Einsatz vernetzter Computerumgebungen mit leistungsfähigen Datenbanksystemen nachgekommen werden. Das wird durch den Trend zu offenen Systemumgebungen erleichtert. Sie ermöglichen die Integration unterschiedlicher Hard- und Software zu einem heterogenen Verbund von Verarbeitungs- und Speicherkapazität. Möglich wird dies, indem immer mehr Hersteller ihre Produkte konform zu Standards gestalten. Diese werden vornehmlich durch unabhängige Gremien der Hersteller und übergreifende Konsortien festgelegt.

Für bisher nicht integrierbare Systemwelten bedeutet dies, daß nun alle Rechnerklassen vom PC über Workstations bis zum Mainframe verbunden werden können. Durch einheitliche Netzwerkprotokolle wie TCP/IP oder ISO/OSI ist eine einheitliche Kommunikation aller beteiligten Computer möglich. Auf dieser Basis lassen sich nicht nur lokale Netze (LANs), sondern auch weltumspannende Rechnerverbunde (WANs) herstellen, was insbesondere für international operierende Unternehmen die Kommunikation beschleunigt und sicherer gestaltet als mit herkömmlichen Methoden, und die Integration der Zulieferer in die Entwicklung und die frühe Einbindung der Produktionsmittelhersteller unterstützt .

Mit der zunehmenden Verbreitung von Computern in allen Bereichen der Arbeitswelt kommen immer mehr Nicht-Computerspezialisten mit ihnen in Berührung. Gerade für sie ist es von Bedeutung, eine einfach zu verwendende, intuitiv verständliche Benutzeroberfläche vorzufinden, die trotzdem alle wesentlichen Funktionen der Kommunikation mit einem Computer realisiert. Auch hier haben sich Standards entwickelt: Unter UNIX haben sich X-Windows mit OSF/Motif und Openlook etabliert, in der PC-Welt sind MS-Windows, Presentation Manager und Open Desktop verbreitet. Die zunehmende Standardisierung wird die Anzahl der häufig verwendeten Benutzeroberflächen in Zukunft weiter verringern.

Ein entscheidendes Kriterium für die effektive Ausnutzung der Ressourcen, die in einem vernetzten Rechnersystem zur Verfügung stehen, ist die gleichmäßige Verteilung der Anwendungsprogramme auf die Netzwerkknoten. Um trotzdem zentrale Dienste wie z. B. die eines Datenbanksystems nutzen zu können, hat sich die Client-Server-Architektur bei der Konzeption von Softwaresystemen durchgesetzt. Der Server stellt allen Klienten seine Dienste zur Verfügung. Die Klienten laufen meist auf einem Arbeitsplatzrechner und benutzen Netzwerkdienste, um mit dem Server zu kommunizieren. Klient und Server laufen im allgemeinen nicht auf einem Computer. Der Server wird so auf einem Computer plaziert, daß er seine Dienste möglichst schnell realisieren kann und die resultierende Netzlast möglichst gering ist. Ein Beispiel für ein heterogenes Rechnernetz zeigt Bild 8.

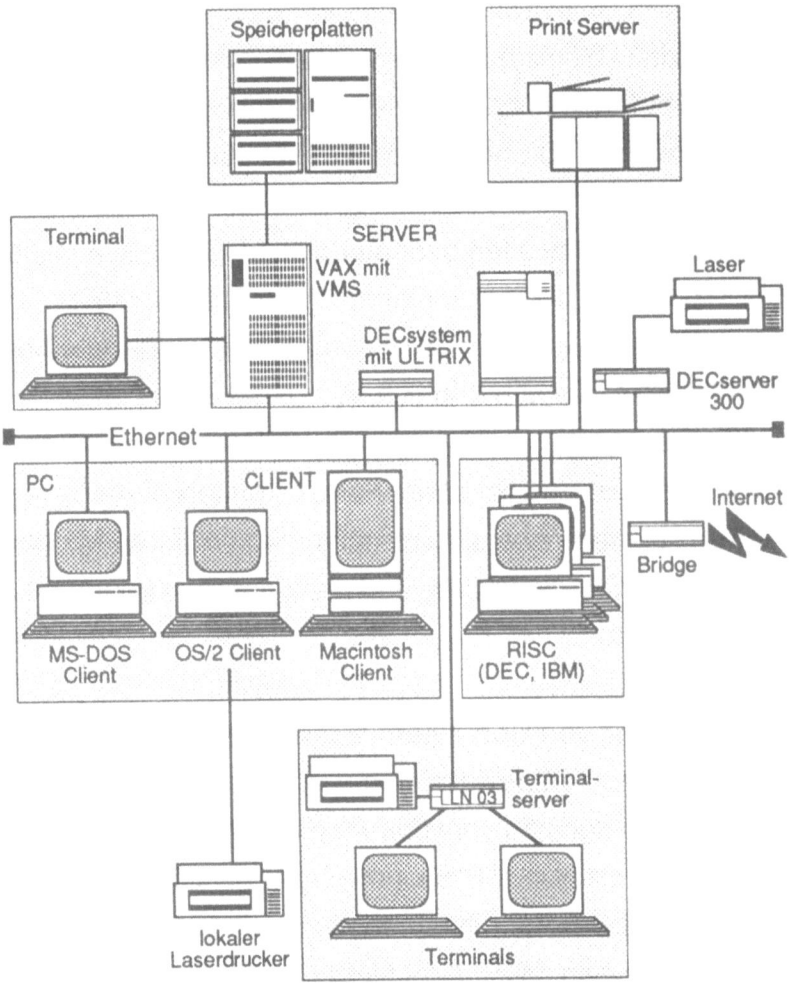

Bild 8: Beispiel für ein heterogenes Rechnernetz

7 Der Faktor Mensch: der personalpolitische Aspekt

Entwickeln ist bei aller Unterstützung aber eine personelle Tätigkeit. Daher muß der Aussage, daß unternehmerischer Erfolg und die Wettbewerbsfähigkeit der Produkte in hohem Maß von der Qualifikation, der Motivation und Einsatzbereitschaft jedes einzelnen Mitarbeiters abhängen, ein besonders hoher Stellenwert eingeräumt werden. Mit der Umsetzung des Simultaneous-Engineering-Konzepts ist eine Veränderung der Organisationsstruktur und der Verantwortlichkeiten verbunden. Statt sich die Produktentwürfe über den Flur zuzuwerfen, arbeiten die Produktverantwortlichen in abteilungsübergreifenden Entwicklungsteams zusammen. Diese Entwicklungsteams sind für die Entwicklung und die Markteinführung eines neuen Produktes verantwortlich. Das erfordert die Abstimmung der Produktverantwortlichen aller Abteilungen untereinander. So müssen z. B. auch die Mitarbeiter der Forschungsabteilung ihren "Elfenbeinturm" verlassen und die Sprache etwa des Konstrukteurs oder des Designers, des Fertigungsingenieurs oder des Marketingstrategen verstehen lernen. Die Fachabteilungen bekommen mehr - auch unternehmerische Verantwortung - übertragen und sollen Risiken übernehmen, indem sie als sogenannte "Cost Center" oder "Profit Center" organisiert werden, d. h. für Kosten und Erträge verantwortlich sind. Die Zielorientierung innerhalb der Projektgruppe kann für den Einzelnen eine verbesserte Identifikation mit dem Arbeitsthema und damit eine gesteigerte Motivation bewirken. Ein weiteres Ziel der neuen Organisationsstruktur ist die Schaffung von Freiräumen zur Steigerung der Kreativität, die Verbesserung der Kommunikation und eine erhöhte Transparenz der formellen und informellen Informationsflüsse. Die wichtigsten Qualifikationen, die jeder Mitarbeiter haben muß, um in und mit interdisziplinären Projektgruppen Probleme lösen zu können, sind Fachkompetenz, Systemkompetenz, Kommunikations-, Kooperations- und Teamfähigkeit, Flexibilität und Verantwortungsbewußtsein und -bereitschaft. Diese Fähigkeiten optimal auszunutzen, muß bei der Gestaltung des Arbeitsumfeldes und der Konzeption einer erweiterten Rechnerintegration für den gesamten Engineering-Prozeß im Vordergrund stehen. Eine wirksame Unterstützung aller Engineering-Bereiche - Entwicklung, Konstruktion, Arbeitsvorbereitung, Kostenrechnung - kann nur durch eine anforderungsgerechte Informationsaufbereitung und -bereitstellung unter Einsatz informations- und wissensverarbeitender Systeme mit einer gut gestalteten interaktiven Benutzeroberfläche erfolgen. Bei der Gestaltung und Entwicklung der Informationssysteme und des Arbeitsumfeldes müssen arbeitswissenschaftliche Gesichtspunkte berücksichtigt werden, damit die zur Verfügung stehenden rechnergestützten Hilfsmittel auch akzeptiert und angewendet werden. Die Arbeitswissenschaften umfassen dabei qualitative Aspekte, wie die ergonomische Gestaltung der graphischen Benutzeroberfläche und des Arbeitsplatzes, aber auch den unmittelbaren und mittelbaren Einfluß von gesellschaftlichen Wertestrukturen.

8 Resümee

Die zeit-, kosten- und marktgerechte Bewältigung der industriellen Produktentwicklung ist von herausragender wettbewerbsstrategischer sowie markt- und erfolgspolitischer Bedeutung. Insbesondere die Zeit wird zu einem immer wichtigeren Wettbewerbsfaktor. Viele Wirtschaftszweige, allen voran die Elektronik und die Automobilindustrie, befinden sich in einem immer schnelleren Wettlauf zum Markt. Sieger im Kampf um die Märkte ist das Unternehmen, das seine Produkte am schnellsten auf den Markt wirft: Time-to-Market ist das Gebot der Stunde. Eine zentrale Rolle für die Erreichung der geforderten Durchlaufzeiten spielt die Neugestaltung der Organisation unter Berücksichtigung aller Aspekte einer optimalen Arbeitseinteilung, Aufgabenverteilung, Verantwortungszuordnung und Kooperation. Für die Neustrukturierung der bisher sequentiellen Arbeitsweise in der Auftragsabwicklung im Sinne des Simultaneous Engineering und für die Vorgehensweisen einer integrierten Produktentwicklung spielen die Informations- und die Kommunikationsgestaltung eine entscheidende Rolle und erfordern die optimale Ausnutzung der vorhandenen Informations- und Wissensquellen im Engineering-Bereich.

Gerade im Hinblick auf die Ausschöpfung weiterer Rationalisierungs- und Zeitpotentiale im Engineering-Bereich ergibt sich ein zunehmender Handlungsbedarf für die Gestaltung von Rahmenbedingungen, die einen ungehinderten Informationsfluß im Engineering-Prozeß ermöglichen. Vor diesem Hintergrund gewinnt das strategische Informationsmanagement und dessen organisatorische und personalwirtschaftliche Belange zunehmend an Bedeutung. Nur durch eine frühzeitige Kommunikation und den ungehinderten Informationsfluß zwischen den Fachabteilungen, und in Erweiterung den Zulieferern und den Produktionsmittelherstellern, ist eine Optimierung der logistischen Kette von der Produktkonzeption bis zur Fertigung erreichbar. Die Grundlage hierfür wird durch die Entwicklung bzw. Integration von bisher im Inselbetrieb geführten Informations- und Anwendungssystemen zu unternehmensweiten Informationssystemen und durch eine ausgereifte abteilungsübergreifende Informationslogistik geschaffen.

Voraussetzung für die Integration ist die vollständige und durchgängige Verfügbarkeit von produktdefinierenden und prozeßbeschreibenden Daten auf der Basis eines unternehmensweiten Datenmodells, welches eine hohe Ausdrucksmächtigkeit aufweist. Für den Aufbau bereichsübergreifender Systeme mit einer logisch vollständigen Integration aller Daten sind objektorientierte Ansätze die Lösung. Objektorientierte Datenbanksysteme begegnen den komplexen Anforderungen hinsichtlich des Abbildungsbedarfs vor allem durch geeignete Konzepte zur Datenmodellierung. Die Bedeutung der objektorientierten Datenbanken für die integrierte Produktentwicklung liegt vor allem darin, daß große Mengen komplexer Daten effizient und redundanzfrei verwaltet werden können und so den parallelen Zugriff verschiedener Abteilungen vereinfachen. Der Informationsfluß wird verbessert, und Simultaneous Engineering läßt sich leichter umsetzen. Insbesondere auch das Konzept der Lean Production, die schlanke Produktion nach japanischem Vorbild mit ihrer engmaschigen Kommunikation zwischen den Fachbereichen, die einhergeht mit einer Ablösung streng tayloristischer Arbeitsteilung durch flexible, flache Organisationsstrukturen, mit dem Aufbrechen von Hierarchien und mit der Verlagerung der Qualitätssicherung in eigenständige Arbeitsgruppen, ist ohne leistungsfähige Informationstechnologie, maßgeschneiderte Anwendungssysteme und motivierte, qualifizierte Mitarbeiter nicht realisierbar.

Abkürzungen

TCP/IP	Transmission Control Protocol/Internet Protocol
ISO/OSI	International Standardisation Organisation/Open Systems Interconnection
LAN	Local Area Network
WAN	Wide Area Network
OSF	Open Systems Foundation
MS	Microsoft

Literatur

/1/ Bullinger, Hans-Jörg:
Integrierte Produktentwicklung als kritischer Erfolgsfaktor. In: 2. F&E-Management-Forum Integrierte Produktentwicklung. Tagungsband, 8. und 9. April 1991. Hrsg. Hans-Jörg Bullinger. München: Gfmt, 1991, S. 5-28.

/2/ Jahn, S.; Schmidt, H.:
Entwicklungs-Engineering: Zeitorientierte Produktkonzeption und integrierte Entwicklungsprozesse. In: 3. F&E-Management-Forum. Tagungsband, 5. und 6. Nov. 1991. Hrsg. Hans-Jörg Bullinger; Fraunhofer-Institut für Arbeitswirtschaft und Organisation. München: Gfmt, 1991, S. 158-172.

/3/ Bullinger, Hans-Jörg:
Paradigmenwechsel bei der Produktion. In: Ressourcen der Produktentwicklung: Paradigmenwechsel im Management. In: 3. F&E-Mamagement- Forum: Tagungsband, 5. und 6. Nov. 1991. Hrsg. Hans-Jörg Bullinger; Fraunhofer-Institut für Arbeitswirtschaft und Organisation. München: Gfmt, 1991, S. 7-29.

IAO-Forum
**Objektorientierte
Informationssysteme II**

**Objektorientierte
Datenbanksysteme –
leistungsfähige Basis
komplexer Anwendungs-
systeme**

K. R. Dittrich, A. Geppert

IAO Forum
Objektorientierte
Informationsysteme

Zusammenfassung

"Objektorientierung" ist gegenwärtig sicher eines der größten Schlagworte in der Informatik schlechthin. Und richtig verstanden, präsentiert und angewendet weisen die dahinter stehenden Konzepte wie Abstraktion und Autonomie, Taxonomie und Vererbung sowie Klassifikation ein ganz beachtliches Leistungspotential für den praktischen Einsatz auf.

Wurde Objektorientierung anfänglich vorwiegend im Kontext von Programmiersprachen betrachtet, so zeigte sich doch schnell, daß bei der Strukturierung, Verwaltung und Benutzung großer, komplex organisierter Datenbestände in Datenbanksystemen ebenfalls Gewinn aus diesem Ansatz gezogen werden könnte, zumal sich viele ehrgeizige Anwendungen in Bereichen wie CAD/CAM/CIM, Büroautomatisierung, Landinformationssysteme, Wissensrepräsentation, Software Engineering usw. von herkömmlichen Datenbanksystemen nicht gut versorgt sehen.

Objektorientierte Datenbanksysteme als Symbiose von objektorientierten Eigenschaften und traditionellen Datenbankkonzepten (dauerhafte Verwaltung großer, integrierter Datenbestände, Mehrfachbenutzbarkeit, Konsistenz und Verlustsicherung, Datenunabhängigkeit, Verteilung, ad hoc-Anfragemöglichkeiten, ...) sind daher heute sowohl Gegenstand intensiver Forschung als auch bereits neue Mitbewerber auf dem Markt, wo sie auf die Konkurrenz aus der relationalen Welt treffen.

Dieser Aufsatz erläutert die wichtigsten Eigenschaften objektorientierter Datenbanksysteme und gibt eine Einschätzung ihrer aktuellen und künftigen Bedeutung.

1 Motivation und Ursprünge

Objektorientierte Datenbanksysteme (ooDBS) haben ihre Wurzeln einerseits in den traditionellen Ansätzen der Datenbanktechnologie, andererseits in den dem objektorientierten Paradigma zugrunde liegenden Konzepten; sie stellen daher – wie die Objektorientierung insgesamt, und wie es entgegen mancher Marketingaussagen in der Informatik meist der Fall ist! – keine Revolution in der Softwaretechnik dar, sondern sind ein weiterer, wenngleich wichtiger und sehr erfolgversprechender Schritt in einer evolutionären Entwicklung. Wir wollen daher zunächst (in stark vereinfachender, skizzierender Weise) diese Hintergründe kurz ausleuchten, um Ursachen, Motive und Herangehensweise für ooDBS besser zu verstehen.

Wo immer automatisierte Problemlösung betrieben werden soll, steht man vor der Aufgabe, Sachverhalte eines abgegrenzten Umweltteiles (des sog. Diskursbereiches, "Universe of Discourse", oder der "Miniwelt") so darzustellen, daß eine Maschine (hier das einzusetzende Rechnersystem) "etwas damit anfangen", also die gewünschten Aktivitäten durchführen kann. Diese Sachverhalte sind in aller Regel nicht präzise bekannt oder gar irgendwie formal beschrieben; sie müssen

---

Erscheint demnächst (1992) im Sammelband "Wirtschaftsinformatik in der Praxis", herausgegeben von M. Curth/E. Lebsanft, Carl Hanser Verlag München

vielmehr in einem Erkenntnisprozeß meist mühsam ermittelt werden ("Anforderungsanalyse"). Auf der anderen Seite sind uns Rechnersysteme sehr konkret vorgegeben, die exakt und nachvollziehbar nach festen Prinzipien arbeiten. Die klassische von Neumann-Rechnerarchitektur umfaßt insbesondere den Prozessor, dessen Operationen Speicherzellen bearbeiten – jedes Automatisierungsproblem muß also letztlich in Speicherinhalten (Daten) und auf diese wirkenden Folgen von Maschinenoperationen (Programme) formuliert werden.

Es ist offenkundig, daß ein solcher Schritt vom informell erfaßten Problem direkt hin zur exakt und sehr elementar arbeitenden Maschine viel zu groß ist, um sinnvoll gegangen werden zu können. Aus diesem Grund muß zunächst eine Modellbildung stattfinden, bei der die angestrebte Problemlösung formal, aber doch ohne Berücksichtigung der genauen Fähigkeiten und Spezialitäten der konkreten Maschine, also abstrakt formuliert wird. Der Prozeß der Modellierung läuft selbst in mehreren Stufen ab (er ist wesentlicher Teil der sog. Systemanalyse); von großer Bedeutung für seine effiziente und qualitativ hochwertige Durchführbarkeit sind die Mittel, mit denen sein Ergebnis letztlich dargestellt werden kann.

Traditionell stehen hierzu die Konzepte von (höheren, imperativen) Programmiersprachen zur Verfügung. Sie bieten Ausdrucksmöglichkeiten für variable und konstante Datenelemente (Abstraktionen für Speicherplätze des Rechners!) sowie für Folgen von Anweisungen, mittels derer die zur Problemlösung ersonnenen Algorithmen formuliert werden können und die hierzu die Inhalte der festgelegten Datenelemente lesen sowie gegebenenfalls (bei Variablen) verändern. Das zugehörige Sprachsystem (Übersetzer, Laufzeitsystem, ...) sorgt seinerseits dafür, daß hieraus automatisch dem Rechner "verständliche" Vorgaben erzeugt werden, die er abarbeiten kann.

Diese Modellierungskonzepte erweisen sich als noch recht maschinennah:

- unabhängig von möglicherweise "gemischter" Abfolge in der Formulierung ist doch eine starre Trennung zwischen Daten und Programmen vorhanden – wie eben auch auf der Maschine (Abb. 1),
- für die Datenelemente stehen nur sehr elementare Operationen zur Verfügung – sie können letztlich lediglich gelesen und geschrieben (durch neue Werte ersetzt) werden,
- die unterstützten Datentypen sind ebenfalls sehr elementar (z. B. ganze und rationale Zahlen, Wahrheitswerte, Zeichenketten samt zugehöriger Operationen) und können nur zu wenigen, einfachen Datenstrukturen (z.B. mithilfe eines *record*- oder *array*-Konstruktors) zusammengesetzt und mit den dafür vorgesehenen "generischen" Zugriffsoperationen (also attribut- oder feldweise) verwendet werden,
- alle darüber hinausgehende Bedeutung von Daten (meist etwas hochtrabend ihre "Semantik" genannt) muß durch geeignete Formulierung der Algorithmen repräsentiert werden.

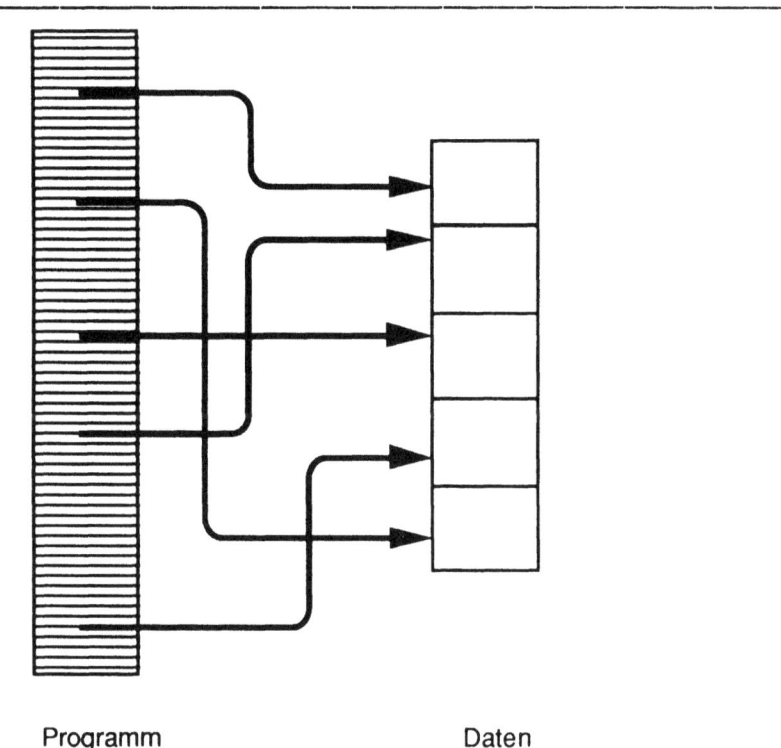

Abb. 1: Konventionelle Modellierung mittels Programm + Daten

Will man also beispielsweise zwei Bestandteile eines Werkstücks darstellen, so wird man etwa geeignete Datensätze (*records*) definieren, die die benötigten Attribute enthalten. Die Zusammensetzung beider Teile zu einem neuen ist aber nicht durch einen standardmäßig für diese Datensätze verfügbaren Operator möglich, sondern erfordert die Erstellung eines entsprechenden Programms – welches vom Problem her untrennbar zu den gewählten Datenstrukturen gehört, aber doch separat davon formuliert werden muß; lediglich Programmierdisziplin kann verhindern, daß auch ganz anders als vom Problem her sinnvoll mit den repräsentierenden Datenstrukturen umgegangen, oder daß das spezielle Zusammensetzungsprogramm auch dort eingesetzt wird, wo es gar keinen Sinn macht. Verschiedene Ansätze zur Modularisierung (z.B. Unterprogramme mit lokalen Daten) auf Programm- und/oder Datenseite haben versucht, hier "nachzubessern".

1.1 Konzepte objektorientierter Systeme

Ausgehend vom Konzept abstrakter Datentypen will die Objektorientierung einen Rahmen schaffen, in dem Daten und Operationen zusammengefaßt und so nach außen präsentiert werden können, daß dort nur die für die Verwendung unerläßlichen Kenntnisse benötigt werden, ja sogar nur die Schnittstellen der Operationen überhaupt bekannt ("sichtbar") sind.

Drei wesentliche Prinzipien liegen der Objektorientierung zugrunde /Deu 91/:

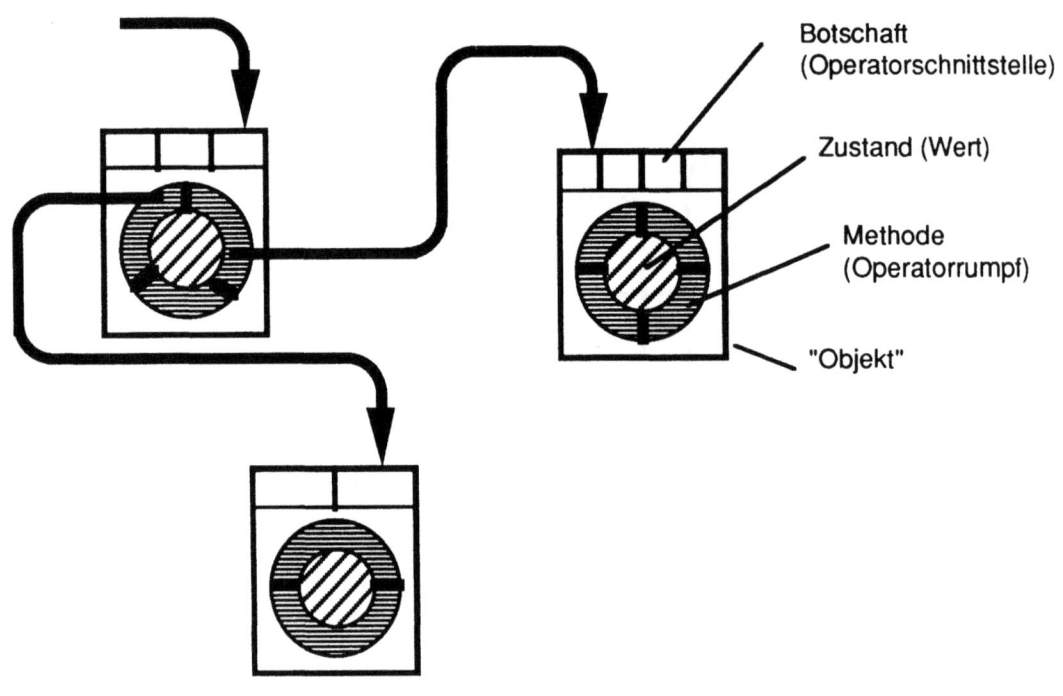

Abb. 2: Objektorientierte Modellierung

(a) Abstraktion und Autonomie:

Ein Objekt ist eine Einheit der Modellierung, die über einen internen *Zustand* (Wert) verfügt und eine Anzahl von *Botschaften* (messages) "versteht", d.h. bei deren Empfang entsprechende *Methoden* ausführt. Etwas vereinfachend kann man unter einer Botschaft die Schnittstelle eines Programms bzw. deren Aufruf mit aktuellen Parametern verstehen, unter einer Methode einen Programmrumpf, der diese Schnittstelle implementiert; der Zustand wird durch eine Datenstruktur repräsentiert (Abb. 2).

Zur Verwendung eines Objekts muß lediglich bekannt sein, welche Botschaften es kennt (natürlich nicht nur syntaktisch, sondern auch semantisch: was leistet das Senden einer bestimmten Botschaft an ein Objekt, welches Ergebnis erhalte ich zurück?); Zustand und Methoden können jedoch verborgen bleiben – sie sind "eingekapselt", also nur dem Implementierer des Objekts bekannt bzw. zugänglich (d.h. eine Methode kann und muß sehr wohl unmittelbar auf die Zustandsdatenstruktur zugreifen, ein Verwender des Objektes jedoch nicht). Man abstrahiert mit Objekten also von internen Details und überläßt gewissermaßen dem Objekt selbst möglichst viele Entscheidungen über das interne Vorgehen zum Erbringen einer nach außen zugesagten Leistung: Objekte sind in dieser Hinsicht also autonom. Für das obige Beispiel könnte man nun also für ein Objekt "Werkstück" eine Botschaft und zugehörige Methode "Montieren auf anderes Werkstück" definieren (Abb. 3).

Dem Prinzip von Abstraktion und Autonomie steht keineswegs entgegen, daß ein Objekt Teile seiner Leistungen dadurch erbringt, daß es die Dienste anderer Objekte in Anspruch nimmt. Eine Methode kann also sehr wohl Botschaften an andere Objekte versenden. Ebenso kann die den Zustand repräsentierende Datenstruktur eines Objekts Referenzen (im rein logischen Sinn, ohne Hintergedanken auf bestimmte Realisierungsformen) auf andere Objekte enthalten; damit lassen sich Assoziationen zwischen Objekten ausdrücken (was immer deren Bedeutung für die Anwendung im konkreten Fall sein mag), es entstehen Objektstrukturen.

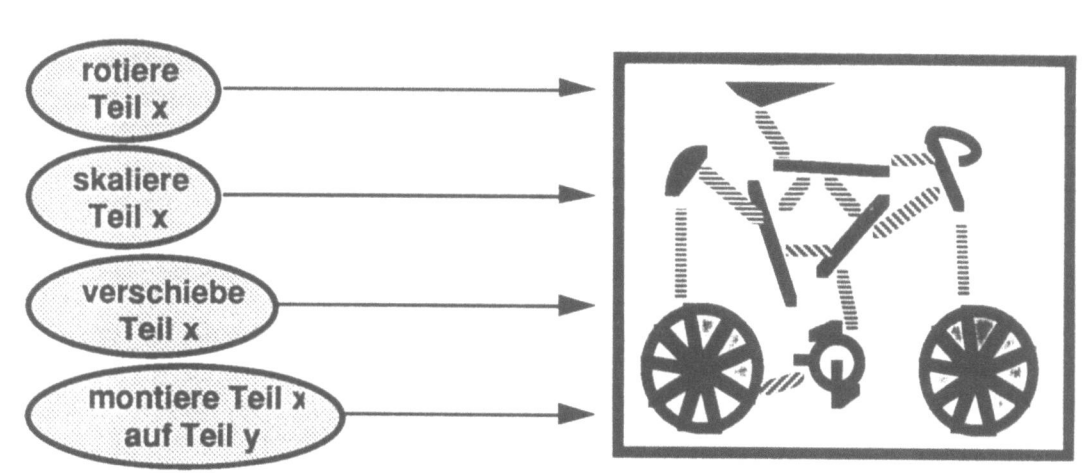

Abb. 3: Operationen auf einem Objekt

(b) <u>Klassifikation:</u>

In den meisten Anwendungen wird man Objekte antreffen, die sich hinsichtlich ihrer Botschaften und hinsichtlich des Aufbaus ihrer Zustandsdatenstruktur nicht unterscheiden, wohl aber hinsichtlich der konkreten Werte, die der Zustand zu bestimmten Zeitpunkten inne hat. In diesem Fall ist es sinnvoll, den Objektaufbau lediglich einmal zu spezifizieren, also eine gemeinsame Beschreibung aller in diesem Sinne "ähnlichen" Objekte zu geben. Man spricht dann von "Klassen" von Objekten, jedes einzelne Objekt wird grundsätzlich als eine sog. Instanz (oder ein "Exemplar") einer Klasse erzeugt und besitzt dann deren Eigenschaften. Insoweit ist "Klasse" als <u>intensionaler</u> Begriff zu verstehen (gemeinsame Beschreibung aller <u>denkbaren</u>, syntaktisch überhaupt möglichen Objekte einer bestimmten Charakteristik), und es besteht eine enge Analogie zum bekannten Begriff des Typs (etwa einer Variablen in einer höheren Programmiersprache), weshalb dieser zum Teil auch hier anzutreffen ist.

Weitergehend bezeichnet man als Klasse (genauer: Klassen<u>extension</u>) aber auch die Gesamtheit der zu einem bestimmten Zeitpunkt <u>tatsächlich existierenden</u> Instanzen mit gemeinsamer Beschreibung. Häufig (aber nicht zwangsläufig) wird die Extension einer Klasse selbst wieder als ein Objekt (welches dann Instanz einer <u>Meta</u>klasse ist) aufgefaßt, welches dann ebenfalls bestimmte, die gesamte Extension betreffende Botschaften kennt (z.B. zum Erzeugen, Aufsuchen oder Vernichten von Mitgliedern) und einen eigenen Zustand hat (welcher etwa die jeweilige Anzahl von Mitgliedern wiedergeben könnte).

(c) <u>Taxonomie:</u>

In vielen Fällen werden sich die Mitglieder zweier Klassen A und B immer noch insoweit ähnlich sein, daß die Instanzen von B auch alle Eigenschaften von A-Instanzen haben, jedoch darüber hinaus einige weitere. Man kann also versuchen, eine Taxonomie (ähnlich der Zoologie, wo dieser Begriff wohl erstmals verwendet wurde) von Klassen derart aufzustellen, daß man vom Allgemeinen zum Besonderen fortschreitend "spezialisiert" (Abb. 4).

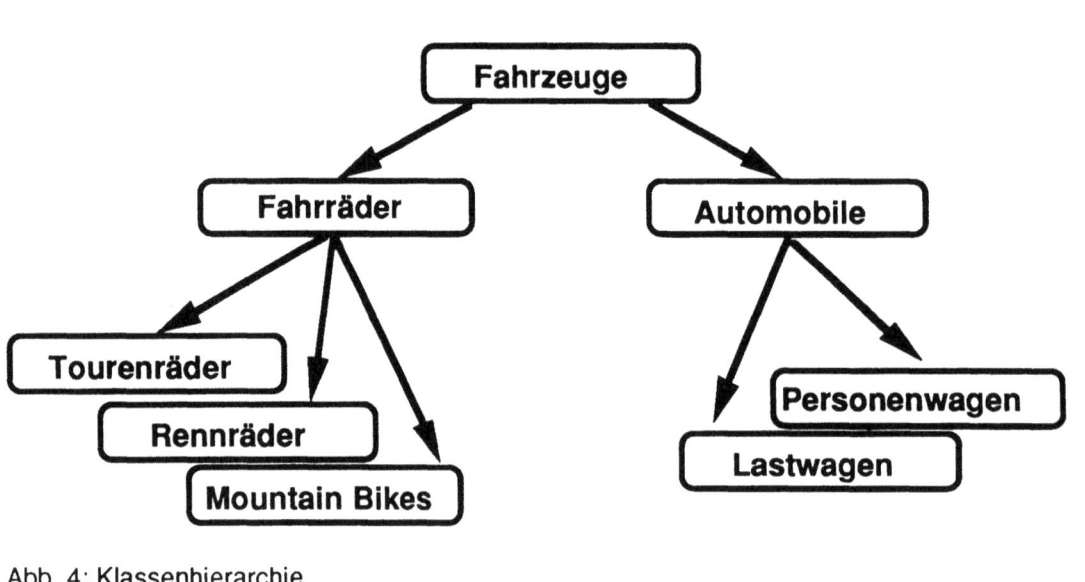

Abb. 4: Klassenhierarchie

Technisch bedeutet dies, daß man eine Klasse B als <u>Unterklasse</u> einer anderen (ihrer "Oberklasse" A) spezifizieren kann, wodurch ihre Instanzen die Eigenschaften der Oberklasse ererben (daher wird statt von "Taxonomie" häufig von "Vererbung" gesprochen, obwohl letzteres erst eine Folge von ersterem ist); man spricht auch vom Bestehen einer "IS_A"-Beziehung zwischen Unter- und Oberklasse: jede Instanz von B kann auch als eine Instanz von A aufgefaßt und verwendet werden (man beachte jedoch, daß es gerade für das Vererbungsprinzip sehr viele Detailunterschiede zwischen verschiedenen Ansätzen gibt!). Je nachdem, ob für eine Klasse nur maximal eine direkte Oberklasse erlaubt ist oder ob auch mehrere spezifiziert werden können, unterscheidet man einfache oder mehrfache ("multiple") Vererbung – es entstehen strenge oder nichtstrenge Klassen<u>hierarchien</u>.

Die genannten Prinzipien wurden generell für objektorientierte Systeme formuliert. Ausgehend von objektorientierten Programmiersprachen wie etwa Smalltalk /Smalltalk/ (aber auch Simula 67 /Simula/ enthielt bereits lange vorher – ohne den Begriff zu verwenden – teilweise einschlägige Konzepte) wird mittlerweile versucht, das objektorientierte Paradigma auch in früheren Phasen der Softwareentwicklung nutzbringend einzusetzen ("objektorientierter Entwurf" /Boo 91, Rum 91/, "objektorientierte Analyse" /Coa 90/). Wir beschränken uns hier aber auf die Anwendung objektorientierter Prinzipien bei der Formulierung der Lösung für eine Problemstellung und damit vorerst im Rahmen von Programmiersprachen.

Wegen der Allgemeinheit des Wortes "Objekt" ist leider auch der Begriff "objektorientiert" stets in der Gefahr, bei unvorsichtiger Verwendung zu einem Allgemeinplatz zu verkommen. Besonders gilt es dabei zu beachten, daß ein Objekt (bzw. eine Klasse) im oben skizzierten Sinn als ein technisches Konzept, im günstigen Falle auch als ein sprachliches und von einem Softwaresystem unterstütztes Ausdrucksmittel zu verstehen ist, mit dessen Hilfe die interessierende Umwelt dargestellt werden kann. Es ist daher strikt von den "Objekten" dieser Umwelt selbst zu unterscheiden, obwohl man natürlich gerade hofft, diese möglichst "1:1" auf Systemobjekte abbilden zu können; letztlich ist dies aber immer eine Entscheidung des Systementwerfers und unterliegt dessen von verschiedensten Aspekten geprägter Entscheidung.

Schließlich ist auch anzumerken, daß die Darstellung von Entwurfsentscheidungen in einem objektorientierten System (aber auch sonst) häufig nicht in derselben Reihenfolge abläuft wie der Erkenntnisprozeß, auf dem sie beruht. So wurde gesagt, daß Objekte als Instanzen von Klassen generiert werden, beim Entwurf macht man sich jedoch meist (zumindest unbewußt) anhand konkreter Objekte klar, welche Klassen benötigt werden. Ähnlich kommen Klassenhierarchien oft nicht durch Spezialisierung, sondern durch Generalisierung ("Herausfaktorisieren" der Gemeinsamkeiten verschiedener Klassen, "vom Speziellen zum Allgemeinen") zustande.

Die Vorteile, die man sich von der Verwendung objektorientierter Prinzipien verspricht, liegen vor allem in der Chance, eine gegebene Umwelt insoweit "natürlich" modellieren zu können, als die dort angetroffenen Einheiten direkt als solche im Softwaresystem dargestellt werden können; die eingangs beklagte "künstliche" Trennung in Daten und Programme kann also weitgehend überwunden werden (obwohl natürlich auch bei Objekten Daten- und Programmteile existieren, aber eben problemgerecht in ein "Paket" schnürbar!). Zudem können gerade diejenigen Operatoren bereitgestellt werden, die für die Objekte einer bestimmten Klasse sinnvoll sind; die Semantik eines Objekts ist also soweit überhaupt möglich durch seine Klasse vollständig festgelegt. Dank strikter Trennung von Schnittstelle und Implementierung wird ein sinnvolles Abstrahieren bei der Systemgestaltung möglich, dank Autonomie können Probleme gut strukturiert und durch Kooperation von Objekten gelöst werden. Schließlich gestatten Taxonomie und Vererbung einen evolutionären Systementwurf ("inkrementelles Programmieren", "Wiederverwendbarkeit" von Klassen): neu benötigte Klassen sollen wo immer möglich durch Spezialisierung vorhandener Klassen möglichst tief in der Klassenhierarchie erstellt werden, wodurch der neu zu leistende Programmieraufwand vergleichsweise klein gehalten werden kann.

All diese Vorteile sind als <u>potentiell</u> zu betrachten: man bekommt sie nicht "geschenkt", sondern muß die vorhandenen technischen Konzepte sachgerecht einsetzen – eine keineswegs einfache Aufgabe für den Systementwickler. Be-sonders kommen sie natürlich dann zum Tragen, wenn ein entsprechendes

Sprachsystem (also eine objektorientierte Programmiersprache) vorhanden ist; ein Teil der Vorteile kann jedoch auch bei disziplinierter Anwendung anderer Sprachen erzielt werden – die "objektorientierte Denke" ist entscheidend.

Zu objektorientierten Konzepten existiert mittlerweile ein großer Bestand an Literatur (stellvertretend seien hier nur /Gra 91, Kho 90, Mey 88, Shr 87, Win 90/ genannt); gleichwohl gibt es zu den genannten Aspekten meist vielerlei Varianten, auf die hier nicht eingegangen werden kann.

1.2 Konzepte von Datenbanksystemen

In der bisherigen Diskussion haben wir allgemein von "Daten" gesprochen, uns über deren Dauerhaftigkeit aber keine Gedanken gemacht. Unglücklicherweise erfordern Rechnerarchitektur und die Modellierungsmöglichkeiten mit klassischen Programmiersprachen hier Vorsicht: die Datenelemente von Programmen "leben" nur solange, wie diese in Ausführung begriffen sind – mit Programmende gehen die Inhalte verloren, solange nicht explizit bestimmte Vorkehrungen getroffen wurden. Man verwendet hierzu eine zusätzliche spezielle Art von Datenelementen, deren Inhalt dauerhaft ("persistent") solange zur Verfügung steht, bis er ausdrücklich gelöscht (oder überschrieben) wird. Diese Art von Datenelementen, unter der Bezeichnung <u>Dateien</u> (files) bekannt, sind letztlich Abstraktionen des Hintergrundspeichers eines Rechnersystems und bereits fast seit den Anfängen der elektronischen Datenverarbeitung im Einsatz.

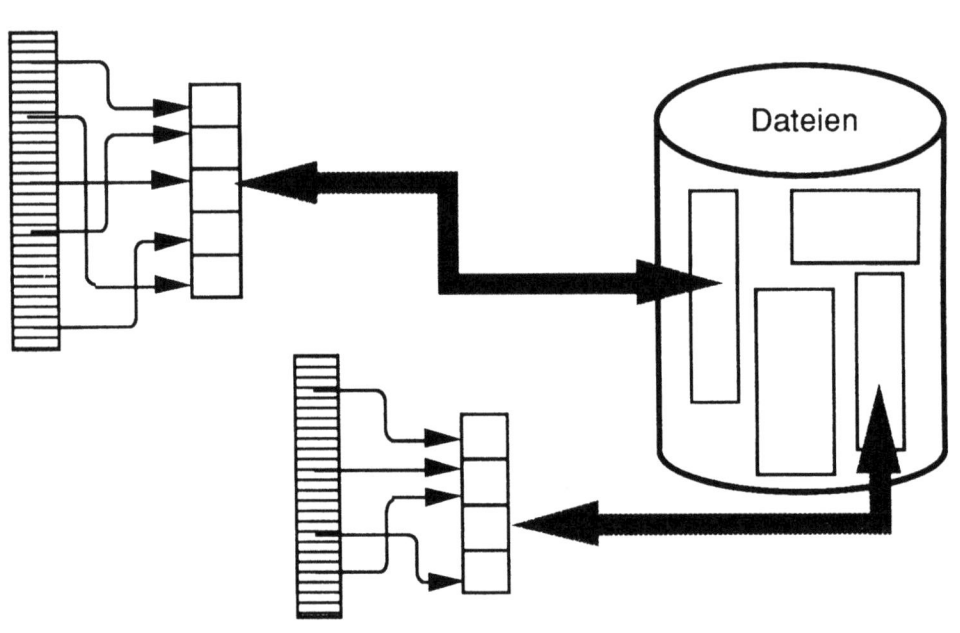

Abb. 5: Datenpersistenz mittels Dateien

Leider können die Inhalte von Dateien nun aber nicht direkt von Programmen bearbeitet werden, und auch die Größenordnung solcher Datenelemente ist an die technischen Randbedingungen des Hintergrundspeichers und nicht an die Erfordernisse der Anwendungen angepaßt. Aus diesem Grund müssen die Inhalte von Programmdatenelementen auf bzw. von Dateien explizit kopiert werden (Abb. 5).

Mit dem Schritt von Dateien zu Datenbanken (und Datenbankverwaltungssystemen – DBMS – als der Software zu ihrem Betrieb) konnte nun zwar prinzipiell diese Kopiernotwendigkeit nicht beseitigt werden, jedoch gelang es damit, die Datenelemente auf dem Hintergrundspeicher (also nun die der Datenbank) so zu gestalten, daß auch sie von Größenordnung, Aufbau und Struktur her eine gute Abbildung von Anwendungssachverhalten erlauben (Abb. 6); zudem bieten Datenbanksysteme (DBS; der Begriff wird entweder synonym zu DBMS oder als Sammelbegriff für DBMS und konkret vorliegende Datenbank gebraucht) eine Reihe von zusätzlichen Qualitäten an.

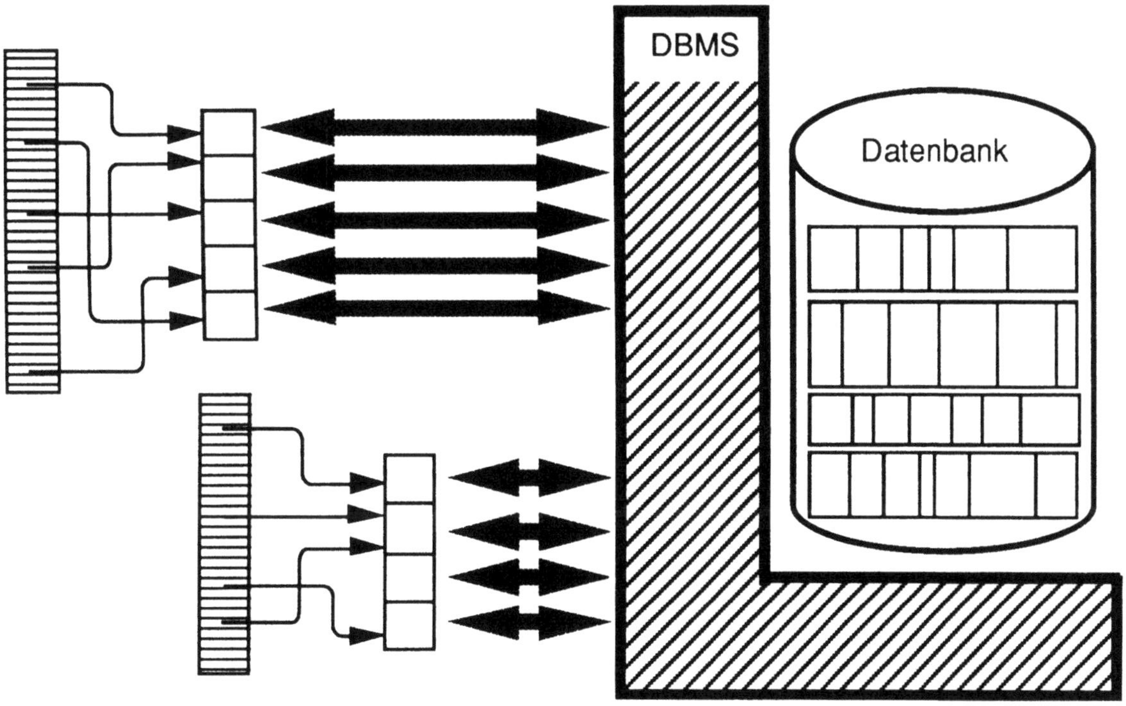

Abb. 6: Datenpersistenz mittels Datenbank

Ein <u>Datenbanksystem</u> läßt sich nach heutigem Verständnis charakterisieren als Software für die dauerhafte, zuverlässige und unabhängige Verwaltung sowie die komfortable und flexible Verwendung großer, integrierter und mehrfachbenutzbarer Datenbanken. Hinter "zuverlässig" steckt dabei die Forderung nach Mechanismen zur Konsistenz-, Integritäts- und Verlustsicherung; "unabhängig" meint die wechselseitige weitgehende Immunität von Datenbank und Anwendungsprogramm bei strukturellen und anderen internen Änderungen, die für den jeweils anderen nicht von Bedeutung sind ("Datenunabhängigkeit"); "komfortabel" bedeutet, daß es eine höhere abstrakte Schnittstelle zur Arbeit mit der Datenbank gibt, man sich also z.B. nicht um Speicherungsspezifika einzelner Datenelemente kümmern muß; "flexibel" erfordert ad hoc-Zugriffsmöglichkeiten mittels spezieller Anfragesprachen (also ohne eigentliche Programmierung). "Groß" bedeutet für eine Datenbank, daß sie nicht vollständig im Hauptspeicher gehalten werden kann, und "integriert" zielt auf die redundanzarme Speicherung aller Informationen, selbst wenn diese von verschiedenen Anwendungen stammen bzw. für verschiedene Anwendungen verwendet werden.

Die für die weitere Diskussion besonders interessierenden Konzepte von Datenbanken sind das <u>Datenmodell</u> und das <u>Schema</u>. Damit nämlich überhaupt die genannten Leistungen erbracht werden können, und vor allem um die Anwendungsprogramme davon zu entlasten, allein für die Semantik der Daten "zuständig" zu sein, müssen die Inhalte einer Datenbank durch Angaben über ihre Bedeutung beschrieben werden. Die Ausdrucksmittel hierzu finden sich im Datenmodell, wo man also etwa festlegen kann, daß Datenelemente eines Typs "Angestellter" durch die Attribute "Name", "Personalnummer", "Abteilung" und "Gehalt" charakterisiert sein, für Namen Zeichenketten bestimmter Maximallänge verwendet werden sollen usw. Außerdem legt das Datenmodell auch bereits bestimmte Konsistenzbedingungen fest ("inhärente") bzw. erlaubt deren Formulierung ("implizite"), und es beschreibt die auf einer unter diesem Datenmodell angelegten Datenbank zugelassenen Operatoren zum Einspeichern, Auffinden, Ändern und Löschen von Datenelementen. In sprachlicher Form sichtbar wird ein Datenmodell durch die Datenmanipulations- (DML) und Datendefinitionssprache (DDL) eines DBMS; die bekannte und sogar genormte Datenbanksprache SQL faßt für das relationale Datenmodell beide Aspekte (und weitere) zusammen. Unter dem Schema versteht man die konkrete Beschreibung einer bestimmten Datenbank, also die Anwendung des Datenmodells für einen speziellen Einsatzfall (der für ein und dieselbe Datenbank natürlich etliche Einzelapplikationen umfassen kann).

Heute gängig sind das hierarchische, das netzwerkartige und vor allem das relationale Datenmodell. Letzteres sieht die Darstellung sämtlicher Datenbankinhalte in tabellenartigen Elementen vor; jeder (elementare) Umweltsachverhalt ist als eine Zeile ("Tupel") einer solchen Tabelle ("Relation") zu modellieren, wobei in den Spalten ("Attribute") die nicht weiter unterteilbaren charakteristischen Eigenschaften eines solchen Sachverhalts zu finden sind.

Man beachte, daß auch bei Datenbanksystemen dieser Art nur ein fester Satz noch recht einfacher (wenngleich gegenüber Dateien anwendungsnäherer) Operationen zur Verfügung steht; komplexere Manipulationen wie eingangs von Abschnitt 1 angedeutet müssen also wiederum durch entsprechende Programme unter Zuhilfenahme dieser DB-Operationen realisiert werden. Sie können dann allerdings im Rahmen sog. <u>Transaktionen</u> ablaufen, für welche das Datenbanksystem alle erforderlichen Maßnahmen zur Synchronisation mit gleichzeitig laufenden Transaktionen, Konsistenz- und Verlustsicherung übernimmt.

Schließlich sei aus erst später ersichtlichem Grund noch eigens hervorgehoben, daß der Unterschied zwischen Datenbanksystemen und Programmiersprachen nicht allein in der Dauerhaftigkeit der in DBS verwalteten Datenelemente liegt. Vielmehr geht man dort eben auch von <u>großen</u> Elementmengen aus, die gemeinsam von verschiedenen, unabhängig voneinander laufenden Anwendungen genutzt werden und daher durch komplex aufgebaute, explizit zugängliche Schemata beschrieben sind; ferner gibt es Anfragemöglichkeiten auf diese Elemente, es müssen also etwa standardisierte Suchmechanismen implementiert sein; hinzu kommen Konsistenzkontrolle und Wiederanlauf im Fehlerfalle.

Über die gängigen Konzepte von Datenbanksystemen existiert neben zahllosen Einzelveröffentlichungen ein breiter Bestand an Lehrbuchliteratur; man informiert sich beispielsweise in /Elm 89, Dat 90, Vos 87/.

1.3 Neue Anforderungen an Datenbanksysteme

Leistungsfähige objektorientierte Datenbanksysteme sind nicht als eine bloße Übertragung des Gedankens objektorientierter Systeme auf den Bereich Datenbanken zu sehen; sie verdanken ihr Entstehen zu einem gut Teil auch neuen Anforderungen an Datenbanksysteme, die sich seit etwa 10 Jahren in anspruchsvollen ("Nichtstandard-") Anwendungen in Bereichen wie CAD/ CAM/CIM, Büroautomatisierung, Landinformationssysteme, Wissensrepräsentation, Software Engineering usw. stellen. Dort zeigte sich nämlich, daß – neben anderen, im hiesigen Zusammenhang nicht weiter interessierenden Aspekten – klassische Datenmodelle einschließlich des relationalen vielfach an ihre Grenzen stoßen und keine vernünftige Modellierung der angetroffenen, teils hochkomplexen Umweltstrukturen mehr erlauben.

Wir wollen hier nur zwei der immer wieder angetroffenen Forderungen kurz erläutern (/Cat 91/ ist eine gute Quelle für weitere Details):

- zusammengesetzte Umweltobjekte:

    Gerade in den genannten Anwendungsbereichen sind die Einheiten der Anwendung oftmals (sehr heterogen) aus Teilen zusammengesetzt, die selbst wieder als (eventuell weiter zusammengesetzte) eigenständige Einheiten betrachtet werden müssen. Solche Kompositionen können auch rekursiv (Art der Obereinheit = Art der Untereinheit, vgl. etwa die Kapitelstruktur in Dokumenten) und überlappend (zwei Obereinheiten haben gemeinsames Unterteil; vgl. etwa einen Programmmodul, der in zwei Softwaresysteme eingebaut wurde) sein. Für die Verwendung solcher "zusammengesetzter Objekte" braucht man üblicherweise – im Unterschied zu nur lose miteinander assoziierten Einheiten! – auch Operationen, die auf ein gesamtes Objektensemble (und nicht nur auf einen Bestandteil, etwa den obersten) wirken.

    Bei der Modellierung solcher Sachverhalte im klassischen Relationenmodell bleibt wegen der dort verfolgten Satzorientierung (oder "Tupelorientierung") keine andere Wahl, als die Gesamtinformation in oft sehr viele Tupel in (wegen der Heterogenität des Aufbaus) zahlreichen Relationen zu "zerhacken" (Abb. 7). Bei Zugriff ist dann der (in der Datenbank selbst ja unbekannte!) Zusammenhang in der Anwendung durch eine sehr hohe Zahl entsprechender Verbindungsoperationen ("joins") zu rekonstruieren, was schnell jegliche realistische DBMS-

Leistungsgrenze sprengen kann (Beispiel Entwurf höchstintegrierter Schaltungen: ca. 25 Relationen mit vielen Tausenden von Tupeln!).

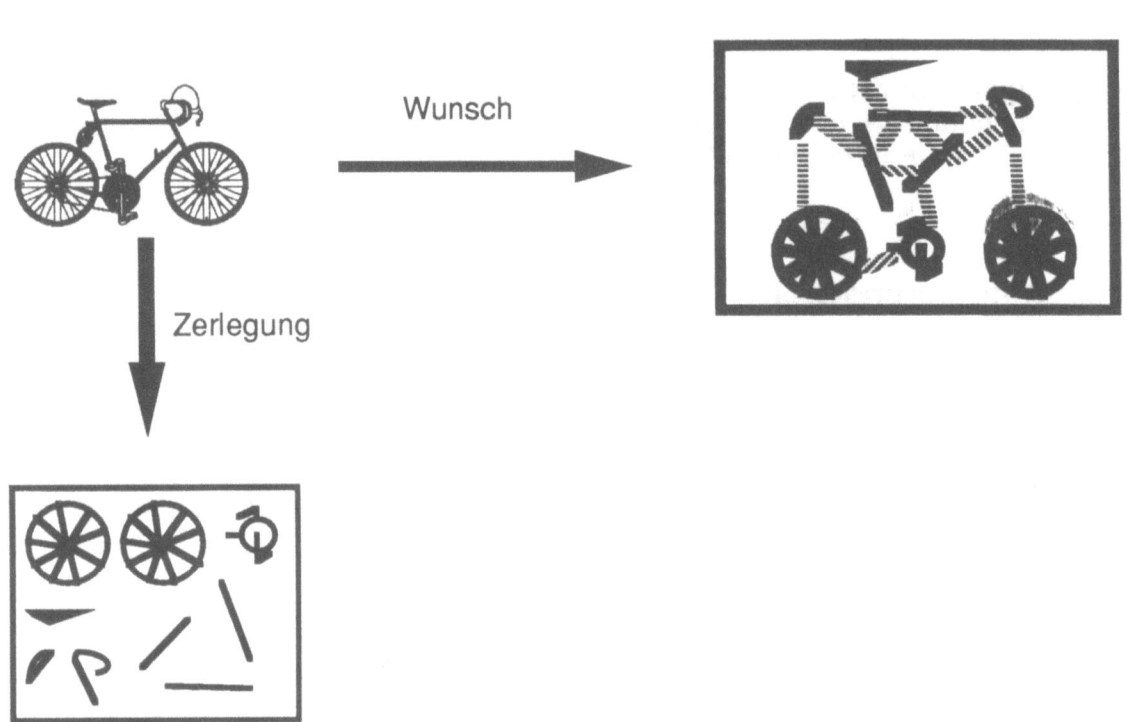

Abb. 7: Komplexe Umwelteinheiten – Zerlegen in Relationen vs. Gesamtspeicherung (Analogie)

- spezielle Datentypen:

    Üblicherweise kommen als elementare Typen von Elementen in Datenbanken ganze und rationale Zahlen und Zeichenketten verschiedenster Detailausprägung sowie Datum und Uhrzeit in Frage. Je nach Anwendung möchte man aber beispielsweise auch gerne mit komplexen Zahlen, Vektoren und Matrizen, geometrischen Figuren (Rechtecken, Dreiecken, Kreisen, ...) oder gar Rasterbildern oder Stimmustern (Multimediasysteme!) umgehen – natürlich mit den dazu passenden Operationen. Die Liste solcher Spezialdatentypen wird schnell sehr umfangreich, so daß es nicht sinnvoll möglich ist, einfach alle gewünschten Typen "fest verdrahtet" in ein DBMS einzubauen.

    Auch hier wäre prinzipiell eine Modellierung mit relationalen Mitteln möglich, aber eben nur durch Verwendung weiterer Mittel außerhalb der Datenbank selbst und damit unter Verzicht auf einen Teil der geforderten Leistungen.

Weitere Anforderungen bestehen etwa hinsichtlich der Modellierbarkeit von Beziehungen beliebiger Art zwischen verschiedenen Elementen (unterschiedlichster Zusammensetzung) oder von Elementversionen und -konfigurationen.

2   Synthese: objektorientierte Datenbanksysteme

Während in der relationalen Welt der Implementierung entsprechender Datenbanksysteme das richtungsweisende Grundsatzpapier von Codd /Cod 70/ vorausging und damit zumindest für die wichtigsten Modellaspekte der Rahmen abgesteckt war, sieht die noch kurze Historie der objektorientierten Datenbanksysteme ganz anders aus. Hier standen eine ganze Reihe akademischer und industrieller Prototypen am Anfang, die alle eine Symbiose aus mehr oder weniger vielen der genannten Eigenschaften von bekannten DBMS und von objektorientierten Systemen schlechthin versuchten und/oder den neuen Anforderungen an Datenbanksysteme gerecht werden wollten – die meisten reklamierten dabei den Begriff "objektorientiertes DBS" für sich, ohne daß dieser eine breiter akzeptierte Bedeutung gehabt hätte.

Obwohl es auch heute noch keine "Schulbuchdefinition" gibt, auf deren allgemeine Anerkennung man sich fest verlassen könnte, hat doch "The object-oriented database system manifesto" /Atk 89/ zumindest zu einer Konsolidierung der Diskussion beigetragen. Zwar stellt dieser Aufsatz letztlich den verzweifelten Versuch von 6 Vertretern verschiedener "Denkschulen" dar, sich wenigstens nachträglich zu einem gemeinsamen Verstehen von ooDBS zusammenzuraufen, gleichwohl dient er mittlerweile in breiten Fachkreisen als eine Art lose Basis zur Verständigung (auch die Autoren des einmal "Gegenmanifesto" genannten Aufsatzes /Com 90/ rütteln letztlich nicht an diesen Grundfesten, setzen aber für ihre "third-generation database systems" – durchaus zurecht! – weitere Eigenschaften hinzu, die allerdings mit dem Begriff "objektorientiert" nichts zu tun haben).

Demnach muß ein ooDBS alle funktionalen Eigenschaften eines klassischen Datenbanksystems haben, also insbesondere

- dauerhafte Verwaltung von Datenelementen bieten,
- den vollen verfügbaren Hintergrundspeicher ausnutzen können,
- durch ein Transaktionskonzept Mehrbenutzerbetrieb zulassen und für Wiederanlaufmöglichkeiten im Fehlerfall sorgen, und
- ad hoc-Anfragen durch geeignete Mechanismen unterstützen.

Mit anderen Worten gesagt, möchte man keine der einmal erzielten Errungenschaften auf dem Sektor Datenhaltung einbüßen.

Hinzu kommt nun ganz wesentlich die Forderung, daß ein ooDBS ein objektorientiertes Datenmodell (ooDM) aufweisen muß, was im einzelnen die Unterstützung folgender Detailkonzepte bedeutet:

- Objektidentität:

  Jedes Objekt ist als ein Tripel <OID, Zustand, {Botschaften}> auffaßbar. Das (zumindest implizite, d.h. in der Wirkung nach außen spürbare) Vorhandensein eines Objektidentifikators OID ermöglicht u.a., daß alle Objekte im System eindeutig identifizierbar sind und Änderungen am Objektzustand dasselbe Objekt ergeben. OIDs sind zu diesem Zweck unveränderbar und werden bei

Löschen eines Objekts auch nicht erneut verwendet (sie wirken als sog. "Surrogate").

Man vergleiche dies wiederum mit der Philosophie relationaler Systeme: hier ist keineswegs garantiert, daß der Schlüssel eines Tupels stets unverändert bleibt (er muß lediglich stets eindeutig sein, und dies auch nur innerhalb der betroffenen Relation und nicht systemweit). Wird ein Schlüsselwert nun verändert, ist nicht klar, ob das resultierende Tupel weiterhin dasselbe Realweltobjekt repräsentiert oder die Information über ein Realweltobjekt aus der Datenbank gelöscht und die eines anderen dort eingefügt worden ist.

Objektidentität bedeutet nicht, daß benutzerdefinierte Schlüssel und andere Zugriffsmöglichkeiten auf Objekte nun nicht mehr unterstützt werden dürften; es ist vielmehr eine zusätzliche Einrichtung, um von der bloßen, problembehafteten (/Ken 81/ liefert viele Argumente dazu) wertorientierten Betrachtungsweise von Datenbankelementen wegzukommen.

- zusammengesetzte ("komplexe", "strukturierte", "molekulare") Objekte:

Mit diesem Konzept soll vor allem der oben genannten Forderung nach direkter Repräsentierbarkeit von Objekt-/Unterobjektstrukturen Rechnung getragen werden (man spricht daher auch von der "part_of"-Beziehung). Technisch gesehen geht es darum, wie der Wert eines Objekts aufgebaut sein darf. Ausgangspunkt sind auch hier elementare Werte wie Zahlen oder Zeichenketten, aus denen mit Hilfe sog. Konstruktoren komplexe Werte gebildet werden können.

Minimal werden ein Tupel-Konstruktor (die aus vielen Programmiersprachen bekannte Zusammenfassung einer festen Anzahl benannter Attributelemente) und ein Mengenkonstruktor (die aus der Mathematik bekannte Zusammenfassung veränderlich vieler unbenannter – meist gleichartiger – Elemente) benötigt; zusätzlich können aber auch Listenkonstruktoren (geordnete Menge), Feldkonstruktoren (*array*; Komponenten per Index ansprechbar) usw. angeboten werden. Wichtige Eigenschaft ist, daß alle Konstruktoren orthogonal nicht nur auf elementare Werte, sondern auch rekursiv auf andere Konstruktoren anwendbar sind, also etwa Listen mit mengenwertigen Elementen gebildet werden können, die ihrerseits Tupel einfacher Werte sind. Auf diese Weise entstehen zunächst einmal komplexe Werte. Man beachte, daß eine klassische Relation eine Menge von Tupeln ist, die aus elementaren Werten zusammengesetzt sind – es liegt also ein Spezialfall eines komplexen Wertes vor.

Ein komplexes Objekt entsteht nun dadurch, daß in seinem Wert ein Konstruktor (egal auf welcher Stufe der Zusammensetzung) sich nicht nur auf elementare Werte, sondern mindestens an einer Stelle auf ein anderes Objekt bezieht – es entsteht damit ein Unterobjekt des betrachteten Objekts (Abb. 8).

Zu den verschiedenen Konstruktoren braucht man natürlich auch die zugehörigen "generischen" Operationen, um entstehende Strukturen der jeweiligen Art bearbeiten zu können. Insbesondere werden Operationen (zum Beispiel zum Auffinden, Löschen, Kopieren usw.) benötigt, die transitiv auch auf die jeweiligen Unterobjekte wirken.

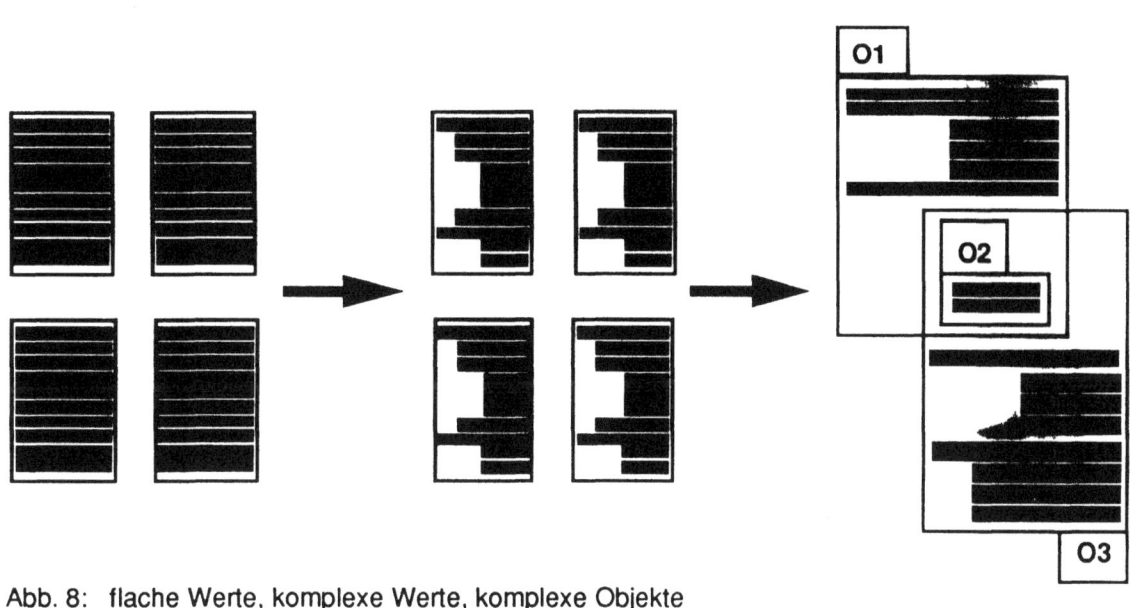

Abb. 8: flache Werte, komplexe Werte, komplexe Objekte

Zur Darstellung "loser" Assoziationen zwischen Objekten (über die hinweg die Wirkung von Operationen nicht propagiert) werden (logische) Referenzen auf andere Objekte (die dann gleichfalls in den Wert eines Objekts aufgenommen werden können, aber eben nicht zu einem zusammengesetzten Objekt führen) oder auch ein explizites (neben den eigentlichen Objekten stehendes) Beziehungskonzept angeboten.

- Klassen:

Ein Klassenkonzept wie für objektorientierte Systeme beschrieben muß zur Verfügung stehen.

- Definierbarkeit von Klassen durch Systembenutzer:

Es reicht nicht aus, eine Reihe vorgefertigter Klassen fest in das System einzubauen; vielmehr müssen Mechanismen angeboten werden, mit denen auch dynamisch nach Installation des Systems (und damit eben durch die Systembenutzer selbst) weitere Klassen (vor allem als Spezialisierung anderer Klassen) hinzugefügt werden können. Damit ist es insbesondere möglich, fallweise "passende" Operationen (Botschaften/Methoden) für Klassen bzw. Objekte direkt in die Datenbank einzubringen und dann dort ausführen zu lassen.

- Berechnungsvollständigkeit:

Zur Realisierung der Methoden muß eine Sprache zur Verfügung stehen, die die Formulierung beliebiger Algorithmen gestattet. Eine Datenbanksprache à la SQL genügt demzufolge nicht, da dort etwa Schleifen, Fallunterscheidungen und Rekursionen nicht ausgedrückt werden können.

- Einkapselung:

    Wie in Abschnitt 1.1 besprochen, sind Zustand und Methoden von Objekten bei strenger Befolgung des objektorientierten Gedankenguts eingekapselt, also für den Objektbenutzer unsichtbar. Diese Eigenschaft steht zu den Erfordernissen in Datenbanken in einem prinzipiellen Konflikt, da man dort Objekte in vielen Fällen gerade mittels Prädikaten über Teile ihres Wertes (" ... where Gehalt > 4500") in einer Menge von Objekten aufsuchen möchte; dies trifft selbst dann zu, wenn ein gut Teil der Arbeit durch Navigieren in einer Struktur von Objekten erledigt werden kann.

    Objektorientierte Datenbanksysteme erfordern daher einen liberaleren Einkapselungsbegriff. Zwar soll auch die strikte Einkapselung möglich sein, darüber hinaus benötigt man aber Vorkehrungen, die Einkapselung nur für verändernde Zugriffe vorsehen (Lesen und damit Aufsuchen aber frei zulassen) und die zudem eine Aufteilung des Objektwertes ermöglichen: ein Teil davon kann (streng) gekapselt werden und den eigentlichen Zustand repräsentieren (z.B. die aus reinen Implementierungsgründen gewählte Datenstruktur für ein Werkstück), ein anderer Teil kann zur Darstellung frei zugänglicher charakteristischer Eigenschaften verwendet werden (z.B. für das Gewicht, das Material oder den letzten Bearbeitungstag des Werkstücks). Der Systemanwender muß im Zuge des Datenbankentwurfs dann Fall für Fall entscheiden und im Schema festschreiben, welche Art der Einkapselung er für die Instanzen einer Klasse wünscht.

- Klassenhierarchien und Vererbung:

    Die diesbezüglichen Konzepte müssen im ooDM formulierbar sein.

- Überladen, Überschreiben und spätes Binden:

    Hierbei handelt es sich um weitere Detailkonzepte, die die vollen Vorteile von Klassenhierarchien und Vererbung erst zur Geltung bringen. Überladen gestattet es, denselben Namen für verschiedene Botschaften zu verwenden, während Überschreiben es vereinfachend gesprochen erlaubt, eine bereits in einer Oberklasse vorhandene Methode in einer Unterklasse durch eine andere zu ersetzen. Zusammengenommen kann man damit ein und dieselbe Botschaft an eine Menge von Objekten senden, wobei je nach Zugehörigkeit des Objekts innerhalb einer Klassenhierarchie die "passendste" Methode zur Ausführung kommt. Hierzu benötigt man die Technik des späten (erst zur Laufzeit endgültig erfolgenden) Bindens einer Botschaft an eine Methode, da meist erst dann bekannt ist, welche Objekte zu der Menge gehören.

Datenbanksysteme, welche alle geforderten Kriterien voll und ganz erfüllen (und auch noch alle Konzepte orthogonal, d.h. wo sinnvoll ohne Einschränkungen kombinierbar, anbieten) existieren heute noch kaum; solche voll objektorientierten DBS stellen einen Zielpunkt der Entwicklung dar. Insbesondere mangelt es kommerziellen ooDBS in der Regel an der vollständigen Unterstützung komplexer Objekte; sie sind verhaltensmäßig objektorientiert, da sie die Definierbarkeit neuer Klassen und die damit verbundenen Konzepte wie Einkapselung und Klassenhierarchien realisieren. Umgekehrt wurden verschiedene Forschungsprototypen <u>strukturell objektorientierter</u> Datenbanksysteme gebaut, die komplexe Objekte samt Objektidentität umfassend implementierten, jedoch keine oder nur eingeschränkte Möglichkeiten zur Definition neuer Klassen boten.

Die Verwendung eines ooDBS kann je nach Umgebung auf folgende Weise erfolgen (Abb. 9). Geschieht die Realisierung der Anwendung außerhalb der Datenbank ebenfalls objektorientiert, so stellt die Programmiersprache die flüchtigen, die Datenbank die dauerhaften Objekte zur Verfügung. Aus den Methoden von Programmiersprachenobjekten heraus können Botschaften (via ooDBMS) an die dauerhaften Objekte gesandt werden. Kommt hingegen eine klassische Programmiersprache zum Einsatz, erhält man Ergebnisse aus der objektorientierten Datenbank als Rückgabeparameter passender Prozeduraufrufe (die gerade den Botschaften der DB-Objekte entsprechen).

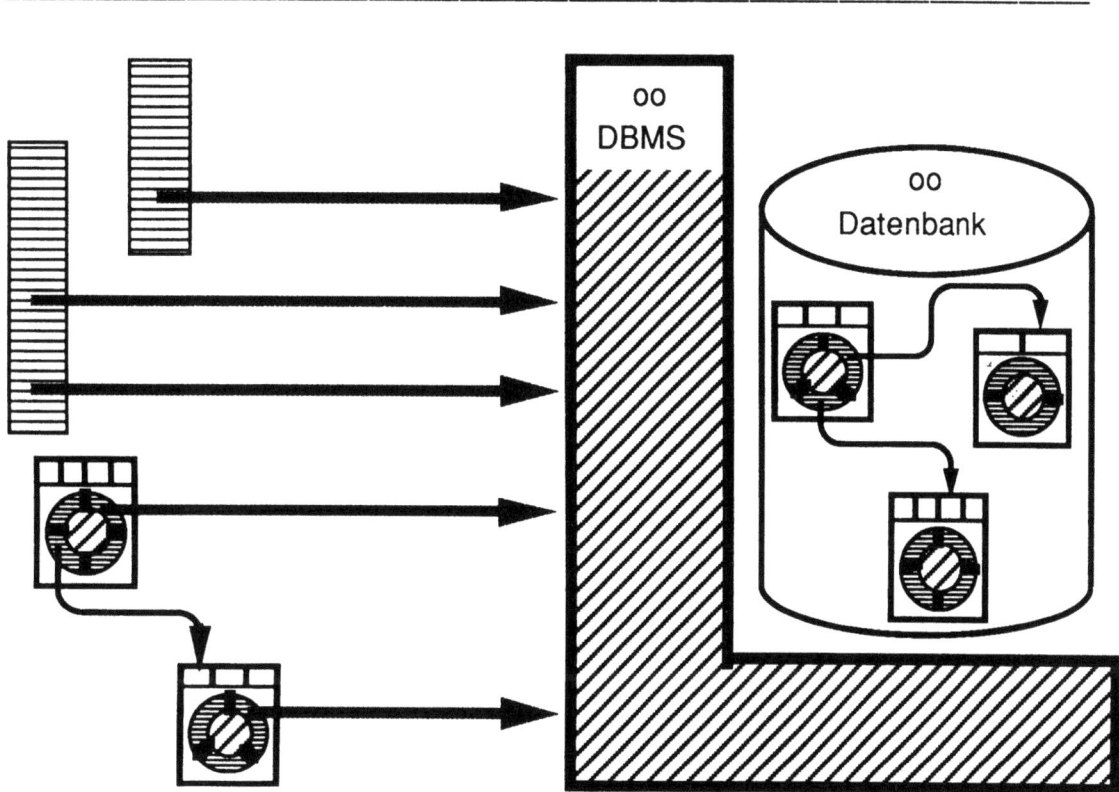

Abb. 9: Datenpersistenz mittels objektorientierter Datenbank

Zum Abschluß dieses Abschnittes seien auch einige Beispielfälle erwähnt, bei denen es sich entgegen mancher irreführender Behauptung und hochglänzender Werbebroschüren <u>nicht</u> um ooDBS handelt:

(a) Datenbanksysteme mit objektorientierter graphischer Benutzerschnittstelle.
(b) DBMS, die selbst in einer objektorientierten Programmiersprache implementiert wurden.

(c) Sprachsysteme, bei denen die Objekte (meist bei Programmende) auf Dateien gespeichert werden und so beim nächsten Programmlauf wieder zur Verfügung stehen ("persistente Programmiersysteme").

(d) objektorientierte Programmiersprachen mit speziellen Klassen für den Anschluß an (traditionelle) Datenbanksysteme.

(e) Datenbanksysteme, welche das klassische Entity-Relationship-Datenmodell realisieren.

Die Eigenschaften (a) und (b) können zwar auch für ooDBS zutreffen, reichen aber für die Erfüllung der Definition nicht aus und sind genauso für relationale und andere Datenbanksysteme möglich. Bei (c) sind zumindest die DBS-Eigenschaften nicht gegeben, bei (d) fehlt das objektorientierte Datenmodell. (e) ist schließlich ein satzorientiertes Datenmodell, welches erst gewichtiger Erweiterungen bedarf, um strukturelle Objektorientiertheit zu erreichen.

Als weiterführende Literatur zu ooDBS seien vor allem /Cat 91/, aber auch /Cár 90, Dit 88, Dit 91, Kim 89, Kim 91, Par 89, Zdo 90/ empfohlen.

3 Beurteilung und Perspektiven

Nachdem wir nun erläutert haben, was unter objektorientierten Datenbanksystemen überhaupt zu verstehen ist, wollen wir nun eine Einschätzung und Positionierung dieser Technologie vornehmen.

3.1 Stand der Entwicklung

Objektorientierte Datenbanksysteme stehen heute dort, wo relationale Systeme vor etwa 10 Jahren standen. Es liegt eine Vielzahl von Forschungsergebnissen vor, etliche Prototypen wurden entwickelt, und mittlerweile wird eine beachtliche Anzahl von Systemen unterschiedlicher Spielarten (selbst die hier gegebene Begriffsklärung von ooDM/ooDBMS läßt ja ganz bewußt noch breiten Raum, um den abgesteckten Rahmen auszufüllen) auf dem Markt angeboten. Ohne Anspruch auf Vollständigkeit seien genannt GemStone (von Servio Logic), Ontos (Ontologic), Objectivity/DB (Objectivity), Versant (Versant Object Technology), ObjectStore (Object Design), Statice (Symbolics), GBase (Object Databases), Vision (Innovative Systems), O2 (O2-Technology), OpenODB (füher IRIS; Hewlett-Packard), ORION (ITASCA-Systems).

All diese Systeme sind vorwiegend für leistungsfähige Arbeitsplatzrechner (workstations) konzipiert, für die das Betriebssystem UNIX vorherrschend ist; sie arbeiten auch auf (in bestimmter Weise) in solchen Netzen verteilten objektorientierten Datenbanken. Ein Teil der Produkte ist fest in die Welt einer bestimmten objektorientierten Programmiersprache eingebettet (meist C++ /C++/ oder Smalltalk /Smalltalk/ , aber auch CLOS – Common Lisp Object System /CLOS/). Hierbei werden Programmier- und Datenbanksprache gar nicht mehr exakt getrennt, wodurch sehr durchgängige "nahtlose" Systeme entstehen, die allerdings aus anderen Sprachumgebungen heraus nur ungenügend brauchbar sind. Andere Produkte gehen stattdessen den Weg, eine spezielle Datendefinitionssprache (z.B.

in Anlehnung an C++) zur Beschreibung von Objektzuständen vorzusehen, während zur Programmierung der Methoden Kopplungen zu verschiedenen (auch traditionellen) Sprachen angeboten werden. Dies ist zwar keine besonders "glatte" Lösung, erlaubt aber einen sanfteren Übergang aus der existierenden Systemwelt.

Auch relationale Datenbanksysteme bieten nach und nach zumindest einige objektorientierte Konzepte an. Hier ist INGRES (Ingres Corporation) mit seinen "object management"-Erweiterungen Vorreiter.

Auch im deutschen Sprachraum haben vor kurzem einige Firmen Produkte auf den Markt gebracht, die viele (POET von BKS, ODBMS von VC Software Construction) oder manche (Hyperwork von PBS) Kriterien objektorientierter Datenbanksysteme erfüllen. Sie scheinen ihren Markt eher im Bereich PCs/MS-DOS zu sehen, jedoch ist der Übergang hier durchaus fließend.

Genauere Angaben zu den genannten Systemen finden sich in der Systemliteratur der einzelnen Hersteller; Kurzbeschreibungen etlicher Systeme sowie weitere Literaturverweise enthält wiederum /Cat 91/.

Generell ist eine pauschale Beurteilung der verfügbaren Systeme sehr schwierig. Sie alle sind noch vergleichsweise kurz auf dem Markt; die Herstellerfirmen sind mit wenigen Ausnahmen kleine "start-ups", die noch nicht über langjährige Reputation verfügen. Detailaussagen über ein bestimmtes System können bereits in wenigen Tagen durch eine neue Systemversion überholt sein. Technische Schwachstellen existieren durchaus auch noch: so ist in den meisten Systemen etwa die völlig dynamische Definition neuer Klassen (also während der Laufzeit eines Programmes aus diesem heraus, ohne Neuübersetzen des Schemas) nicht möglich – obwohl gerade dies für viele Anwendungsfälle nützlich wäre. Auch hinsichtlich der Laufzeiteffizienz kann lediglich festgestellt werden, daß an einigen prominenten Vertretern durchgeführte Benchmarks /Cat 92/ keine weltbewegenden Unterschiede zutage förderten; wegen der großen Vielfalt gerade komplexer Anwendungen ist aber ohnehin zweifelhaft, welche Aussagekraft Benchmarks für einen konkret geplanten Einsatzbereich haben.

Verständlicherweise sind auch Werkzeuge zur Benutzung von ooDBS noch spärlich vorhanden und haben wie die Systeme selbst noch nicht den von relationalen Systemen heute gewohnten Reifegrad erreicht. Ebenso fehlen gute Methoden für einen systematischen Datenbankentwurf für ooDBS (einige Vorschläge verwenden zwar bereits die Bezeichnung, bieten aber gerade für einige entscheidende Probleme keine Lösungen an).

Zusammenfassend läßt sich also feststellen, daß die Entwicklung von ooDBS stürmisch vorangeschritten ist und sich momentan zu konsolidieren beginnt (obwohl immer noch neue Mitbewerber in den Markt drängen). Problematisch für den potentiellen Anwender ist, daß einerseits noch keinerlei Standards existieren (siehe jedoch später), andererseits keine Garantie besteht, daß alle gegenwärtigen Anbieter auf lange Sicht überleben werden. Vielerorts wird daher mit dem Einsatz von ooDBS in kleineren Projekten experimentiert, größere Projekte sind weltweit noch eher selten zu finden.

3.2 Nutzen objektorientierter Datenbanksysteme

Aufgrund ihrer Entstehungsgeschichte, die ja gerade entdeckte Schwachstellen bekannter Datenmodelle in anspruchsvollen Anwendungen berücksichtigt und die Vorteile der Objektorientierung an sich weitestgehend übernommen hat, eröffnen sich objektorientierten Datenbanksystemen vielfältige Anwendungen, die bisher überhaupt nicht vernünftig mit Datenbanktechnologie versorgt werden konnten; in 1.3 wurden einige solche Einsatzgebiete genannt. Geht man davon aus, daß sich heute nicht einmal 20% aller auf Rechnern gespeicherten operationalen Daten in Datenbanken befinden /Bro 89/, so eröffnet sich hier fürwahr ein breites Betätigungsfeld. Dementsprechend günstig sind auch professionelle Marktprognosen wie /Ovum 91/.

Wegen der umfassenderen, präziseren Modellierungsmöglichkeiten für die Semantik von Daten (sowohl hinsichtlich Struktur als auch Verhalten, d.h. Umgang mit der Struktur) besteht die Möglichkeit, den für die Erstellung und vor allem für die Weiterentwicklung komplexer datenbankbasierter Anwendungen benötigten Aufwand entscheidend zu vermindern. Für geeignete Einsatzfälle kann auch mit erheblichen Effizienzsteigerungen gegenüber relationalen Systemen beim Betrieb der Datenbank gerechnet werden. Einmal können wie geschildert zahlreiche aufwendige Verbindungsoperationen ("joins"; die aufwendigste Operation bei relationalen DBS) oft vermieden und durch effizientere Mechanismen ersetzt werden. Zum anderen verursacht jeder Übergang Anwendungsprogramm —> DBMS und zurück bestimmte, keineswegs vernachlässigbare Grundkosten; kann nun mit einer einzigen komplexen DB-Operation in einem ooDBS eine Folge einfacher DB-Operationen in einem konventionellen DBMS ersetzt werden, so entsteht schon allein dadurch ein Effizienzgewinn, daß der genannte Grundaufwand weit seltener entsteht.

Allerdings ist zu beachten, daß für Anwendungen mit einfachen, durch Tupel in Relationen gut repräsentierbaren Strukturen und ebenso einfachen, standardisierten Operationen (also für viele betriebswirtschaftlich-administrative Anwendungen, die durch klassische DBS durchaus zufriedenstellend gelöst sind) keineswegs mit gleichen Verbesserungen zu rechnen ist. Hier sind in der Regel eher Leistungseinbußen zu gewärtigen: man kann zumindest von heutigen ooDBS nicht erwarten, daß sie bei wesentlich breiterer Konzeptvielfalt für jeden speziellen Fall ein Leistungsverhalten erbringen, das dem von dafür speziell zugeschnittenen DBS entspricht.

Ein im Augenblick bestehender großer Nachteil von ooDBS ist die fehlende Einigkeit über "das" objektorientierte Datenmodell. Eine Hoffnung auf Linderung dieses Problems liegt in den Aktivitäten der sog. Object Management Group (OMG; siehe Hinweis am Ende des Literaturverzeichnisses). Diese Vereinigung von zur Zeit etwa 200 Herstellern und (potentiellen) Anwendern objektorientierter Technologie (vergleichbar der auf anderem Gebiet tätigen Open Software Foundation) hat u.a. zum Ziel, einschlägige internationale Standards vorzubereiten und in den entsprechenden Organisationen zu lancieren, und arbeitet im Augenblick auch an einem entsprechenden ooDM, das zumindest in seinen groben Zügen genormt werden könnte; hierbei bestehen übrigens gute Chancen, daß auch das bisher in Produkten eher vernachlässigte (aber für viele

Anwendungen sehr wichtige) Konzept der komplexen Objekte berücksichtigt und nachfolgend in die Systeme aufgenommen wird.

3.3 Positionierung

Für eine neuartige Technologie ist es immer wichtig, wie sie sich zu den bereits vorhandenen stellt; außerdem interessiert natürlich, ob es sich womöglich wiederum nur um eine Zeiterscheinung handelt, die schnell durch noch neuere Entwicklungen abgelöst werden könnte.

Im vorliegenden Fall steht also zunächst der Vergleich mit der in der Praxis gerade erst in breiter Etablierung begriffenen relationalen Welt an. Rein äußerlich können Relationen als ein Spezialfall von Objekten aufgefaßt und in manchen Systemen auch so dargestellt werden: ihr Wert ist eine Menge von Tupeln aus elementaren Werten; Anfragesprachen für ooDBS wurden teils bewußt im syntaktischen Stil von SQL gehalten und haben bei Beschränkung auf relationenartige Werte wie gerade erläutert auch gleiche Wirkung.

Allerdings gilt, daß für viele strukturell und verhaltensmäßig weniger komplex gelagerte Anwendungen das relationale Datenmodell völlig ausreichend ist und auch in Zukunft sein wird, so daß hierfür der bei Migration großer Datenbestände und Applikationen immer anfallende beträchtliche Aufwand nicht einfach und schon gar nicht kurzfristig kompensierbar wäre. Die Vorteile der Objektorientierung kommen überdies erst dann recht zum Tragen, wenn auch von den weitergehenden Möglichkeiten Gebrauch gemacht wird – und hierfür gibt es natürlich keinen Automatismus.

Die große Chance von ooDBS liegt also zuallererst im Eindringen in die zahlreichen erwähnten, heute noch nicht DB-gestützten Anwendungen und nur in geringerem (vermutlich sogar sehr geringem) Maße in der Ablösung "alter" DB-Lösungen.

Aber auch relationale Systeme werden ihr Gesicht verändern und zusätzlich neue Eigenschaften aufweisen, die zum Teil denen objektorientierter Systeme entsprechen – vor werbewirksamem Gebrauch des Schlagwortes in diesem Zusammenhang ist gleichwohl zu warnen, zumal man trotz der genannten Spezialfallsituation systemtechnisch eben nicht (und dies wäre für Systemanbieter höchst interessant!) auf einfache Weise aus einem relationalen DBMS ein voll objektorientiertes machen kann. Umgekehrt sind zumindest vorerst auch keine "Allround-DBMS" zu erwarten (wenn auch vorstellbar!), die von Haus aus objektorientiert sind, aber den Spezialfall des rein relationalen Arbeitens in exakt der bekannten Weise und vor allem mit annähernd gleicher Effizienz wie Spezialsysteme erlauben.

Es gilt also, das richtige System am richtigen Platz einzusetzen. Dies kann und wird zu unterschiedlichen DBS im gleichen Unternehmen führen, weshalb die Forschung im Augenblick der _einfachen_ Integrierbarkeit beliebiger autonomer, heterogener DBMS unter "einem gemeinsamen Dach" (welches in der Regel selbst objektorientiert sein wird!) verstärkt Augenmerk schenkt.

Schließlich sei nochmals bemerkt, daß objektorientierte DBMS auch aus tra-ditionellen Programmiersprachen heraus verwendet werden können, und daß umgekehrt aus objektorientierten Sprachen auf klassische Datenbanken zugegriffen werden kann. Wenngleich die einheitliche objektorientierte Lösung auf beiden Seiten zu einem Höchstmaß an Einheitlichkeit führt (zumindest führen kann), ist die Machbarkeit solcher Teillösungen aus pragmatischen Gründen äußerst wichtig, zumal eben auch organisatorische Umstellungen bei Einführung der Objektorientierung in der Systementwicklung nicht ausbleiben (wie sieht es beispielsweise mit der strengen Trennung "hier Programmentwicklung – da Datenbankentwurf" aus?).

Objektorientierung ist ein (sehr wesentlicher) Aspekt der gerade laufenden Fortentwicklung der Datenbanktechnologie in Richtung Erweiterung der DBMS-Funktionalität. Stets geht es dabei darum, "mehr Semantik" in verschiedenster Form in der Datenbank selbst und damit (im Gegensatz zum "Verstecken" im Anwendungscode) explizit zugänglich und änderbar zu halten. Es sollen also wiederum, wie im ersten Schritt schon bei der Entwicklung konventioneller Datenbanksysteme, parametrisierbare Standardmechanismen Individuallösungen ersetzen, womit wiederum die Anwendungsentwicklung vereinfacht werden kann. Weitere Ansätze in diese Richtung betreffen etwa aktive und deduktive Datenbankmechanismen (wo regelhaftes Wissen verschiedener Form genutzt wird), neue Transaktionskonzepte, integrierte Versionsverwaltung von DB-Einheiten usw. /Cat 91, Dit 90/. All diese Aspekte _ergänzen_ den der Objektorientierung, stehen ihm aber nicht entgegen und werden ihn keinesfalls schnell wieder obsolet werden lassen.

4 Fazit

Abschließend sollen die aus Sicht des Autors wichtigsten Gesichtspunkte hinsichtlich Nutzen und Zukunft objektorientierter Datenbanksysteme nochmals stichwortartig zusammengefaßt werden.

– Objektorientierte Datenmodelle helfen gerade bei der sachgerechten Modellierung komplexer Anwendungssachverhalte, sowohl hinsichtlich struktureller als auch hinsichtlich verhaltensmäßiger (die Verwendung solcher Strukturen betreffender) Aspekte.

– Sie versprechen insbesondere, solche Systeme einfacher planen, entwickeln und warten zu können.

– Objektorientierte Datenbanksysteme sind eine technische und marktpräsente Realität und werden sich mittelfristig durchsetzen.

– Dabei verdrängen sie relationale Datenbanksysteme jedoch keineswegs; sie dringen vielmehr vorwiegend in Anwendungsgebiete ein, die bislang durch Datenbankdienste schlecht unterstützt werden konnten.

– Einer Integration beider (und weiterer!) Systemarten unter einem "gemeinsamen Dach" kommt daher in Zukunft ganz besondere Bedeutung zu.

- Die technischen "Segnungen" der Objektorientierung insgesamt und objektorientierter Datenbanksysteme im besonderen sind nicht gratis erhältlich, sondern erfordern einen entsprechenden organisatorischen und methodischen Rahmen, über dessen genaue Gestaltung heute noch keineswegs ausreichende Kenntnisse vorliegen.

- Objektorientierte Konzepte in Datenbanksystemen sind Teil einer generellen Bestrebung, solche Produkte (vor allem funktional) leistungsfähiger zu gestalten; man spricht daher auch bereits von "next generation database systems", die allerdings zumindest für den praktischen Einsatz noch einige Zeit auf sich warten lassen werden.

Es lohnt sich also, sich mit den Konzepten von ooDBS vertraut zu machen und sie hier und dort zu erproben. Sie sind jedoch noch nicht reif, um generell die Bastionen der heutigen Datenbanktechnologie auf breiter Front zu erstürmen.

Literaturhinweise

/Atk 89/	Atkinson, M.; Bancilhon, F.; DeWitt, D.; Dittrich, K.; Maier, D.; Zdonik, S.: The object-oriented database system manifesto. Proc. First International Conference on Deductive and Object-Oriented Databases, Kyoto, 1989 (Buchausgabe bei North- Holland, 1991)
/Boo 91/	Booch, G.: Object-oriented design. Benjamin/Cummings, 1991
/Bro 89/	Brodie, M.L.: Future intelligent information systems – AI and database technologies working together. In: Brodie, M.L.; Mylopoulos, J. (eds.): Artificial intelligence and databases. Morgan Kaufmann, 1989
/C++/	Ellis, M.; Stroustrup, B.: The annotated C++ reference manual. Addison-Wesley, 1990
/Cár 90/	Cárdenas, A.F.; McLeod, D. (eds.): Research foundations in object-oriented and semantic database systems. Prentice Hall, 1990
/Cat 91/	Cattell, R.G.G.: Object data management – object-oriented and extended relational database systems. Addison-Wesley, 1991
/Cat 92/	Cattell, R.G.G.; Skeen, J.: Object operations benchmark. ACM TODS (zur Veröffentlichung angenommen)
/CLOS/	Bobrow, D.G. et al.: Common LISP Object System Specification, X3J13 Document 88-02R, ACM SIGPLAN Notices 23, September 1988
/Coa 90/	Coad, P.; Yourdon, E.: Object-oriented analysis. Yourdon Press, 1990
/Cod 70/	Codd, E.F.: A relational model of data for large shared data banks. CACM 13(1970)6
/Com 90/	The Committee for Advcanced DBMS Functionality: Third-generation database system manifesto. ACM SIGMOD Record 19(1990)3
/Dat 90/	Date, C.J.: An introduction to database systems. Volume I, fifth edition. Addison-Wesley, 1990
/Deu 91/	Deutsch, L.P.: Object-oriented software technology. IEEE Computer, September 1991
/Dit 88/	Dittrich, K.R. (ed.): Advances in object-oriented database systems. Lecture Notes in Computer Science 334, Springer, 1988

/Dit 90/   Dittrich, K.R.: Objektorientiert, aktiv, erweiterbar – Stand und Tendenzen der "nachrelationalen" Datenbanktechnologie. Informationstechnologie it 32 (1990)5

/Dit 91/   Dittrich, K.R.; Dayal, U.; Buchmann, A.P. (eds.): On object-oriented database systems. Springer, 1991

/Elm 89/   Elmasri, R.; Navathe, S.B.: Fundamentals of database systems. Bejamin/Cummings, 1989

/Ken 81/   Kent, W.: Limitations of record-based information models. ACM TODS 6(1981)4

/Kho 90/   Khoshafian, S.; Abnous, R.: Object-orientation – concepts, languages, databases, user interfaces. Wiley, 1990

/Gra 91/   Graham, I.: Object-oriented methods. Addison-Wesley, 1991

/Kim 89/   Kim, W.; Lochovsky, F.H. (eds.): Object-oriented concepts, databases, and applications. Addison-Wesley, 1989

/Kim 91/   Kim, W.: Introduction to object-oriented databases. MIT Press, 1991

/Mey 88/   Meyer, B.: Object-oriented software construction. Prentice Hall, 1988

/Ovum 91/   Jeffcoate, J.; Guilfoyle, C.: Databases for objects – the market opportunity. Ovum Ltd., 7 Rathbone Street, London W1P 1AF, England, 1991

/Par 89/   Parsaye, K. et al.: Intelligent databases. Wiley, 1989

/Rum 91/   Rumbaugh, J. et al.: Object-oriented modeling and design, Prentice Hall, 1991

/Shr 87/   Shriver, B.; Wegner, P. (eds.): Research directions in object-oriented programming. MIT Press, 1987

/Simula/   Dahl, O.-J.; Myrhaug, B.; Nygaard, K.: SIMULA 67 Common Base Language. Norwegian Computing Center, Oslo, 1968, 1970, 1972, 1984

/Smalltalk/ Goldberg, A.; Robson, D.: Smalltalk 80 – the language and its implementation. Addison-Wesley, 1983

/Vos 87/   Vossen, G.: Datenmodelle, Datenbanksprachen und Datenbank-Management-Systeme. Addison-Wesley, 1987

/Win 90/   Winblad, A.L.; Edwards, S.D.; King, D.R.: Object-oriented software. Addison-Wesley, 1990

/Zdo 90/   Zdonik, S.B.; Maier, D. (eds.): Readings in object-oriented database systems. Morgan Kaufmann, 1990

Adreßhinweis: (hier können auch die genauen Adressen der meisten Anbieter erfragt werden)

Object Management Group (OMG)
492 Old Connecticut Path
Framingham, MA 01701
USA

Fax: +1-508-820-4303

IAO-Forum
**Objektorientierte
Informationssysteme II**

**Objektmodellierung
betrieblicher
Informationssysteme**

E. Sinz

IAO-Forum

Objektorientierte Informationssysteme II, Stuttgart 12. Mai 1991

Objektmodellierung betrieblicher Informationssysteme

Inhalt:

1. Ein objektorientiertes Modell der Unternehmung
2. Das Vorgehensmodell des Semantischen Objektmodells (SOM) zur Objektmodellierung betrieblicher Informationssysteme
3. Das Begriffsystem und die Analysemethodik des SOM
4. Ein Beispiel zur Objektmodellierung im SOM

Prof. Dr. Elmar J. Sinz

Lehrstuhl für Wirtschaftsinformatik, insbes. Systementwicklung und Datenbankanwendung

Otto-Friedrich-Universität Bamberg, Feldkirchenstraße 21, D-8600 Bamberg

Tel.: (0951) 863-8478, Fax: (0951) 39636, X.400: sinz@sowi.uni-bamberg.dbp.de

Informationssystem, Basissystem und Diskurswelt

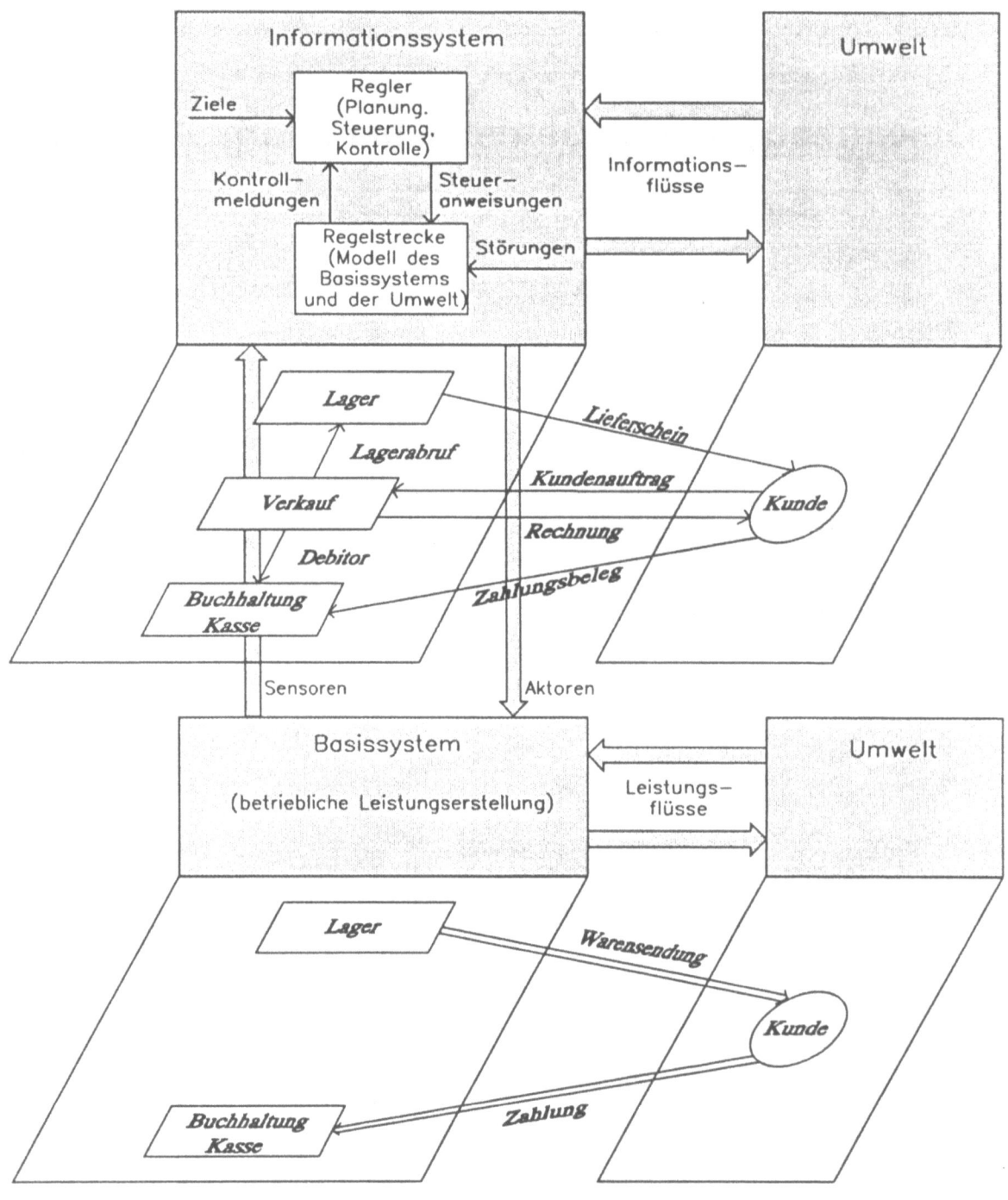

is-disk.txt

Objektorientiertes Modell der Unternehmung

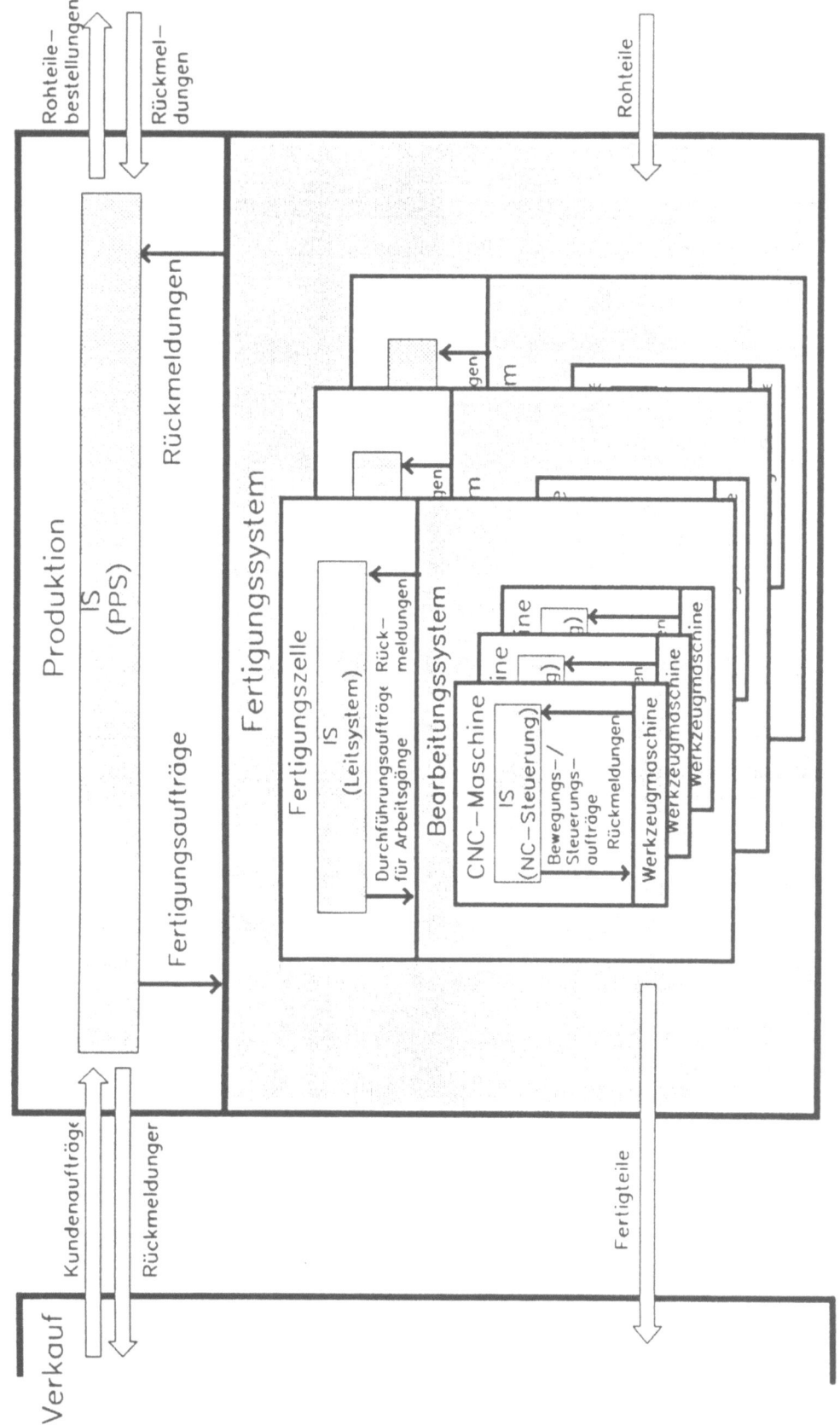

oo_mod.txt

SOM

SOM (Semantisches Objektmodell, V-Modell und SOM-CASE) ist ein gemeinsames Forschungsprojekt von

○ Institut für Wirtschaftsinformatik der Universität Koblenz-Landau,

Prof. Dr. Otto K. Ferstl

○ Lehrstuhl für Wirtschaftsinformatik, insbes. Systementwicklung und Datenbankanwendung, der Universität Bamberg,

Prof. Dr. Elmar J. Sinz

© Ferstl / Sinz 1990-1992

SOM-Vorgehensmodell (V-Modell)

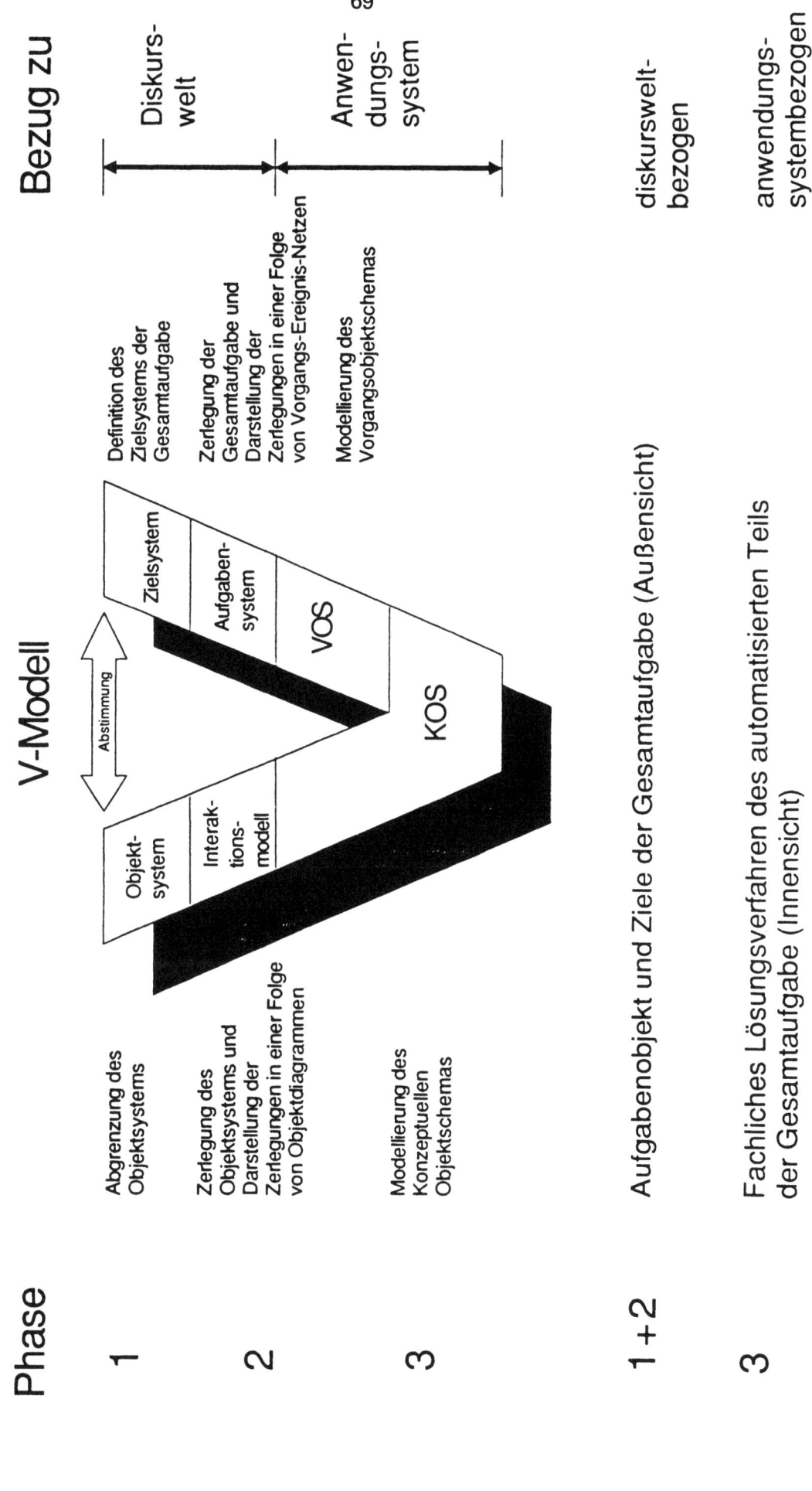

Semantisches Netz zur 1. und 2. Ebene V-Modell

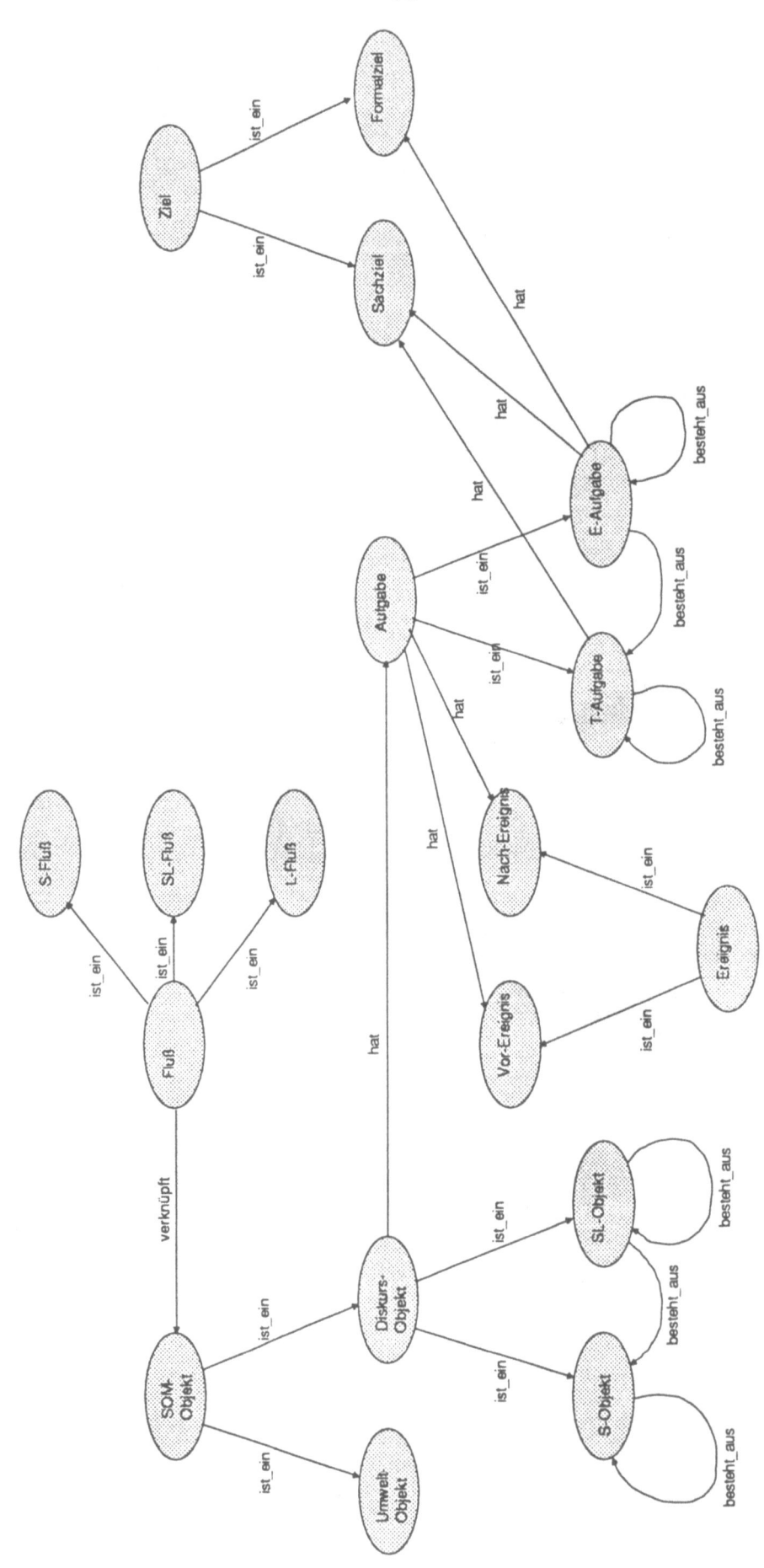

Aufgabenstruktur

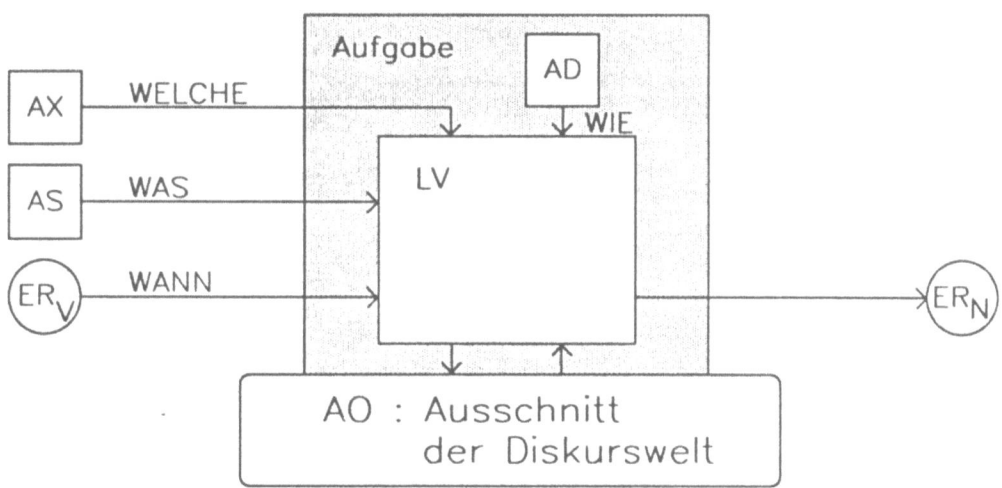

Legende :

- AO : Aufgabenobjekt
- AS : Sachziel : Nachzustände von AO
- AX : exogenes Formalziel : Auswahl von Nachzuständen
- AD : endogenes Formalziel : Aufgabendurchführung
- LV : Lösungsverfahren : Vorzustand —> Nachzustand
- ER_V : auslösende Ereignisse
- ER_N : produzierte Ereignisse

Unterscheidung zwischen

O **Außensicht** der Aufgabe

O **Innensicht** der Aufgabe

aufstruk.txt

Organisationsmodellierung im SOM-Ansatz

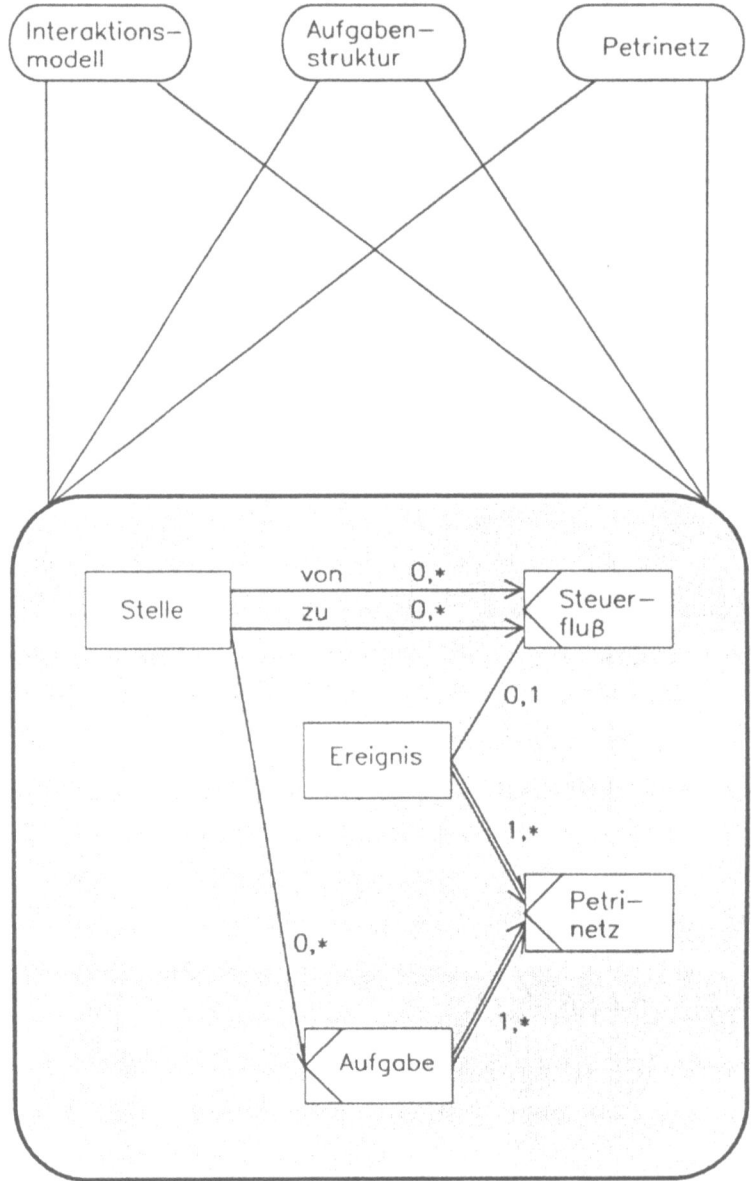

org_mod.txt

Hotelbeispiel
Interaktionsmodell (2. Ebene)

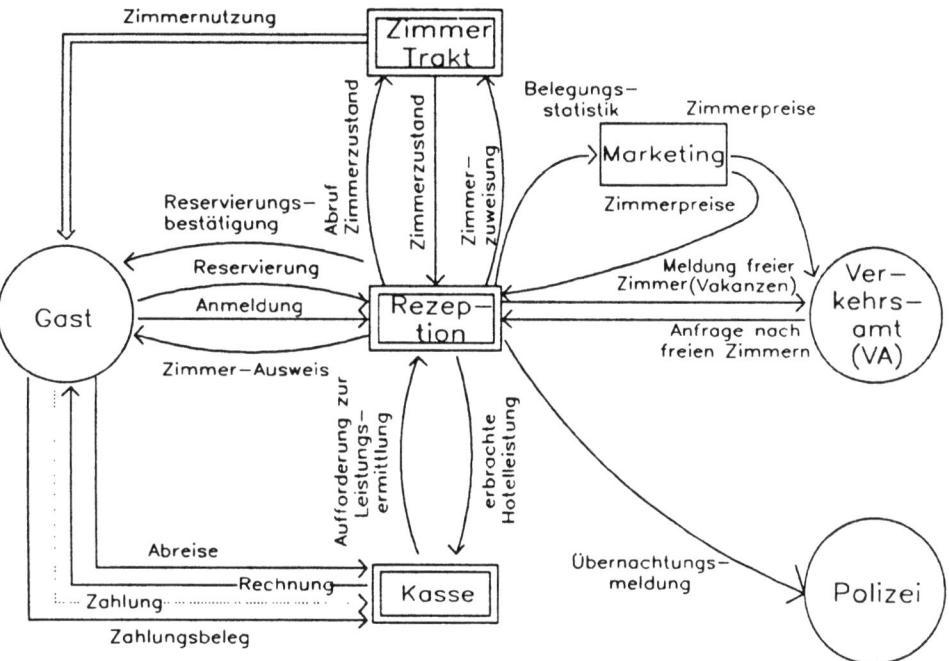

hotel-i2.txt

Hotelbeispiel
Aufgabensystem (2. Ebene)

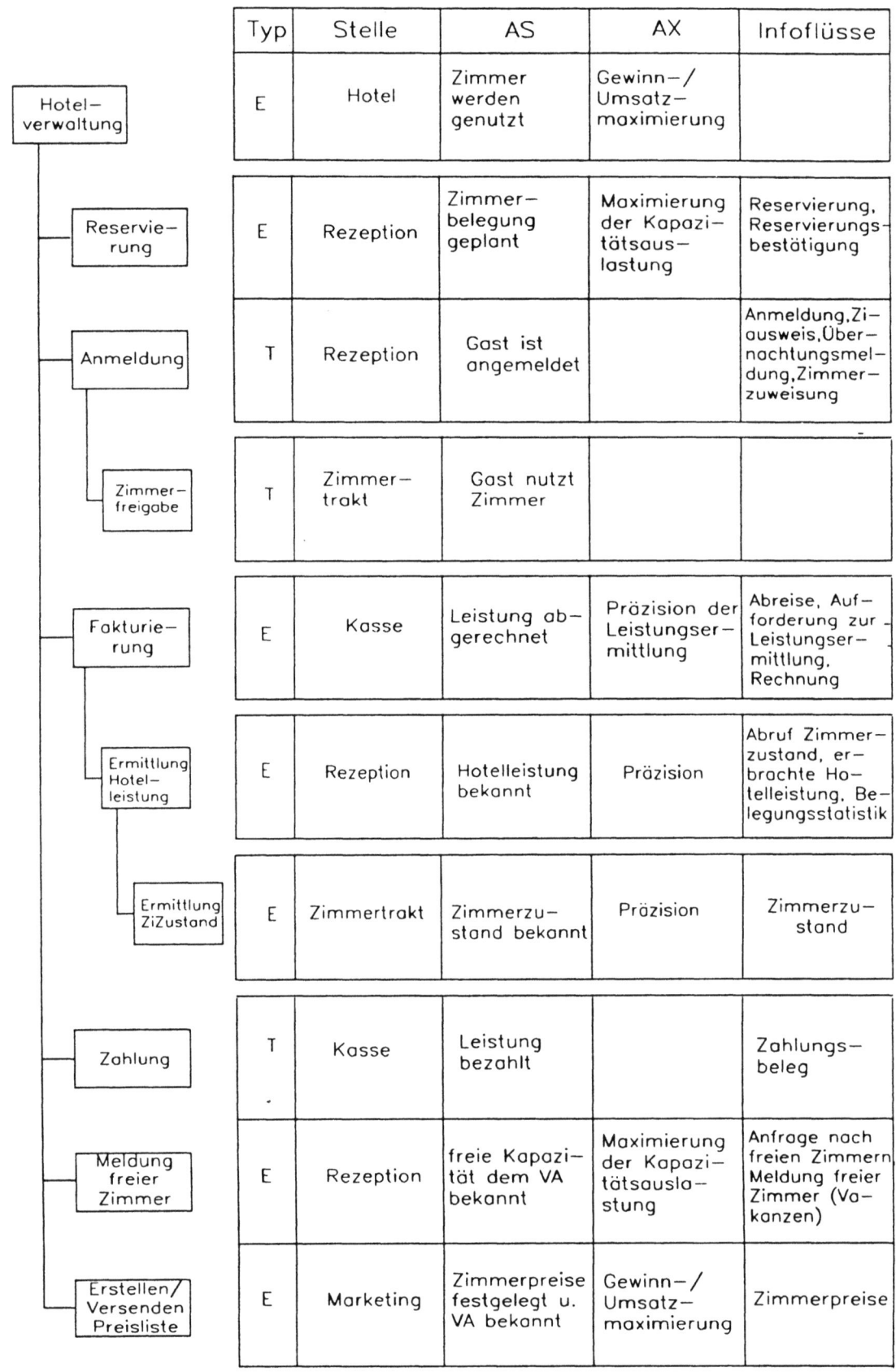

hotel-a2.txt

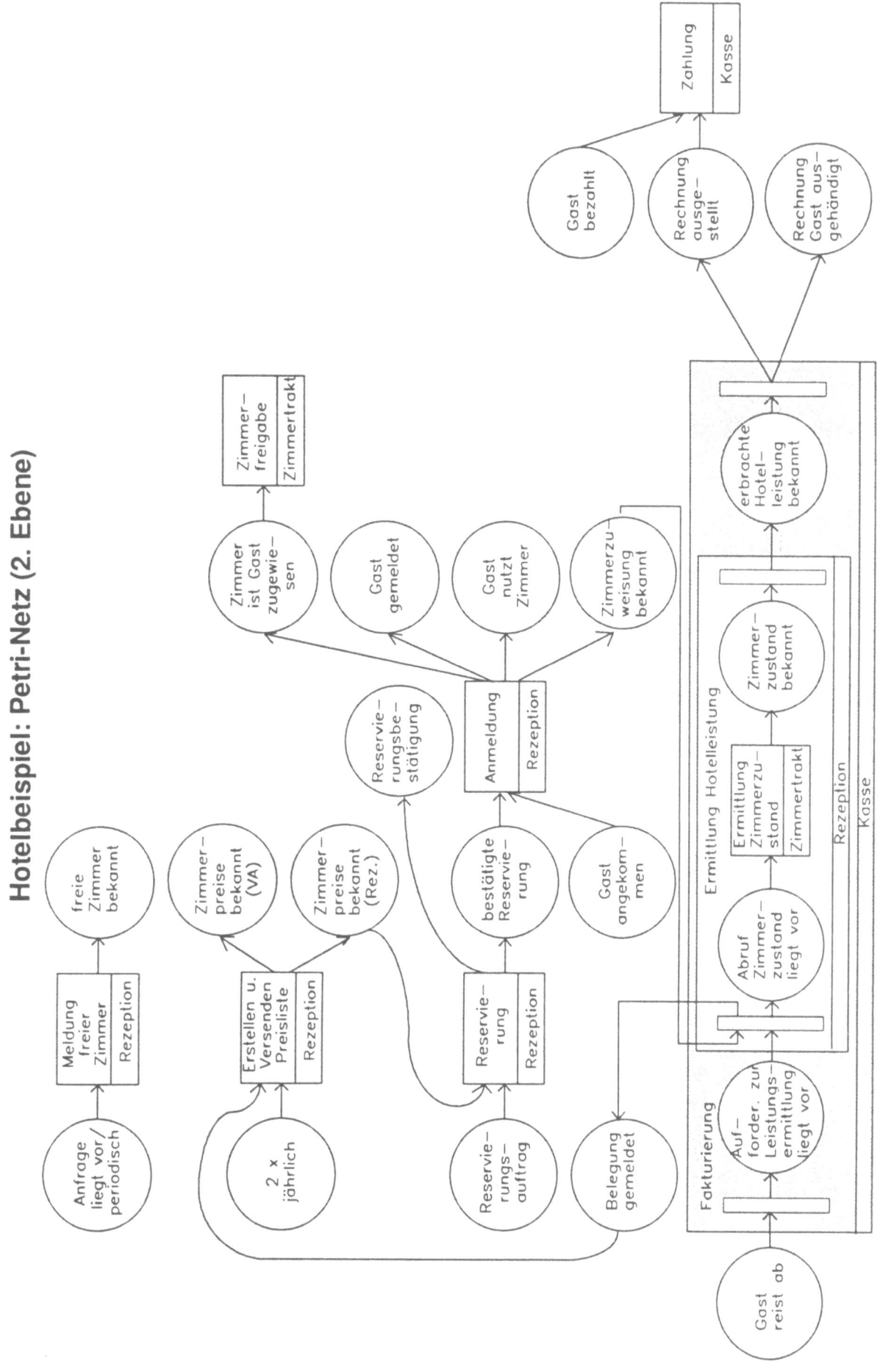

Flußorientierte Darstellung

Interaktionsmodell		Steuerfluß	Petrinetz		
von Stelle	nach Stelle		Ereignis	von Aufgabe	zu Aufgabe
Gast	Rezeption	Reservierung	Reservierungsauftrag		Reservierung
Gast	Rezeption	Anmeldung	Gast angekommen		Anmeldung
Gast	Kasse	Abreise	Gast reist ab		Fakturierung
Gast	Kasse	Zahlungsbeleg	Gast bezahlt		Zahlung
Verkehrsamt	Rezeption	Anfrage freie Zimmer	Anfrage liegt vor		MeldungZimmer
Marketing	Verkehrsamt	Zimmerpreise 1	Zimmerpreise bekannt (VA)	ErstellenPreisliste	
Rezeption	Verkehrsamt	Vakanzen	Freie Zimmer bekannt	MeldungZimmer	
Rezeption	Gast	Reservierungsbestät.	Reservierungsbestät.	Reservierung	
Rezeption	Gast	Zimmerausweis	Gast nutzt Zimmer	Anmeldung	
Rezeption	Polizei	Ü-Meldung	Gast gemeldet	Anmeldung	
Kasse	Gast	Rechnung	Rechnung Gast ausgehändigt	Fakturierung	
Rezeption	Zimmertrakt	Zimmerzuweisung	Zimmer ist Gast zugewiesen	Anmeldung	Zimmerfreigabe
Rezeption	Zimmertrakt	Abruf Zimmerzustand	Abruf Zimmerzustand	ErmHotellstg	ErmZimmerzustand
Rezeption	Kasse	erbrachte Hotelleistung	erbrachte Hotelleistung bekannt	ErmHotellstg	Fakturierung
Zimmertrakt	Rezeption	Zimmerzustand	Zimmerzustand bekannt	ErmZimmerzustand	ErmHotellstg
Kasse	Rezeption	Aufford. Leistungserm.	Aufford. Leistungserm.	Fakturierung	ErmHotellstg
Rezeption	Marketing	Belegungsstatistik	Belegung gemeldet	ErmHotellstg	ErstellenPreisliste
Marketing	Rezeption	Zimmerpreise 2	Zimmerpreise bekannt (Rez.)	ErstellenPreisliste	Reservierung
Rezeption	Rezeption		Bestät. Reservierung	Reservierung	Anmeldung
Rezeption	Rezeption		Zimmerzuweisung bekannt	Anmeldung	ErmHotellstg
Kasse	Kasse		Rechnung ausgestellt	Fakturierung	Zahlung

Semantisches Netz zur 3. Ebene V-Modell

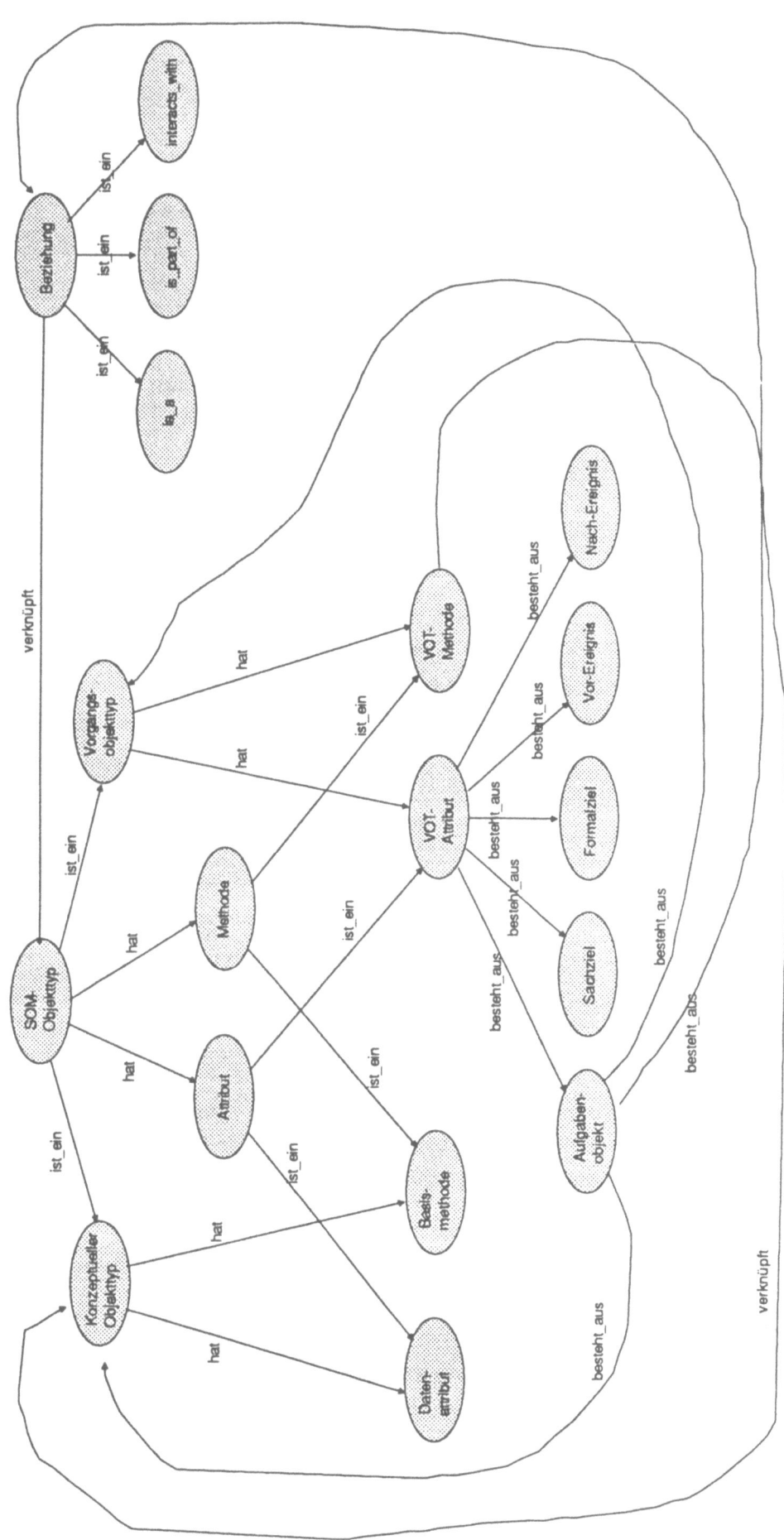

Modell des SOM-Objekttyps

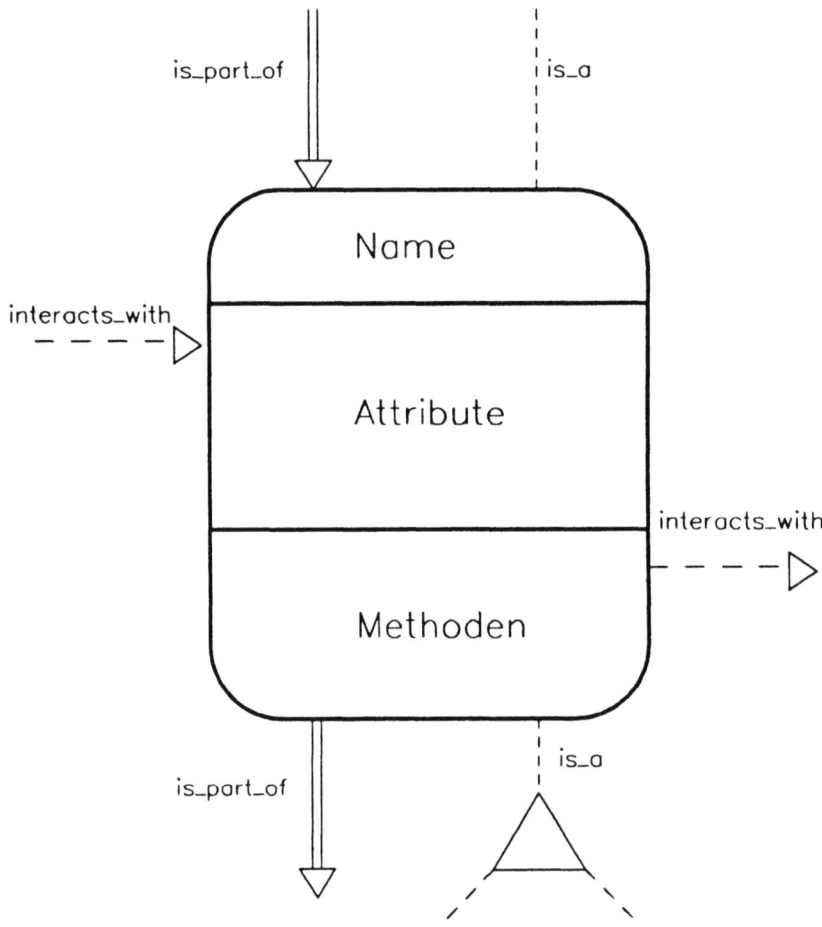

Konzeptueller Objekttyp

    Attribute: Datenattribute

    Methoden: Basisoperatoren (gemäß ADT-Konzept)

Vorgangsobjekttyp

    Attribute: Aufgabenobjekt
                          Sach- und Formalziele
                          Vor- und Nachereignisse

    Methoden: Aktionenfolge für die Durchführung
                          einer Aufgabe

som_ot.txt

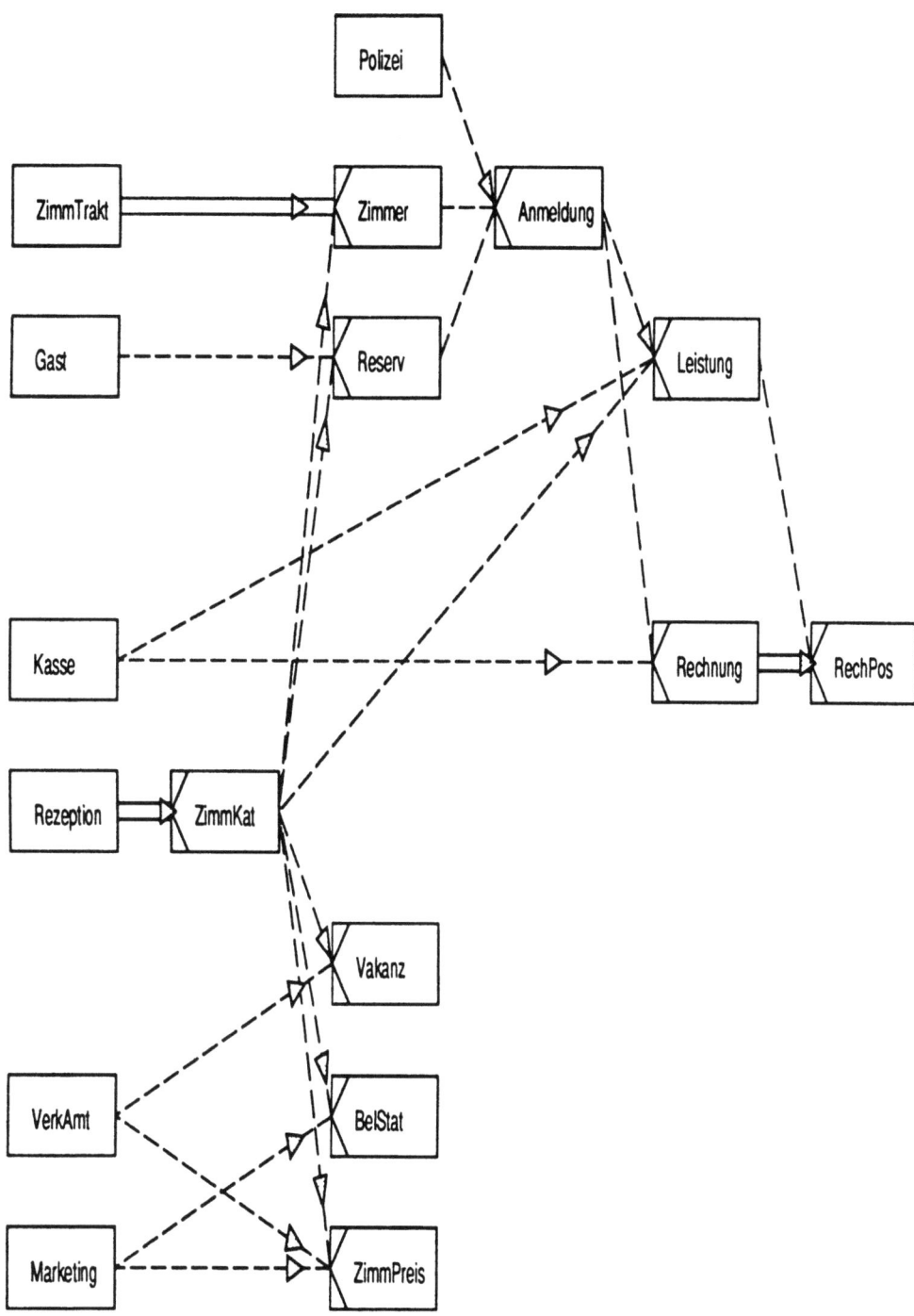

Modellierung konzeptueller Objekttypen (Objektwurf)

Konzeptueller Objekttyp (Klasse):

○ Name des Objekttyps

○ Attribute

○ Nachrichten / Methoden

Beispiel: Objekttyp ZimmKat

Name:	ZimmKat
Attribute:	Bettenzahl Preis ...
Nachrichten/Klassenmethoden:	Create Destroy
Nachrichten/Methoden:	Frei? GibZimmerFrei ModifZimmBelegung ...

Begriffsystem der Aufgabendurchführung

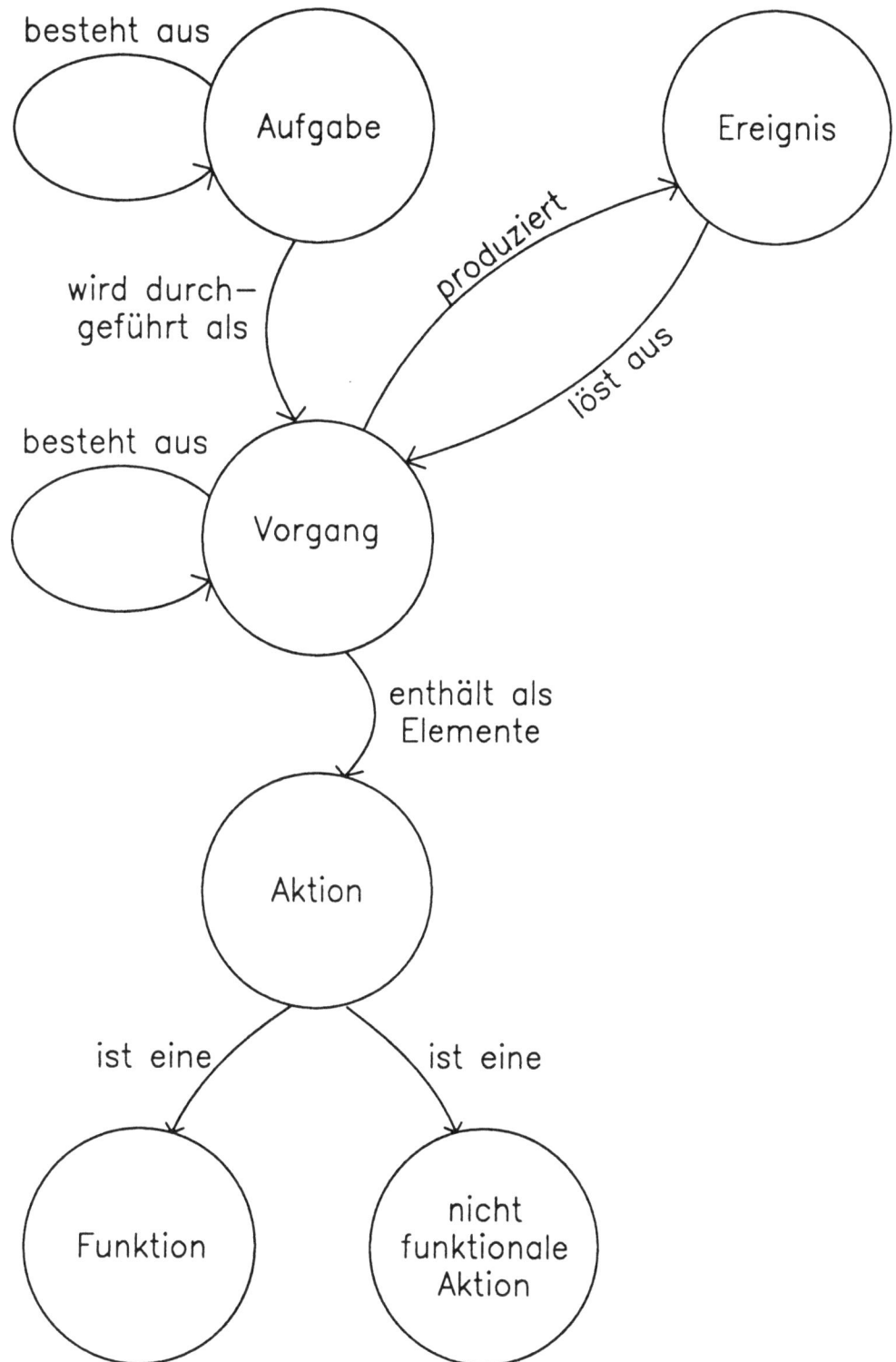

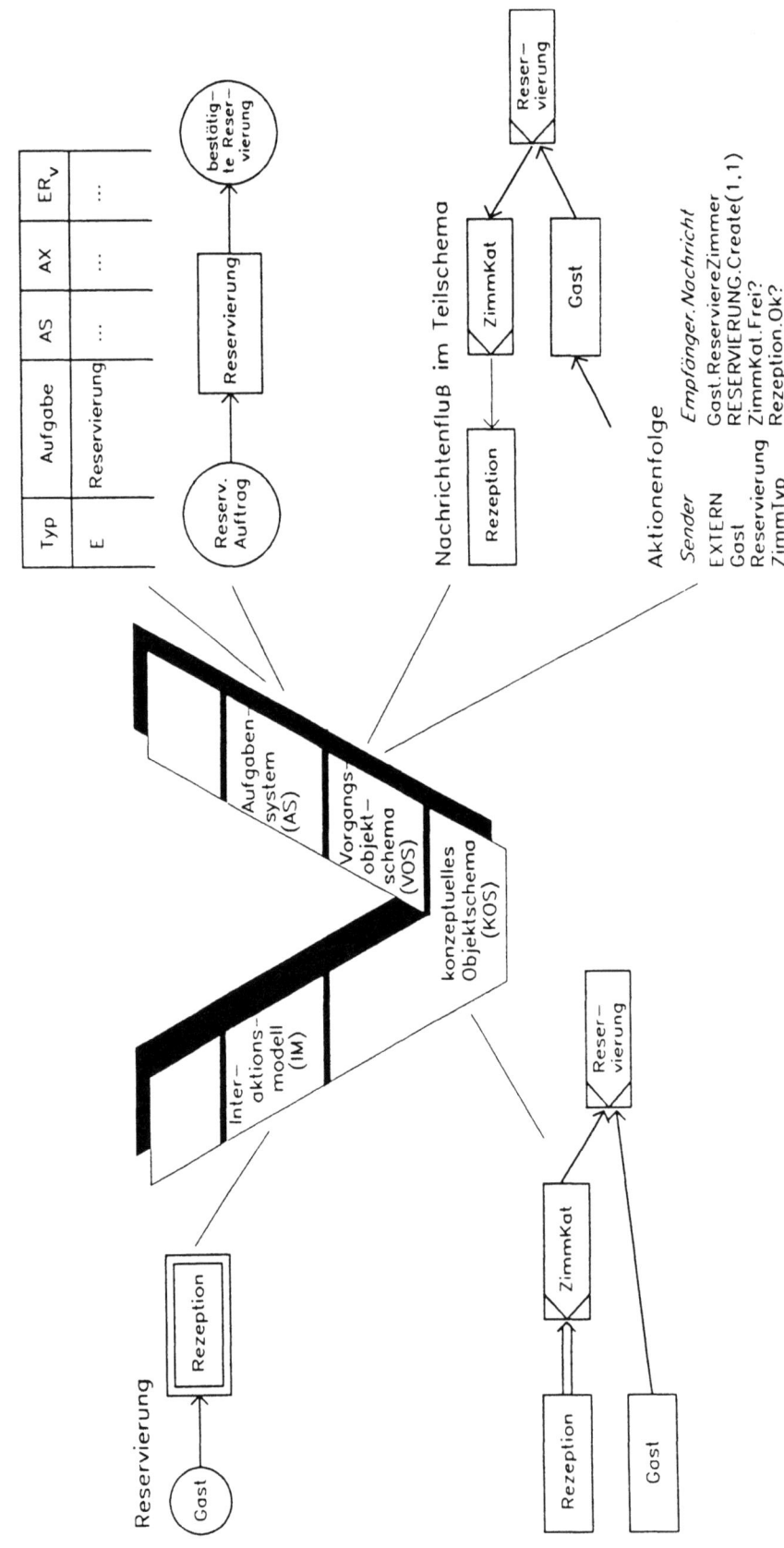

Literatur zu SERM und SOM

Stand 10. April 1992

LITERATUR ZU SERM

Sinz E.J.: Datenmodellierung betrieblicher Probleme und ihre Unterstützung durch ein wissensbasiertes Entwicklungssystem. Habilitationsschrift, Regensburg 1987

(kann gegen Erstattung der Druckkosten zur Verfügung gestellt werden)

Sinz E.J.: Das Strukturierte Entity-Relationship-Modell (SER-Modell). In: Angewandte Informatik 5/88, 191 - 202

Sinz E.J.: Konzeptionelle Datenmodellierung im Strukturierten Entity-Relationship-Modell (SER-Modell). In: Müller-Ettrich G. (Hrsg.): Effektives Datendesign. Verlag Rudolf Müller, Köln 1989, 76 - 108

Mistelbauer H.: Datenstrukturanalyse in der Systementwicklung. In: Müller-Ettrich G. (Hrsg.): Effektives Datendesign. Verlag Rudolf Müller, Köln 1989, 109 - 160

Sinz E.J.: Das Entity-Relationship-Modell und seine Erweiterungen. In: HMD 152 (1990), 17 - 29

Sinz E.J. (Hrsg.): Unternehmensweite Datenmodellierung - Probleme und Lösungsansätze. Wirtschaftsinformatik 4/91

Mistelbauer H.: Datenmodellverdichtung - Vom Projektdatenmodell zur Unternehmens-Datenarchitektur. In: Wirtschaftsinformatik 4/91

Gross H.-P.: Eine semantiktreue Transformation vom Entity-Relationship-Modell in das Strukturierte Entity-Relationship-Modell. Bamberger Beiträge zur Wirtschaftsinformatik Nr. 9 (1992)

LITERATUR ZU SOM

Ferstl O.K., Sinz E.J.: Objektmodellierung betrieblicher Informationssysteme im Semantischen Objektmodell (SOM). In: Wirtschaftsinformatik 6/90 (1990)

(siehe auch: Bamberger Beiträge zur Wirtschaftsinformatik Nr. 4 (1990))

Ferstl O.K., Sinz E.J.: Konzeptuelle Objektmodellierung + Vorgangsmodellierung = ganzheitliche Modellierung betrieblicher Informationssysteme. In: Heinrich L.J., Pomberger G. (Hrsg.): Die Informationswirtschaft im Unternehmen. Verlag Trauner, Linz 1991

Ferstl O.K., Sinz E.J.: Ein Vorgehensmodell zur Objektmodellierung betrieblicher Informationssysteme im Semantischen Objektmodell (SOM). In: Wirtschaftsinformatik 6/91 (1991)

(siehe auch: Bamberger Beiträge zur Wirtschaftsinformatik Nr. 5 (1991))

Sinz E.J.: Objektorientierte Analyse. Wirtschaftsinformatik 5/91

Ferstl O.K., Sinz E.J.: Objektorientierte fachliche Analyse betrieblicher Informationssysteme. In: Output 1/1992

Ferstl O.K.: Integrationskonzepte betrieblicher Anwendungssysteme. Fachbericht Informatik 1/92, Universität Koblenz-Landau

Ferstl O.K., Sinz E.J.: Grundlagen der Wirtschaftsinformatik - Konzepte, Modelle und Methoden. Oldenbourg, München 1992

(erscheint im Sommer 1992)

IAO-Forum
**Objektorientierte
Informationssysteme II**

**Objektorientierte
Datenbanksysteme –
Marktübersicht 1992**

D. Koch

Objektorientierte Datenbanken Marktübersicht 1992

Dipl.-Math. Dorothee Koch, M.Sc. Computer Sc.[1]
Electronic Mail: d_koch@iao.fhg.de

Fraunhofer-Institut für Arbeitswirtschaft und Organisation

Stuttgart, im Mai 1992

Zusammenfassung

Objektorientierte Datenbanktechnologie beginnt sich zunehmend auch in industriellen Anwendungen durchzusetzen. Herrschte Ende der Achtziger Jahre noch etwas Unsicherheit gegenüber der neuen Technologie und den wenigen sehr jungen kommerziellen Produkten, setzen inzwischen bereits viele große Firmen objektorientierte Datenbanken vorwiegend im technischen Bereich ein. Viele, Mitte der Achtziger begonnene Forschungsprojekte zur Entwicklung objektorientierter Datenbanken haben inzwischen marktreife Produkte hervorgebracht; jedes Jahr werden weitere Produkte freigegeben. Zusätzlich tut sich einiges im Bereich der zugehörigen Werkzeuge: CASE-Tools und Fourth-Generation-Languages werden entwickelt und zum Teil auch schon als Produkte angeboten. Dieser Artikel vergleicht einige heute verfügbare objektorientierte Datenbanksysteme und gibt eine kurze Übersicht über ihre wichtigsten Eigenschaften und Unterschiede.

Stichworte: Objektorientiert, Datenbanken, Marktübersicht

---

[1] Wissenschaftliche Mitarbeiterin der Fachgruppe Technische Informationssysteme

1 Einführung

Objektorientierte Datenbanktechnologie beginnt sich zunehmend auch in industriellen Anwendungen durchzusetzen. Herrschte Ende der Achtziger Jahre noch etwas Unsicherheit gegenüber der neuen Technologie und den wenigen sehr jungen kommerziellen Produkten, setzen inzwischen bereits viele große Firmen objektorientierte Datenbanken vorwiegend im technischen Bereich ein. Viele, Mitte der Achtziger begonnene Forschungsprojekte zur Entwicklung objektorientierter Datenbanken haben inzwischen marktreife Produkte hervorgebracht; jedes Jahr werden weitere Produkte freigegeben. Zusätzlich tut sich einiges im Bereich der zugehörigen Werkzeuge: CASE-Tools und Fourth-Generation-Languages werden entwickelt und zum Teil auch schon als Produkte angeboten. Dieser Artikel vergleicht einige heute verfügbare objektorientierte Datenbanksysteme und gibt eine kurze Übersicht über ihre wichtigsten Eigenschaften und Unterschiede.

Das Ziel dieses Artikels ist es, unsere Studie von 1991 [Koc91] auf den neuesten Stand zu bringen und den Leser bei der Auswahl einer objektorientierten Datenbank zu unterstützen. Detaillierte Einführungen in das Gebiet der objektorientierten Datenbanken sind z.B. in [Zdo90] und [Kim91] zu finden. Kurze Informationen über verschiedene Hersteller objektorientierter Datenbanken finden sich z.B. in [Hod89] und [Tuc89].

2 Objektorientierte Datenbanken

Ein objektorientiertes Datenbank-Management-System (OODBMS) ist ein DBMS mit den üblichen Datenbankeigenschaften, das sich in seinem Datenmodell an objektorientierten Konzepten orientiert. Die Definition eines allgemeingültigen objektorientierten Datenmodells ist noch Gegenstand der Forschung (vgl. [Mai89]), da die Entwicklung objektorientierter Systeme von verschiedenen Ansätzen aus der Praxis kam, ohne daß ein formales Modell vorgelegen hätte (wie es z.B. bei relationalen Datenbanken der Fall ist). Daher betonen verschiedene Systeme verschiedene Eigenschaften.

Atkinson et. al. geben in [Atk89] 13 "goldene Regeln" an, die ein OODBMS mindestens erfüllen muß, um als solches zu gelten, und auf die wir uns hier beziehen. Zusätzlich sind noch weitere optionale Eigenschaften wünschenswert. Andere Meinungen werden z.B. in [Sto90] vertreten.

2.1 Mindest-Anforderungen

Anforderungen für Objektorientiertheit:

- **Objekt-Identität**
  Objekte behalten ihre Identität, solange sie existieren, unabhängig von ihren Werten. Ihre Identitätskennung wird niemals für ein anderes Objekt verwendet.

- **Komplexe Objekte**
  Objekte können beliebig durch "Konstruktoren" (wie Menge, Array, Liste, etc.) aus

anderen Objekten zusammengesetzt werden (z.B. eine Menge von Listen).

- **Kapselung**
  Der interne Zustand eines Objekts ist nur durch die für seine Klasse definierten Methoden veränderbar. Die Implementationsdetails sind nicht nach außen sichtbar.

- **Klassen oder Typen**
  Objekte werden nach gemeinsamen Eigenschaften klassifiziert.

- **Vererbung**
  Klassen können in einer Baumhierarchie oder als gerichteter (azyklischer) Graph angeordnet werden. Teilklassen erben die Eigenschaften und Methoden ihrer Oberklassen.

- **Überladen und Spätes Binden**
  Methodennamen können für verschiedene Implementationen (in verschiedenen Klassen) verwendet werden. Erst zur Laufzeit wird die für die aktuelle Instanz erforderliche Implementation der Prozedur an den Methodennamen "gebunden".

- **Sprachvollständigkeit (Computational Completeness)**
  Die Anfragesprache hat die Mächtigkeit einer Programmiersprache (was z.B. bei SQL nicht der Fall ist).

- **Erweiterbarkeit**
  Der Benutzer kann in der Datenbank noch nicht enthaltene Typen und Methoden nach seinen Vorstellungen definieren.

Datenbank-Anforderungen:

- **Persistente Datenhaltung**
  Datenobjekte sind nach Beenden einer Sitzung nicht verloren, sondern gespeichert und wieder zugriffsbereit. Änderungen während einer Transaktion werden persistent, wenn sie mit "Commit" beendet werden.

- **Sekundärspeicher-Verwaltung**
  DBMS ermöglichen effizienten Zugriff (z.B. durch Indexe, Clustering, Buffering, Anfrageoptimierung) auf Daten, die im Sekundärspeicher (z.B. Festplatte) abgelegt sind.

- **Steuerung des Parallel-Zugriffs (Concurrency Control)**
  Das DBMS stellt die Konsistenz der Daten bei parallelem Zugriff mehrerer Benutzer auf die gleichen Daten sicher.

- **Wiederaufsetzen (Recovery)**
  Bei vielen Arten von Hardware- und Software-Versagen ist das System in der Lage, wieder einen konsistenten Zustand zu erreichen.

- **Ad-Hoc-Anfragen**
  Die Benutzer möchten auf die Daten der Datenbank in *einfacher* Weise zugreifen können. Dies wird meist von einer Anfragesprache ermöglicht, mit Hilfe derer ohne weitere Umstände Anfragen am Terminal formuliert werden können.

2.2 Optionale Eigenschaften

Zusätzlich zu den oben genannten Anforderungen definiert [Atk89] Eigenschaften, die bei einem OODBMS wünschenswert sind, aber nicht zwingend vorhanden sein müssen.

- **Mehrfach-Vererbung (Multiple Inheritance)**
  Klassen können von mehreren Klassen Eigenschaften ererben.
- **Typüberprüfung (Type Checking)**
  Das System überprüft automatisch in vielen Fällen, ob die in den Prozeduren verwendeten Objekte dem an der jeweiligen Stelle geforderten Typ entsprechen.
- **Verteiltheit**
  Die über ein Rechnernetz verteilten Daten sind logisch korreliert und werden den Benutzern als eine einzige Datenbank präsentiert.
- **Lange Transaktionen**
  In vielen technischen Anwendungen (wie z.B. Konstruktion) haben Transaktionen eine wesentlich längere Lebensdauer (z.T. über mehrere Sitzungen hinweg) als bei vielen klassischen, meist eher betriebswirtschaftlich-administrativen, Anwendungen. Hier sind spezielle Mechanismen nötig, um die Konsistenz der Daten sicherzustellen.
- **Versionen-Verwaltung**
  Besonders im Bereich des technischen Entwurfs ist es häufig erforderlich, parallel mit mehreren Versionen eines Objekts zu arbeiten. Zu gegebener Zeit werden diese verschiedenen Versionen dann wieder aufeinander abgestimmt.

Nicht alle der hier besprochenen Produkte erfüllen alle diese Regeln.

3 Gründe für den Einsatz objektorientierter Datenbanken

Inzwischen liegen konkrete Erfahrungen im Einsatz objektorientierter Datenbanken vor. Ernsthafte Anwendungen wurden unter Verwendung solcher System implementiert. Auf einige Gründe und Erfahrungen soll hier kurz eingegangen werden.

Dem objektorientierten Entwurf einer Datenbank geht die Analyse der Gegenstandswelt voraus, um genau festzustellen, um welche Objekte es sich handelt, wie sie sich verhalten und in welchen Beziehungen sie zueinander stehen. Je genauer die Gegenstandswelt der Applikation analysiert wird, desto leichter läßt sie sich in der Datenbank abbilden.

Das Konzept der Klasseneinteilung von Gegenständen kommt dabei den Vorstellungen der Benutzer über die Realität entgegen. Normalerweise wird von einer objektorientierten Datenbank schon eine Auswahl von Klassen zur Verfügung gestellt, die dann den Benutzerwünschen gemäß erweitert werden kann. Die im Vergleich zu relationalen Datenbanksystemen wesentlich größere Typenvielfalt vereinfacht die Abbildung der Gegenstandswelt. Zudem lassen sich Feinheiten der Datensemantik besser modellieren. Der Benutzer kann also im wesentlichen seine Gegenstandswelt 1:1 in der Datenbank abbilden, was - ein genaues Verständnis der abzubildenden Umwelt für den Entwurf vorausgesetzt - zu besonderer konzeptueller Klarheit führt.

Es ist leicht einzusehen, daß Erweiterungen und Modifikationen des Datenmodells der Benutzergegenstände um so einfacher durchzuführen sind je genauer das Modell die bereits bestehenden Beziehungen abbildet, da Veränderungen typischerweise an diese anknüpfen. Dadurch wird die langfristige Wartung der Datenbank vereinfacht. Doch auch das intuitive Verständnis des Datenbankmodells wird erleichtert. Nach unserer Erfahrung ist es z.B. einfacher, einem neuen Benutzer, der möglichst schnell in der Lage sein soll, sinnvolle Anfragen an das System zu stellen, die Bedeutung der Daten in einer objektorientierten Datenbank zu erläutern als in einer relationalen.

Die Wiederverwendbarkeit der für eine Applikation neu erzeugten Klassen für eine andere Anwendung ist nur dann wahrscheinlich, wenn die andere Anwendung dem gleichen Themenkomplex entstammt, sich also mit gleichen bzw. ähnlichen Objekten beschäftigt. In diesem Falle allerdings sind starke Wiederverwendungsvorteile zu erwarten. Der Grund dafür ist die applikationsabhängige Spezialisierung der Daten, die in einer Datenbank abgelegt werden. Bei objektorientierten Programmiersprachen im allgemeinen ist zu erwarten, daß Wiederverwendungsvorteile häufiger auftreten, da Objekte wie z.B. Stacks, Queues oder Windows weniger von einer speziellen Anwendung abhängig sind.

Vergleiche mit relationalen Datenbanken zeigen, daß für bestimmte Arten von Anfragen objektorientierte Datenbanksysteme - selbst auf dem heutigen jungen Stand der Technik an Schnelligkeit überlegen sein können. Dies trifft vor allem auf Situationen zu, in denen bei der relationalen Datenbank durch die Anfrage Join-Operationen ausgelöst werden, die eine große Anzahl verschiedener Relationen bzw. Relationen mit sehr großen Tupelzahlen involvieren. Join-Operationen sind zeitaufwendig, weil dazu jeweils alle Tupel einer Relation mit allen Tupeln einer anderen verglichen werden, das Ergebnis wiederum mit den Tupeln der nächsten betroffenen Relation und so fort. Je mehr Tupel in den Relationen enthalten sind und je mehr Relationen beteiligt sind, um so mehr Vergleichs-Operationen sind nötig. Hinzu kommt, daß unter den betrachteten Tupeln der Anteil der wirklich gesuchten Daten oft recht gering ist. Joins treten häufig auf, weil aufgrund der Normalisierung in relationalen Datenbanken Daten, die semantisch zusammengehören (wie etwa Fahrzeuge zu ihren Einzelteilen), oft voneinander getrennt abgelegt werden.

Objektorientierte Datenbanken haben dieses Problem i.a. nicht, da semantische Zusammenhänge auch (meist durch Verpointerung) zusammenhängend abgelegt werden. So kann ein Fahrzeug-Objekt beispielsweise durch einen Satz von Pointern mit seinen zugehörigen Einzelteilen direkt verbunden sein. Bei einer entsprechenden Anfrage müssen keine Einzelteile anderer Fahrzeuge berührt werden. Auf ein bestimmtes Einzelteil-Objekt können andererseits mehrere Fahrzeuge zeigen, ohne daß das Objekt deswegen repliziert werden muß. Zwischen Redundanzfreiheit und Performance besteht hier also kein Trade-off.

Verteilte Datenbanksysteme sind typischerweise im Antwortzeitverhalten langsamer als zentralisierte, was natürlich auch für objektorientierte Systeme zutrifft. Auch der Mehrbenutzerbetrieb bedeutet eine zeitliche Belastung. Die meisten objektorientierten Datenbanksysteme erlauben es allerdings, im Falle der Benutzung durch nur jeweils eine Applikation, den durch die Mehrbenutzerverwaltung verursachten Zusatzaufwand zu eliminieren und so eine wesentliche Performance-Steigerung zu erzielen.

4 Marktakzeptanz

Bis sich eine neue Technologie bei den industriellen Anwendern durchsetzt vergeht immer eine längere Zeit. Dies hat gute Gründe.

Bevor sich der Nutzen einer neuen Technologie nicht an ernsthaften Anwendungen gezeigt hat, ist es nicht sinnvoll für eine Firma, auf die neue Methodik umzusteigen. Objektorientierte Datenbanken sind inzwischen soweit, diesen Beweis führen zu können. Die Einsatzgebiete sind hauptsächlich in den Bereichen CIM, CAD, ECAD, CASE, Bildverarbeitung/Multi Media und Geographische Informationssysteme zu finden. Auch in den europäischen Forschungsprogrammen (z.B. ESPRIT) werden zunehmend objektorientierte Datenbanken verwendet.

Sun Microsystems hat ein Engineering Benchmark [Cat92] entwickelt, um die Performance verschiedener objektorientierter Datenbanken untereinander und mit relationalen Datenbanken zu vergleichen. Unter den Bedingungen des Benchmarks schnitten die objektorientierten Systeme meist um einen Faktor zwischen 10 und 100 besser ab.

Industrielle Anwender benötigen Software, die von wirtschaftlich stabilen Herstellern angeboten wird. Keine Firma kann es sich leisten, sich auf ein Produkt umzustellen, dessen Wartung nicht langfristig garantiert werden kann. Objektorientierte Datenbanken gingen in den Anfängen aus Forschungsprojekten an Universitäten und großen Firmen hervor. Kleinere Softwarefirmen übernahmen dann meist die Weiterentwicklung zu einem marktreifen Produkt. Nachdem das Interesse an diesen Systemen immer noch stark ansteigt, haben auch etabliertere Unternehmen mit den Anbietern objektorientierter Datenbanken Kooperationen geschlossen (z.B. DEC und IBM). Hewlett Packard und Symbolics vertreiben ihre eigenen Produkte.

Ein Hemmnis für den Einsatz objektorientierter Systeme ist in vielen Fällen die Einarbeitungszeit in die neue Technologie, ohne die Anwendungen weder die Vorteile ausnutzen noch in vernünftiger Zeit entwickelt werden können. Diesem Problem versuchen die Hersteller durch Entwicklung vieler Tools zur Unterstützung der Anwendungsentwicklung zu begegnen. Graphische Oberflächen mit Browsern sind inzwischen fast überall verfügbar. Die Entwicklung von Fourth-Generation-Languages für die objektorientierten Systeme, mit denen man Anwendungen generieren kann, ohne Code schreiben zu müssen, wird stark vorangetrieben. Verschiedene OODB-Hersteller haben 4GLs für Ihre Produkte für dieses Jahr angekündigt (GemStone, O_2, Ontos, Versant).

5 Produktübersicht

Da der Markt auf diesem Gebiet recht dynamisch ist und die Meinungen darüber, welche Systeme dazuzuzählen sind, auseinandergehen, haben wir für den Vergleich eine Auswahl getroffen. Die hier beschriebenen Systeme sind zur Zeit kommerziell erhältlich. Eine Ausnahme stellt der Forschungsprototyp *Postgres* dar, der als einziges kostenlos verfügbares System in die Übersicht aufgenommen wurde.

5.1 Vergleichskriterien

Zu jedem Produkt sind *Hersteller* und *Kontaktadresse(n)* angegeben.

Der angegebene *Entwicklungsstand* bezieht sich auf Anfang 1992.

Unter *Installationen* wird angegeben wieviele Installationen des Systems bei wievielen Organisationen (Firmen, Institute, Universitäten, etc.) zur Zeit bereits vorliegen.

Für die Auswahl eines Datenbanksystems sind oft die *Hardware* und das *Betriebssystem*, für die es verfügbar ist, entscheidend. Bei diesen Angaben wurden die uns vorliegenden aktuellsten Daten angegeben. Da jedoch alle Firmen bestrebt sind, die Verfügbarkeit auf weitere Plattformen zu erweitern, kann hier nur jeweils eine Momentaufnahme gegeben werden. Viele Firmen sind auch bereit, gegen Abrechnung des Aufwands ihr System kurzfristig auf eine neue Plattform zu portieren, wenn dies gewünscht wird.

Als *Schnittstellen* sind sowohl Anbindungsmöglichkeiten an Programmiersprachen als auch an andere kommerzielle Softwarepakete aufgelistet.

Die Angabe der jeweiligen *Anfragesprache* ermöglicht es zu erkennen, ob Zeit investiert werden muß, um eine neue Sprache zu erlernen, oder ob auf Bekanntes zurückgegriffen werden kann.

Die angegebenen *Preise* beziehen sich auf Anfang 1992 und können nur ungefähr angegeben werden. Sie können für jedes der Systeme relativ stark nach unten oder oben abweichen, abhängig von der vom Benutzer gewünschten Hardware und dem Betriebssystem, sowie davon, ob Runtime-Lizenzen oder Entwicklungsversionen betrachtet werden. Die hier angegebenen Preise beziehen sich meist auf Entwicklungsversionen für vier Entwickler. Manche schließen technische Beratung und Schulung ein. Die meisten Anbieter gewähren einen Preisnachlaß bis zu etwa 80% für Universitäten und Forschungsinstitute.

Die *Kurzbeschreibung* hebt jeweils einige Eigenschaften hervor, die die Hersteller bei ihrem Produkt besonders betonen oder die von speziellem Interesse erscheinen. Sie stellt keine vollständige Auflistung der Produktcharakteristika dar. Weitere Details sind jeweils in der angegeben Literatur zu finden.

Die Auflistung erfolgt in alphabetischer Reihenfolge der Produktnamen.

5.2 Objektorientierte Datenbank-Management-Systeme:

Folgende Datenbanksysteme werden betrachtet:

- **GemStone (Servio Corporation)**
- **IDB (Persistent Data Systems)**
- **ITASCA (ITASCA Systems, Inc.)**
- **O_2 (O_2 Technology)**
- **Objectivity/DB (Objectivity, Inc.)**

- ObjectStore (Object Design, Inc.)
- Ontos (Ontos, Inc.)
- OpenODB (Hewlett Packard)
- Poet (BKS Software Entwicklungs-GmbH)
- POSTGRES (University of California, Berkeley)
- Statice (Symbolics, Inc.)
- Versant (Versant Object Technologies Corporation)

Name:	**GemStone**
Hersteller:	Servio Corporation
Kontakt:	H. Mark. Boyd
	Servio Corporation
	1420 Harbor Parkway, Suite 100, Alameda, CA 94501, USA
	Tel.: (415) 748-6200, Fax: (415) 748-6227
	oder
	Richard J. Cahill
	Servio Europe Plc.
	Park Mount, Newtonpark Ave.
	Blackrock, Dublin, Irland
	Tel.: (1) 766088, Fax: (1) 767-945
	oder
	Georg Heeg, Smalltalk-80-Ssytems
	Baroper Straße 337, 4600 Dortmund 50
	Tel.: (0231) 97599-0, Fax: (0231) 97599-20
Entwicklungsstand:	Produkt seit Nov. 1987
Installationen:	mehr als 200 Organisationen
Hardware:	Datenbankserver auf Sun 3, 4, SPARCstation,
	IBM RS/6000, VAXstation, DECstation,
	IBM Server und Workstations, SONY NEWS Workstation.
	Clients außerdem auch auf AppleMacintosh II, PC/286,
	PC/386 und IBM PS/2 unter MS-Windows 3.0.
Betriebssysteme:	SunOS, AIX, VMS, Ultrix
Schnittstellen:	X-Windows, OSF/Motif.
	Smalltalk-80, Smalltalk V286, C++, C, sowie jede Sprache,
	die C-Funktionsaufrufe unterstützt
	(z.B. Ada, FORTRAN, Cobol, Lisp, Objective C).
	Nexpert/Object, SYBASE.
	DECNet, TCP/IP.
Anfragesprache:	Opal
Preis:	etwa DM 50.000

Kurzbeschreibung:

Es handelt sich um ein verteiltes System (Multiple Clients/Single Server).

Beim Einsatz des Systems in einer Smalltalk-Umgebung wird eine graphische Benutzeroberfläche mit verschiedenen Tools (z.B. Editor, Browser und Debugger) bereitgestellt. Ansonsten steht nur eine zeilenorientierte Schnittstelle (*Topaz*) zur Verfügung.

Ein "Visual Schema Designer" Tool unterstützt den Schemaentwurf graphisch. Ein neues Entwurfstool, eine Art 4GL für objektorientierte Datenbanken, mit dem Namen GeODE ist zur Zeit in einer Alpha-Version erhältlich. Dieses Tool erlaubt es dem Benutzer, Anwendungen zu entwickeln, ohne Code schreiben zu müssen.

Die Anfragesprache Opal ist Smalltalk-ähnlich.

Klassen werden beschrieben durch Klassenvariablen, Instanzvariablen und Methoden. Klassenvariablen können dynamisch verändert werden, Instanzvariablen dagegen nicht. Bei Veränderung der Ober-/Unterklassen-Verhältnisse muß die Klassenhierarchie komplett neu aufgebaut werden. Eine Klassenbibliothek ist im System enthalten. Objekte können durch Verschachtelung der betreffenden Klassendefinitionen komplex zusammengesetzt werden. Einfach-Vererbung wird unterstützt. Mehrfach-Vererbung ist für eine zukünftige Version geplant. Klassen können sich zirkulär aufeinander beziehen.

Methoden können in Opal oder C geschrieben werden und werden in der Datenbank abgelegt. Sie werden beim Aufruf im Server ausgeführt. Bei Benutzung von Methodenaufrufen zur Datenverarbeitung ist die Kapselung der Objekte gewährleistet. Zusätzlich ist ein "struktureller" Zugriff auf Objekte möglich, der zwar keine Kapselung gewärleistet, jedoch schnellere Bearbeitung garantiert.

Objekte können nicht explizit gelöscht werden; wenn keine Referenzen mehr auf ein Objekt bestehen, wird es automatisch durch Garbage Collection gelöscht.

Versionenverwaltung wird nicht unterstützt.

Der Zugriff auf Objekte kann durch Indexe und physikalisches Clustering verbessert werden.

Das System ist in C implementiert.

Quellen: [But91], [Mai90], [Ric92], Produktinformation der Firma Servio Corporation.

Name:	**IDB Object Database**
Hersteller:	Persistent Data Systems
Kontakt:	Persistent Data Systems
	P.O. Box 38415
	Pittsburgh, PA 15238, USA
	Tel.: (412) 963-1843, Fax: (412) 963-1846
Entwicklungsstand:	Produkt seit Ende 1990, Release 1.1

Installationen:	Keine Angaben
Hardware:	IBM PC und Kompatible, Macintosh, HP, Apollo, Sun NeXT,
Betriebssysteme:	HP-UX, SunOS, MS-DOS
Schnittstellen:	X11, Windows 3.0., NextStep, C
Anfragesprache:	C
Preis:	US$3.000 - US$ 7.000

Kurzbeschreibung:

Für 99 US$ ist ein *Introductory Package* erhältlich, das die technischen Eigenschaften genauer beschreibt.

Das System wurde aus IDL, einer Spezifikationssprache für ADA (seit Anfang der Achtziger Entwicklung an der CMU) entwickelt mit dem Ziel, ein schnelles objektorientiertes Datenbanksystem für Personal Computer bereitzustellen. Es handelt sich um ein verteiltes System, das keinen zentralen Server benötigt. Persistent Data Systems ist eine kleine Firma, die seit 1987 existiert.

Die Datenbankeigenschaften sind nicht voll ausgebildet; Recovery ist z.B. nicht in vollem Maße verfügbar.

Ein Browser erlaubt die Suche im Klassensystem.

Durch die Spezifikationssprache IDL können Objektklassen definiert werden. Einfach- und Mehrfachvererbung sowie das Schachteln von Objekten ineinander werden unterstützt. Klassen können zirkulär aufeinander verweisen. Objektidentität, Polymorphismus und Spätes Binden werden unterstützt. Methoden werden in C geschrieben.

Schema und Operationen für die Datenbank können als Teil der Datenbank abgelegt werden.

Mechanismen für Exception Handling werden bereitgestellt.

Objekte können nicht explizit gelöscht werden; unreferenzierte Objekte werden durch Garbage-Collection gelöscht.

Versionenverwaltung wird unterstützt.

Indexe müssen vom Benutzer selbst erstellt und verwaltet werden. Jedes verschachtelte Objekt wird als Cluster betrachtet, der auch physikalisch zusammen abgespeichert wird.

Quelle: Produktinformation der Firma Persistent Data Systems.

Name:	**ITASCA**
Hersteller:	ITASCA Systems, Inc.
Kontakt:	ITASCA Systems Inc.
	2850 Metro Drive, Suite 300, Minneapolis, MN 55425

	Tel.: (612) 851-3155, Fax: (612) 851-3157
	oder
	Walter Schöning
	Expertise Gesellschaft für avancierte Software-Technologie mbH
	Alt-Moabit 92, 1000 Berlin 21
	Tel.: (030) 391-50 48, Fax: (030) 392-90 44
Entwicklungsstand:	Produkt seit 1989/90
Installationen:	(Information zur Zeit des Drucks nicht verfügbar)
Hardware:	Sun, Apollo, IBM RS/6000, DECstation, Data General, Silicon Graphics
Betriebssysteme:	Unix-Varianten der aufgeführten Rechner
Schnittstellen:	FORTRAN, C, C++, Common Lisp
	TCP/IP
Anfragesprache:	Common Lisp, C++ oder C
Preis:	ab etwa DM 9.000

Kurzbeschreibung:

ITASCA ist die kommerzielle Weiterentwicklung des von der Microelectronics and Computer Technology Corporation (MCC) unter dem Namen *Orion* seit 1985 entwickelten Prototyps.

Es handelt sich um eine verteilte Datenbank (Multiple Servers/Multiple Clients). Das Zwei-Phasen-Commit-Protokoll (Two-Phase-Commit) wird unterstützt. Die Knoten des verteilten Systems können dynamisch umkonfiguriert werden.

Eine RDA/SQL Schnittstelle ist geplant, um mit allen SQL-Datenbanken, die dem (in Entwicklung begriffenen) RDA-Standard für Austausch zwischen Datenbanken genügen kooperieren zu können.

Die graphische Oberfläche beruht auf OSF/Motif und erlaubt z.B. graphische Schemadefinition. Verschiedene Windows können zur Arbeit an der gleichen Transaktion benutzt werden.

Klassen werden durch Klassen- und Instanzattribute sowie Methoden beschrieben. Eine Instanz gehört jeweils genau zu einer Klasse. Sowohl Einfach- als auch Mehrfach-Vererbung werden unterstützt. Eine Klassenbibliothek (ObjectShare) ist kostenlos zum System erhältlich und soll von ITASCA und den Benutzern erweitert werden. Insbesondere sind spezielle Klassen für Multi-Media-Datenmanagement vorgesehen (z.B. *Audio* und *Image*).

Das Datenbankschema kann jederzeit dynamisch verändert werden, z.B. können Attribute sowie Ober-/Unterklassen-Verhältnisse dynamisch modifiziert und hinzugefügt werden. Diese Flexibilität basiert auf der Verwendung von Lisp als Implementationssprache für die Datenbank (eine vergleichbare Flexibilität läßt sich mit C++ aus prinzipiellen nicht Gründen erreichen).

Benutzer können automatisch über Änderungen (z.B. über *flags* (passiv) oder *electronic mail* (aktiv)) informiert werden.

Versionenverwaltung wird unterstützt.

Lange Transaktionen werden durch checkin/checkout-Mechanismen unterstützt.

Indexe und Clustering können die Performance erhöhen.

Quellen: [Banj86], [Jen89], [Kim89], Produktinformation der Firma ITASCA Systems, Inc.

Name:	O_2
Hersteller:	O_2 Technology
Kontakt:	Sophie Gamerman
	O_2 Technology
	7, rue du Parc du Clagny
	78000 Versailles, Frankreich
	Tel.: (1) 30 84 77 77, Fax: (1) 30 84 77 90
Entwicklungsstand:	Produkt seit Frühjahr 1991
Installationen:	etwa 50 Organisationen
Hardware:	Sun 3, 4, HP9000/300, 400, 700, geplant: IBM RS/6000, DEC
Betriebssysteme:	SunOS, HP/UX, geplant: AIX, OSF1
Schnittstellen:	O_2C, C, C++.
	X-Windows, OSF/Motif.
	TCP/IP.
Anfragesprache:	O_2SQL
Preis:	etwa US$ 12.500

Kurzbeschreibung:

Es handelt sich um ein verteiltes System (Single Server/Multiple Clients). Die Entwicklung von O_2 als Prototyp begann 1986.

Die Anfragesprache ist in der Syntax an SQL angelehnt. Sie ist hauptsächlich als Retrieval-Sprache entworfen, obwohl man auch Methoden in ihr schreiben kann.

O_2C ist eine 4GL-Sprache.

Es besitzt eine graphische Oberfläche, ist aber auch für alphanumerische Terminals verfügbar. Ein graphischer Browser unterstützt das Editieren des Datenbankschemas. *O_2Look* ist ein graphischer Benutzerschnittstellen-Generator. Weitere Tools wie Debugger und graphischer Browser werden ebenfalls zur Verfügung gestellt. *O_2Tools* ermöglicht die graphische Darstellung und direkte Manipulation von Objekten.

In einem *Workspace* kann der Entwickler seine persönliche Umgebung von Tools und Objekten definieren.

Eine vordefinierte Klassenbibliothek, die erweitert werden kann, ist im System enthalten. Einfach- und Mehrfach-Vererbung werden unterstützt. Zirkuläre Referenzen der Klassen aufeinander sind möglich. Objekte werden durch die Attribute und die Methoden ihrer betreffenden Klasse beschrieben. Objekte können explizit gelöscht werden. Schemamodifikationen sind in begrenztem Umfang auch nach Implementierung der Anwendung möglich.

Methoden werden in C++ oder O_2C geschrieben. Der Binärcode der Methoden wird in der Datenbank abgelegt.

Objekte können nicht explizit gelöscht werden. Unreferenzierte Objekte werden durch Garbage Collection gelöscht.

Die Performance kann durch Indexe und Clustering gesteigert werden.

Das System ist zu 80% in C++ und zu 20% in C geschrieben. Portierung auf eine neue Unix Plattform erfordert einen Aufwand von etwa 3 Mannmonaten.

Quellen: [Ban88], [Lec88], [Deu91], Produktinformation der Firma O_2 Technology.

Name:	**Objectivity/DB**
Hersteller:	Objectivity
Kontakt:	Objectivity, Inc.
	800 El Camino Real, 4th Floor
	Menlo Park, CA 94025
	Tel.: (415) 688-8000, Fax: (415) 325-0939
	email: ginny@objy.com oder davide@objy.com
Entwicklungsstand:	Produkt seit April 90
Installationen:	(Informationen zur Zeit des Drucks nicht verfügbar)
Hardware:	VAX-Rechner, DECstation, DECsystem, Sun 3, Sparcstation
Betriebssysteme:	Ultrix, SunOS,
Schnittstellen:	C++, C.
	X-Windows, OSF/Motif, DECWindows.
	NFS/RPC.
Anfragesprache:	C++
Preis:	etwa $30.000

Kurzbeschreibung:

Objectivity/DB wird seit August 1990 von der Digital Equipment Corporation (DEC) in USA vertrieben.

Es handelt sich um ein verteiltes System. Die Datenbank kann partitioniert und über verschiedene heterogene Systeme verteilt werden. Die Datenverteilung bleibt für den Benutzer transparent.

Eine OSF/Motif-basierte graphische Oberfläche erlaubt eine Hypertext-Sicht des Datenbankinhalts durch mehrere Windows und stellt ein On-line-Hilfesystem zur Verfügung.

Ein Database Debugger steht zur Inspektion und Modifikation der Datenbank bereit.

Das C++-Datenmodell wird implementiert. Objekte können komplex ineinander verschachtelt werden. Eine erweiterbare Klassenbibliothek ist im System enthalten. Klassen werden in C++-Syntax definiert und durch einen "Schema Definition Processor" ins System übertragen.

Objekte können explizit gelöscht werden. Objectivity/DB enthält einen starken Typüberprüfungsmechanismus (Strong Type Checking).

Lange Transaktionen (durch checkin/checkout-Mechanismen) sowie Versionenverwaltung werden unterstützt.

Durch Clustering kann die Zugriffsgeschwindigkeit verbessert werden.

Quellen: [Gun90], [Sha90], Produktinformationen der Firma Objectivity, Inc. und der Firma DEC.

Name:	**ObjectStore**
Hersteller:	Object Design, Inc.
Kontakt:	Eugene A. Bonte
	Object Design
	1 New England Executive Park, Burlington, MA 01803
	Tel.: (617) 270-9797, Fax: (617) 270-3509
	email: gene@odi.com
	oder
	Patzschke + Rasp GmbH
	Bierstadter Straße 7, 6200 Wiesbaden
	Tel.: (0611) 17 31-0, Fax: (0611) 17 31-31
	E-mail: p+r@apollon.uucp
Entwicklungsstand:	Produkt seit 1990
Installationen:	Installationen bei mehr als 150 Organisationen
Hardware:	Sun 3 und 4, DECstation, IBM RS/6000, Solbourne, HP, PC.
Betriebssysteme:	SunOS, AIX, Ultrix, OS/SMP, HP-UX, Windows 3.0, OS/2, MacOS.
Schnittstellen:	C, C++, sowie Sprachen, die C-Funktionsaufrufe unterstützen, SQL.
	X-Windows, Open Look, Motif.
	TCP/IP, PC/NFS, NETBIOS.
Anfragesprache:	C++ und eine erweiterte Anfragesyntax
Preis:	etwa 67.000 DM

Kurzbeschreibung:

ObjectStore ist ein verteiltes System (Multiple Clients/Multiple Servers). Das 2-Phasen-Commit-Protokoll wir dunterstützt.

Anfragen können in einer nicht-prozeduralen Form gestellt werden. Die Anfragesprache ist nicht benannt.

Das Datenmodell enspricht genau dem von C++. Objekte können ineinander verschachtelt sein und werden in Klassenhierarchien angeordnet. Eine erweiterbare Klassenbibliothek ist im System enthalten. Einfach- und Mehrfach-Vererbung werden unterstützt. Das Schema kann dynamisch verändert werden (Änderung und Hinzufügen von Typen, Attributen und Methoden).

Es können *Relationships* (1:1, 1:n, n:m) zwischen Objekten definiert werden; d.h. die Objekte "zeigen" automatisch gegenseitig aufeinander, wobei die Integrität dieser Pointer automatisch aufrechterhalten wird (z.B. bei Löschoperationen).

Persistenz wird nicht durch Vererbung von einer Basis-Klasse "Persistent" erreicht, sondern durch Deklaration des betreffenden Typs als *persistent*.

Auf C und Fortran basierende Applikationen können mit in das System eingebunden werden.

Ein graphischer *Schema Designer* und ein graphischer Browser stehen zur Verfügung, um die Klassenhierarchie zu entwerfen und zu verändern sowie um Anfragen zu formulieren.

Objekte können explizit gelöscht werden.

Versionsverwaltung in verschiedener Granularität (einzelne Objekte oder Gruppen) und lange Transaktionen (Checkin/Checkout-Mechanismus) werden unterstützt.

Durch Indexe und Clustering kann die Zugriffsgeschwindigkeit verbessert werden.

Quellen: [Lam91], Produktinformation der Firma Object Design, Inc.

Name:	**Ontos**
Hersteller:	Ontos, Inc.
Kontakt:	Ontos, Inc.
	Three Burlington Woods, Burlington, MA 01803, USA
	Tel.: (617) 272-7110, Fax: (617) 272-8101
	oder
	GOPAS Software GmbH
	Dr. Gabriele Klenk-Swiderski
	Gollierstr. 70, 8000 München 2
	Tel.: (089) 5199-965, Fax: (089) 5199-931
Entwicklungsstand:	Produkt seit 1989
Installationen:	etwa 500 Installationen bei etwa 170 Organisationen
Hardware:	Sun, VAX, HP/Apollo, HP/9000/700, IBM RS/6000, AT/386/486 PC
Betriebssysteme:	SunOS, Ultrix, SCO Unix, VMS, OS/2, AIX
Schnittstellen:	C++, SQL.
	Nexpert Object, ProKappa.

	TCP/IP.
Anfragesprache:	ObjectSQL
Preis:	etwa 85,000 DM

Kurzbeschreibung:

Ontos ist das Nachfolgesystem des nicht mehr auf dem Markt erhältlichen Systems VBase.

Es handelt sich um ein verteiltes System (Multiple Clients/Multiple Servers). Ein Server kann verteilt sein, wobei die Datenverteilung für den Benutzer transparent bleibt. Das Two-Phase-Commit-Protokoll wird unterstützt.

Eine graphische Oberfläche mit verschiedenen Werkzeugen (*DB Designer* für Inspektion, Browsing, Datenmanipulation und Debugging; *Studio* zum interaktiven Erstellen von Benutzeroberflächen) steht zur Verfügung. Zusätzlich gibt es eine Fourth-Generation-Language (4GL) für Rapid Prototyping.

Da Ontos auf C++ basiert, stehen die objektorientierten Eigenschaften von C++ direkt zur Verfügung. Eine Klassenbibliothek, die erweitert werden kann, ist im System enthalten. Um Veränderungen der Klassendefinitionen vorzunehmen, nachdem Instanzen erzeugt wurden, müssen die Klassen und Instanzen noch einmal neu erzeugt werden.

Methoden können direkt in der Datenbank abgelegt werden.

Objekte können explizit gelöscht werden. Jedes Objekt hat einen eindeutigen Identifier; Objekte können außerdem auch unter einem Namen in Verzeichnissen abgelegt werden. Die Struktur der Verzeichnisse ist hierarchisch, so daß der vollständige Name eines Objekts ein Verzeichnis-Pfad plus der eigentliche Name ist.

Transaktionen können geschachtelt und von Prozessen geteilt werden. Benutzer können automatisch über Updates informiert werden.

Versionenverwaltung ist geplant.

Ein besonderer Mechanismus ist für Exception Handling (Ausnahme-Behandlung) vorgesehen.

Durch Clustering kann die Zugriffsgeschwindigkeit erhöht werden. Eine andere Möglichkeit der Performanceverbesserung ist Aktivieren/Deaktivieren: Der Entwickler kann einzelne Objekte, ganze Cluster oder eine Objekt mit allen von ihm referenzierten Objekten zwecks schnelleren Zugriffs in den Hauptspeicher laden.

Quellen: [And], Produktinformation der Firma Ontologic, Inc.

Name:	**OpenODB**
Hersteller:	Hewlett Packard
Kontakt:	Becky Garlock
	Hewlett Packard
	19447 Pruneridge Avenue, Cupertino, CA 95014-9974, USA

	Tel. (408) 725-8900
	oder
	Hewlett-Packard GmbH, Barbara Brückner
	Berlinerstr. 111, 4030 Ratingen
	Tel.: (02102) 494-389, Fax: (02102) 494-300
Entwicklungsstand:	Beta-Release
Installationen:	9 Installationen bei 6 Organisationen
Hardware:	HP-9000/300, 400, 700, 800, und HP3000/900
Betriebssysteme:	HP-UX
Schnittstellen:	C, C++ sowie jede Sprache, die C-Funktionsaufrufe unterstützt (wie z.B. Cobol, Fortran, Pascal).
	Allbase/SQL, HP turboIMAGE, DB2.
	X-Windws.
	TCP/IP.
Anfragesprache:	OSQL
Preis:	etwa US$ 100.000

Kurzbeschreibung:

OpenODB beruht auf dem Forschungsprototyp Iris, der seit 1983 bei HP entwickelt wurde.

Der Storage-Manager von OpenODB ist ein relationales DBMS (Allbase/SQL), und das System benutzt eine erweiterte Relationenalgebra. Es handelt sich um ein verteiltes System (Multiple Clients/Single Server).

Ein graphischer Browser steht zur Verfügung unterstützt die Anwendungsentwicklung.

Die Anfragesprache OSQL ist eine objektorientierte Erweiterung von SQL.

Objekte können ineinander verschachtelt werden, besitzen eine eindeutige Identitätskennung und werden in einer Typhierarchie mit Einfach- und Mehrfach-Vererbung angeordnet.

Die Attribute und das Verhalten der OpenODB-Objekte werden durch Funktionen modelliert. Input- und Output-Parameter der Funktionen sind Typen, d.h. eine Funktion wird auf die Instanzen ihrer Input-Typen angewendet und produziert Instanzen der Output-Typen. Da Funktionen auf mehrere Argumente gleichzeitig wirken können, sind sie nicht immer nur zu einem bestimmten Typ gehörig.

OpenODB-Anwendungen können durch *External Functions* auch auf Daten und Programme außerhalb der Datenbank zugreifen. Die externen Funktionen können von jeder OSQL-Anfrage aufgerufen werden.

Das System enthält bereits eine Bibliothek von Typen, die erweitert werden kann. Objekte können während ihres Lebenszyklus neuen Typen zugeordnet werden und auch gleichzeitig mehreren Typen angehören. Neue Funktionen und Typen können zur Laufzeit der Datenbank erzeugt werden, ebenso kann die Implementation von Funktionen geändert werden. Die Möglichkeit dynamischer Veränderungen der Ober-/Unterklassen-Verhältnisse ist für die Zukunft geplant. Wenn ein Objekt gelöscht wird, werden alle Referenzen darauf ebenfalls gelöscht.

Versionenverwaltung wird unterstützt. Objekte werden als versionierte oder unversionierte Objekte erzeugt. Unversionierte Objekte können in versionierte umgewandelt werden. Die Versionen werden durch checkin/checkout-Mechanismen kontrolliert.

Durch Indexe und Clustering von Funktionen kann der Zugriff auf Objekte beschleunigt werden.

Das System ist in C implementiert (der Browser in C++).

Quellen: [Fish87], [Fish89], [HP91], [Lyn89], [Wil89].

Name:	**POET**
Hersteller:	BKS Software Entwicklungs GmbH
Kontakt:	BKS Software Entwicklungs GmbH
	Guerickestr. 27, 1000 Berlin 10
	Tel.: (030) 342 30 66-67, Fax.: (030) 342 84 13
	email: bks@bksbln
Entwicklungsstand:	Produkt seit Ende 1991
Installationen:	etwa 300 Installationen bei etwa 200 Organisationen
Hardware:	Sun, NeXt, HP 9000, PC 286, PC 386
Betriebssysteme:	MS-DOS, Interactive UNIX V.x, SCO UNIX V.x,
	SunOS, HP-UX, Novell 3.x
Schnittstellen:	C, C++.
	TCP/IP, DDE, NLM.
Anfragesprache:	ein erweitertes C++
Preis:	etwa 3.000 - 24.000 DM

Kurzbeschreibung:

Die Entwicklung von Poet (= Persistent Objects & Extended Database Technology) wurde 1989 auf Basis der "13 Goldenen Regeln" [Atk89] begonnen. Es handelt sich um ein verteiltes System (Client/Server).

Im wesentlichen macht Poet die Programmiersprache C++ persistent (Ausnahme: Mehrfach-Vererbung, Unions, unbestimmte pointer).

Unter MS Windows sind graphische Oberflächentools (Browser, Project Manager, Pre-Compiler Manager) für die Anwendungsentwicklung verfügbar.

Eine erweiterbare Klassenbibliothek ist im System enthalten. Klassendefinitionen werden in einer erweiterten C++-Syntax formuliert und durch einen Pre-Compiler in C++-Code transformiert. Einfach-Vererbung wird bereitgestellt. Mehrfach-Vererbung ist geplant. Objekte können ineinander geschachtelt werden. Schemaveränderungen können sehr flexibel auch nach Erzeugung der Instanzen durchgeführt werden, ohne die Daten neu laden zu müssen. Es wird explizit unterschieden zwischen persistenten und transienten Objekten.

Methoden werden in C++ oder C geschrieben und nicht in der Datenbank selbst abgelegt.

Objekte können explizit gelöscht werden. Sie können als semantisch abhängig von anderen Objekten erklärt werden, um zu gewährleisten, daß mit der Löschung eines Objektes auch die abhängigen Objekte gelöscht werden.

Die Zugriffszeiten können durch Definition von Indexen verbessert werden.

Poet wurde in C++ implementiert.

Name:	**POSTGRES**
Hersteller:	University of California, Berkely
Kontakt:	Michael Stonebraker
	University of California
	Electrical Engineering and Computer Sciences
	Computer Science Division, Berkeley, CA 94720, USA
	Tel.: (415) 642 5799
	email: mike@postgres.berkeley.edu
	Greg Kemnitz
	email: kemnitz@postgres.berkeley.edu
Entwicklungsstand:	Forschungsprototyp seit 1986
Installationen:	Installationen bei mehr als 125 Organisationen
Hardware:	Sun 3, Sparcstation, DECstation 3100, Sequent Symmetry
Betriebssysteme:	SunOS, Ultrix
Schnittstellen:	C, persistent CLOS
Anfragesprache:	POSTQUEL
Preis:	kostenlos

Kurzbeschreibung:

POSTGRES (= POST inGRES) ist keine Erweiterung von Ingres, beruht aber auf einem erweiterten relationalen Modell. Die Anfragesprache *Postquel* ist eine Erweiterung von *Quel* (Anfragesprache von Ingres).

Das System kann durch *anonymous ftp* von dem Rechner postgres.berkeley.edu kopiert werden.

Support ist nicht unbedingt erhältlich, da es sich um einen Forschungsprototyp handelt.

Das System ist nicht verteilt, und eine Erweiterung in dieser Richtung ist auch nicht geplant.

Die Relationen des Systems besitzen eine erweiterte Funktionalität, um objektorientierte Eigenschaften zu gewährleisten. Sechs eingebaute Datentypen sind im System vorhanden, u.a. die speziellen Typen *Postquel* und *Procedure*. Die Benutzer können weitere Datentypen erzeugen. Die Modellierung komplex zusammengesetzter Objekte wird dadurch erreicht, daß in einem Relationen-Attribut vom Typ *Postquel* Datenmanipulations-Anweisungen stehen können, die Information aus anderen Relationen ausgeben können.

Das Verhalten der Datenobjekte wird durch ein Attribut vom Typ *Procedure* modelliert, in dem Prozeduren in einer Programmiersprache (z.B. C) mit eingebetteten Datenmanipulations-Anweisungen stehen, die auf die Objekte der betroffenen Relation Anwendung finden können. Einfach- und Mehrfach-Vererbung werden unterstützt.

Die Datenbank speichert automatisch alle Änderungsstände der Objekte, und es kann wieder auf sie zurückgegriffen werden. Der Benutzer kann die Speicherung der historischen Daten nach Wunsch beschränken. Auch Versionenmanagement wird unterstützt.

POSTGRES besitzt Eigenschaften einer aktiven Datenbank (active database). Durch Definition von *Alerters* und *Triggers* kann der Benutzer auf Vorgänge aufmerksam gemacht werden, oder es können bestimmte Vorgänge automatisch eingeleitet werden. Dies ist z.B. nützlich zur Wahrung der referentiellen Integrität.

Es ist möglich, Regeln für die Daten einzugeben.

Durch die Verwendung von Indexen kann die Performance gesteigert werden. Weiteres Tuning ist möglich durch Änderung von Systemparametern.

Das System ist in C implementiert.

Quellen: [Sto], [Sto87], [Sto91].

Name:	**Statice**
Hersteller:	Symbolics, Inc.
Kontakt:	Symbolics, Inc.
	8 New England Executive Park, East
	Burlington, MA 01803, USA
	Tel.: 1-800- 237-2401
	oder
	Symbolics GmbH
	Mergenthalerallee 77-81
	Postfach 5865, 6236 Eschborn/Ts.
	Tel.: (06196) 47220, Fax: (06196) 481116
Entwicklungsstand:	Produkt seit 1988
Installationen:	etwa 50 Installationen bei etwa 20 Organisationen
Hardware:	alle Symbolics Rechner. Per Einschubprozessor auch Apple-Macintosh und Sun Rechner.
Betriebssysteme:	Genera
Schnittstellen:	CLOS, Common Lisp.
	X-Windows.
	Joshua, Concordia.
	DECNet, TCP/IP, SNA
Anfragesprache:	nicht-prozedural, kein besonderer Name
Preis:	etwa DM 30.000

Kurzbeschreibung:

Es handelt sich um ein verteiltes System (Multipe Clients/Single Server).

Die Anfragesprache ist nicht-prozedural und lehnt sich an das Relationenkalkül an. Sie trägt keinen besonderen Namen.

Ein (zum Teil graphisches) Browsing Tool steht zur Verfügung.

Typen in Statice haben dieselben Namen und Bedeutungen wie in Common Lisp. Durch Methoden wird das Verhalten der Typen definiert. Eine Typenbibliothek ist im System enthalten und kann erweitert werden. Einfach- und Mehrfach-Vererbung werden unterstützt. Auch nach Generierung der konkreten Datenbank können neue Attribute erzeugt oder bestehende gelöscht werden.

Objekte können explizit gelöscht werden; dann werden automatisch alle Referenzen auf das entsprechende Objekt mitgelöscht. Solange ein Objekt existiert, ist es immer referenzierbar.

Versionenverwaltung wird unterstützt.

Durch Verwendung von Indexen und Clustering kann die Zugriffsgeschwindigkeit verbessert werden.

Das System ist in Common Lisp implementiert.

Quellen: [Wei88], Produktinformation der Firma Symbolics, Inc.

Name:	**Versant**
Hersteller:	Versant Object Technologies Corporation
Kontakt:	John Hughes
	Versant Object Technology
	4500 Bohannon Drive, Menlo Park, CA 94025, USA
	Tel.: (415) 325-2300, Fax: (415) 325-2380
	email: jhughes@osc.com
	IQProducts GmbH
	Wolfgang Brehm
	Freischützstr. 92, 8000 München 81
	Tel.: (089) 95 71 05 - 0, Fax: (089) 95 71 05 - 50
	Email: wbrehm@iqprod.uucp
Entwicklungsstand:	Produkt seit Juli 90
Installationen:	540 Lizenzen bei etwa 150 Kunden
Hardware:	Sun, IBM RS/6000, Sequent, DECstation,
	HP9000/400, Silicon Graphics, Intergraph 6000
Betriebssysteme:	SunOS, AIX. Ultrix,
Schnittstellen:	C++, C, Smalltalk, ObjectSQL, sowie jede Sprache, die C-Funktionsaufrufe ermöglicht.
	Oracle, Sybase, DB2.

	X-Windows, OSF/Motif.
	TCP/IP.
Anfragesprache:	C, C++
Preis:	etwa 16.000 DM

Kurzbeschreibung:

Die Firma war früher unter dem Namen Object Sciences bekannt.

Es handelt sich um ein verteiltes System (Multiple Clients/Multiple Servers), das das 2-Phase-Commit-Protokoll unterstützt.

Eine graphische Oberfläche mit einem Browser gehört zum System. Graphische Tools wie der *Object Modeler* zur Anwendungsentwicklung in C++ stehen zur Verfügung. Das Tool Versant Express/STEP dient zur Beschreibung von Teilen in Engineering-Anwendungen (entsprechend dem STEP-Standard). Weitere Werkzeuge wie z.B. *Object 4GL*, eine Fourth-Generation-Sprache zur Anwendungsentwicklung, werden noch entwickelt.

Einfach- und Mehrfach-Vererbung werden unterstützt. Eine Klassenbibliothek und eine Methodenbibliothek in C und C++ werden mitgeliefert. Objekte können ihre Klassenzugehörigkeit verändern. Schemaveränderungen sind an Klassen (auch mit schon bestehenden Instanzen) möglich, die keine weiteren Unterklassen besitzen. Persistenz von Objekten wird erreicht, indem Klassen von der (schon existierenden) Klasse "Persistent" erben. Instanzen einer Klasse, die "Persistent" in ihrem Oberklassenpfad hat, werden explizit als permanente oder als transiente Objekte erzeugt. Objekte, die nicht von "Persistent" erben, sind automatisch transient. Objekte könne explizit gelöscht werden.

Schemaveränderungen können zur Laufzeit durchgeführt werden.

Lange Transaktionen (durch checkin/checkout-Mechanismen) und Versionen-Management werden unterstützt.

Durch Indexe und Clustering kann die Schnelligkeit des Zugriffs verbessert werden.

Quellen: [Int91], Produktinformation der Firma Versant Object Technologies.

6 Zusammenfassung und Ausblick

Es wurde eine Übersicht über ausgewählte, zur Zeit auf dem Markt verfügbare objektorientierte Datenbanksysteme gegeben. Alle unterstützen die Kernkonzepte des objektorientierten Datenmodells (Objektidentität, Instanzen, Klassen, Vererbung, komplexe Objekte). Die meisten unterstützen Versionenverwaltung und lange Transaktionen. Die Datenbank-Kriterien sind bei fast allen erfüllt; eine Ausnahme ist IDB, bei dem in dieser Hinsicht einige Aufgaben vom Anwendungsentwickler übernommen werden müssen. Die meisten Systeme beruhen auf einer Client/Server Architektur, bei manchen können es mehrere Server sein, bei wenigen kann auch der Server auf verschiedene Rechner verteilt werden.

Der Markt für objektorientierte Datenbanken nimmt zu. In den USA verwenden bereits viele Firmen solche Systeme. Die meisten kommerziellen OODBS wurden von amerikanischen Firmen entwickelt und waren zunächst nur dort erhältlich; inzwischen gibt es für fast alle Systeme europäische - insbesondere deutsche - Vertriebsstellen. Viele der (relativ kleinen) OODB-Hersteller haben Kooperationsverträge mit großen Software-Häusern, wie z.B. mit DEC und IBM, geschlossen.

Objektorientierte Datenbanken können inzwischen für ernsthafte Anwendungen eingesetzt werden. Ihre Benutzerfreundlichkeit wird durch die Entwicklung vieler graphischer Tools und 4GLs verbessert.

Es ist zu erwarten, daß in naher Zukunft weitere Produkte kommerziell erhältlich sein werden und daß die bereits am Markt verfügbaren im Design und der Performance weiter verbessert werden. [Kim91] schätzt, daß zur Zeit weltweit an etwa 30 Systemen entwickelt wird. Insbesondere im Bereich der Anfrageoptimierung wird vertieft gearbeitet, um die Vorteile des objektorientierten Datenmodells noch besser ausnutzen zu können.

Die Object Management Group (OMG), eine internationale Vereinigung von Herstellern und Anwendern, beschäftigt sich mit Fragen der Normung objektorientierter Systeme. Die Klärung dieser Fragen ist unerläßlich, um langfristig die Offenheit der Systeme zu gewährleisten.

Literatur

[And] Andrews, T., Harris, C., Sinkel, K.:
"The Ontos Object Database", Internal Report, Ontologic, Inc.
ohne Datum

[Atk89] Atkinson,M., Bançilhon,F., DeWitt,D., Dittrich,K., Maier,D., Zdonik,S.:
"The Object-Oriented Database System Manifesto",
Proceedings DOOD, Kyoto, Dec. '89

[Ban88] Bançilhon, F., Barbedette, G., Benzaken, V., Delobel, C.,
Gamerman, S., Lecluse, C., Pfeffer, P., Richard, P., Velez, F.:
"The Design and Implementation of O_2, an Object-Oriented Database System"
in: Dittrich, K.R. (Ed.):"Advances in Object-Oriented Database Systems"
Lecture Notes in Computer Science, Springer Verlag, 1988

[Banj86] Banerjee, J., Chou, H.-T., Garza, J.F., Kim, W., Woelk, D., Ballou, N.
Kim, H.-J.:
"Data Modell Issues For Object-Oriented Applications"
MCC Technical Report Number: DB-099-86, Rev.1
12.Nov. 1986

[But91] Butterworth, P., Otis, A., Stein, J.:
"The GemStone Object Database Management System"
Communications of the ACM, Oct. 1991, Vol.34, No. 10

[Cat92] Cattel, R.G.G., Skeen, J.:
"Object Operations Benchmark"
wird erscheinen in: ACM TRansactions on Database Systems, April 1992

[Deu91] O. Deux et al.:
"The O_2 System"
Communications of the ACM, October 1991, Vol.34, No. 10

[Fish87] Fishman, D.H., Beech, D., Cate, H.P., Chow, E.C., Connors, T., Davis, J.W., Derrett, N., Hoch, C.G., Kent, W., Lyngbaek, P., Mahbod, B., Neimat, M.A., Ryan, T.A., Shan, M.C.:
"Iris: An Object-Oriented Database Management System"
ACM Transactions on Office Information Systems, Vol. 5, No. 1, Januar 1987
S. 48-69

[Fish89] Fishman, D.H., Annevelink, J., Chow, E., Connors, T., Davis, J.W., Hasan, W., Hoch, C.G., Kent, W., Leichner, S., Lyngbaek, P., Mahbod, B. Neimat, M.A., Risch, T., Shan, M.C., Wilkinson, W.K.:
"Overview of the Iris DBMS"
Technical Report HPL-SAL-89-15, Jan.10, 1989, Hewlett Packard Company

[Gun90] Gunn, L.:
"Engineering Database Operates On Object-Oriented Programming"
Electronic Design, 12. April 1990

[Hod89] Hodges, P.:
"A Relational Successor?"
Datamation, 1. November 1989

[Int91] Interview with Mike de Santi:
"OODBMS Pays Off",
DBMS, Nov. 1991

[Jen89] Jenq, P., Woelk, D., Kim, W., Lee, W.-L.:
"Query Processing in Distributed Orion"
MCC Technical Report Number: ACA-ST-035-89
Januar 1989

[Kim89] Kim, W., Garza, J.F., Ballou, N., Woelk, D.:
"Architecture of the ORION Next-Generation Database System"
MCC Technical Report Number: ACT-OODS-315-89
August 1989

[Kim91] Kim, Won:
"Introduction to Object-Oriented Databases"
MIT Press, 2. Auflage, 1991

[Koc91] Koch, D., Fischer, D.:
"Objektorientierte Datenbanksysteme - Eine Marktübersicht"
in: Bullinger, H.-J. (Hrsg.): "Objektorientierte Informationssysteme: IAO-Forum, 18.April 1991 in Stuttgart"
IPA-IAO Forschung und Praxis: Bd. T22
Springer Verlag 1991

[Lam91] Lamb, C., Landis, G., Orenstein, J., Weinreb, D.:
"The ObjectStore Database System"
Communications of the ACM, Oktober 1991, Vol. 34, No.10

[Lec88] Lecluse, C., Richard, P., Velez, F.:
"O_2, an Object-Oriented Data Model"
in: Proc. ACM SIGMOD, Chicago, USA, 1988

[Lyn89] Lyngbaek, P., Wilkinson, K.:

"An Overview of the Iris Kernel Architecture"
In: Object-Oriented Programming Systems, Pitman Publishing, London, 1989

[Mai89] Maier, D.:
"Why Isn't There an Object-Oriented Data Model?"
Bericht GIP Altair, OGC Computer Science & Engineering TR 89-002, 24.April 1989

[Mai90] Maier, D., Stein, J.:
"Development and Implementation of an Object-Oriented DBMS"
in: [Zdo90]

[Ric92] Ricciuti, M.:
"The Easy Way to OOPS"
Datamation, February 1992

[Sha90] Shandle, J.:
"Will Vendors Line Up Behind Objectivity?"
Electronics, April 1990

[Sto] Stonebraker, M., Rowe, L.A., Hirohama, M.:
"The Implementation of Postgres"
Report ohne Datum
Electronics Research Laboratory, College of Engineering,
University of California, Berkeley, CA 94720

[Sto87] Stonebraker, M., Rowe, L.A. (Hrsg.):
"The Postgres Papers"
Memorandum No. UCB/ERL M86/85, 25 June 1987
Electronics Research Laboratory, College of Engineering,
University of California, Berkeley, CA 94720

[Sto90] Stonebraker, M., Rowe, L., Lindsay, B., Gray, J., Carey, M., Beech, D.:
"Third Generation Database System Manifesto",
Proceedings of the Object-Oriented Database Task Group Workshop,
May 1990, Atlantic City, NJ.
Hrsg.: Elisabeth N. Fong

[Sto91] Stonebraker, M., Kemnitz, G.:
"The Postgres Next Generation Database Management System"
Communications of the ACM, Oct. 91, Vol.34, No.10

[Tuc89] Tucker, M.J.:
"Object-Oriented Databases Arrive"
Unix World, August 1989

[Wei88] Weinreb, D., Feinberg, N., Gerson, D., Lamb, C.:
"An Object-Oriented Database System to support an Integrated Programming Environment"
Data Engineering, June 1988 Vol.11, No.2

[Wil89] Wilkinson, K., Lyngbaek, P., Hasan, W.:
"The Iris Architecture and Implementation"
Report STL-89-31, 20.Nov.1989, Software Technology Laboratory,
Hewlett-Packard Laboratories

[Zdo90] Zdonik, S., Maier, D.:
"Readings in Object-Oriented Database Systems"
Morgan Kaufman, 1990

Produktinformation von:
BKS Software Entwicklungs GmbH
Hewlett Packard
ITASCA Systems, Inc.
O_2 Technology
Object Design, Inc.
Objectivity, Inc.
Ontos, Inc.
Persistent Data Systems
Servio Corporation
Symbolics, Inc.
Versant Object Technologies

IAO-Forum
**Objektorientierte
Informationssysteme II**

**Einsatzpotentiale objekt-
orientierter Datenbanken im
Produktionsmanagement**

D. Fischer, F. Wagner

1 Einleitung

Mit den immer komplexer werdenden Anforderungen an das Produktionsmanagement ist heutzutage der Einsatz moderner Informationssysteme nicht mehr wegzudenken. Ziel muß es daher sein, die Zusammenhänge im technischen Bereich möglichst einfach, effizient und wirklichkeitsgetreu abzubilden. Dabei kommen derzeit hauptsächlich relationale Ansätze bei der Datenmodellierung zum Einsatz. In relationalen Datenbanksystemen (RDBS) werden Beziehungen in ihrer Struktur zerlegt und auf verschiedene Relationen verteilt. Leider ist die Differenz bzw. die semantische Lücke zwischen realer Welt und Datenmodell für sehr umfangreiche und komplexe Daten relativ groß, so daß ein nicht unerheblicher Teil an Performance im RDBS verloren geht.

Die Forderung nach einer besseren bzw. passenderen Darstellungsweise komplexer Datenstrukturen führte zu objektorientierten Ansätzen. Hierbei steht zuerst die objektorientierte Analyse (OOA) und der objektorientierte Entwurf (OOD - Objectoriented Design) im Vordergrund, mit deren Hilfe die Basis für die Darstellung des Systems als objektorientiertes Datenbanksystem (OODBS) geschaffen wird. Aufgrund des hohen Bedarfs nach geeigneten Darstellungsweisen für komplexe Strukturen, wurden Software-Werkzeuge wie OODBS entwickelt, die den Einsatz objektorientierter Technologien in der betrieblichen Praxis für eine integrierte Informationsverarbeitung (Bild 1) ohne weiteres ermöglichen.

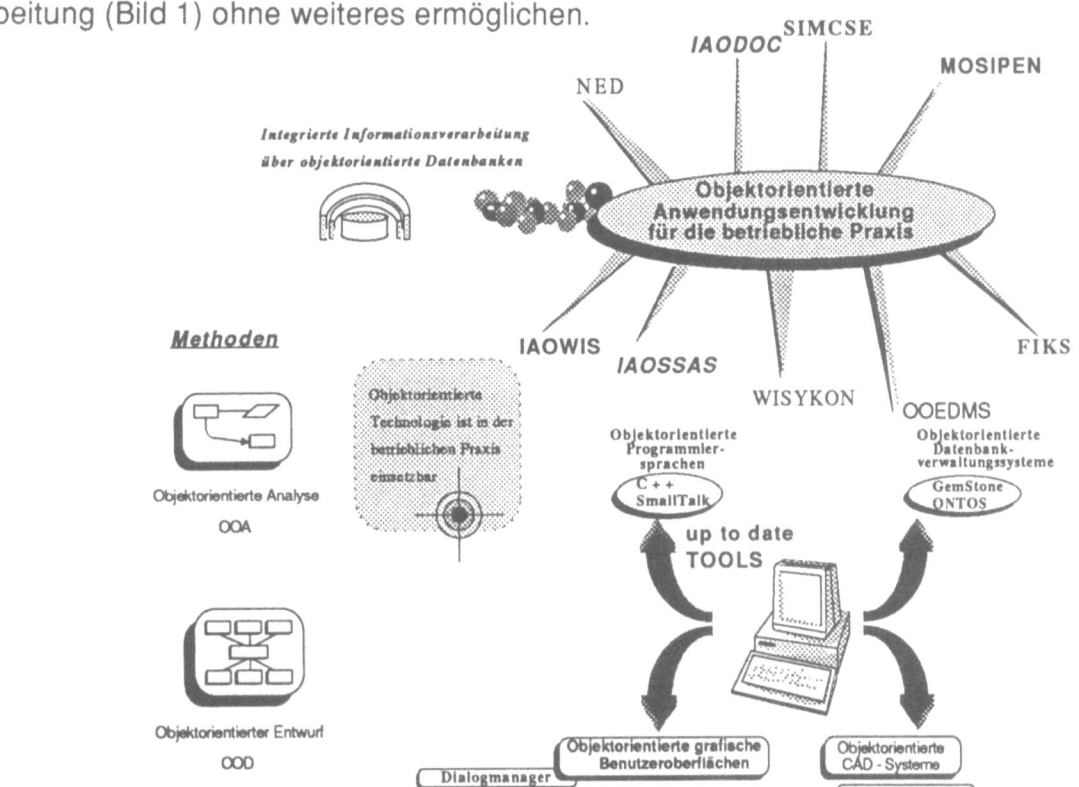

Bild 1: Integrierte Informationsverarbeitung über objektorientierte Datenbanken

2 Entwicklung objektorientierter Systeme

Der objektorientierten Analyse (OOA) liegen Konzepte zugrunde, die im Prinzip schon lange bekannt sind: Objekte und deren Merkmale, Klassen und deren Teilnehmer, Gesamtheiten und deren Teile. Die Analyse kann als Studium eines Problemfeldes angesehen werden, das mit Hilfe von generalisierenden und spezialisierenden Strukturen zu einem umfassenden, in sich geschlossenen Bild von dem führt, was für die Problemlösung benötigt wird. Die OOA stützt sich auf vier Grundprinzipien:

o   Abstraktion: Das Ignorieren von nicht relevanten Aspekten eines Problemfeldes, um die relevanten Aspekte eindeutig und klar darzustellen zu können.

o   Datenkapselung: Der Zugriff auf Objekt ist nur mit den zugeordneten Methoden möglich. Die Schnittstellen zu jedem Modul sind demnach so gestaltet, daß nur so wenig wie möglich von den inneren Abläufen aufgezeigt wird.

o   Vererbung: Übernahme von Eigenschaften und Charakteristika eines Verfahrens bzw. einer übergeordneten Struktur.

o   Organisationsmethoden: Schaffen von Klassen oder übergeordneten Strukturen aufgrund von Attributen bzw. Einzelheiten.

Mit Hilfe der angeführten Grundprinzipien läßt sich die Vorgehensweise in der OOA wie folgt darstellen.

o   Identifizierung von Objekten, wobei diese sehr unterschiedlich geartet sein können:
- Greifbare Dinge   >>>   Autos, Materialien
- Rollen   >>>   Konstrukteure, Experten
- Vorfälle   >>>   Bauteilversagen, Korrosion
- Interaktionen   >>>   Kauf, Beratung
- Spezifikationen   >>>   Modellnummer, Seriennummer

o   Identifizierung von Strukturen. Hier kann zwischen klassifizierenden Strukturen (Klasse der Materialien) und ganzheitlichen Strukturen (Bauteile eines Autos) unterschieden werden.

o   Festlegen von Attributen. Dies umfaßt die Charakterisierung eines Objekts oder einer Objektklasse aufgrund deren Aspekte.

o   Darstellung notwendiger Methoden. Durch die Interaktion von Objekten werden Zugriffe auf deren Daten notwendig, die in diesem Schritt definiert werden müssen.

Aufbauend auf die OOA, folgt der objektorientierte Entwurf (OOD) zur Entwicklung eines objektorientierten Systems. Der OOD geht von der Vorstellung aus, daß der zu modellierende Problembereich aus einer Anzahl kommunizierender Einheiten, den Objekten, besteht (Bild 2). Jedes Objekt hat einen Zustand und ein festes Reportoire an zugehörigen Operationen, den Methoden. Sie alleine haben Zugriff auf den Datenbestand der Objekte. Der Austausch von Informationen zwischen den Objekten erfolgt durch Nachrichten oder auch Messages genannt.

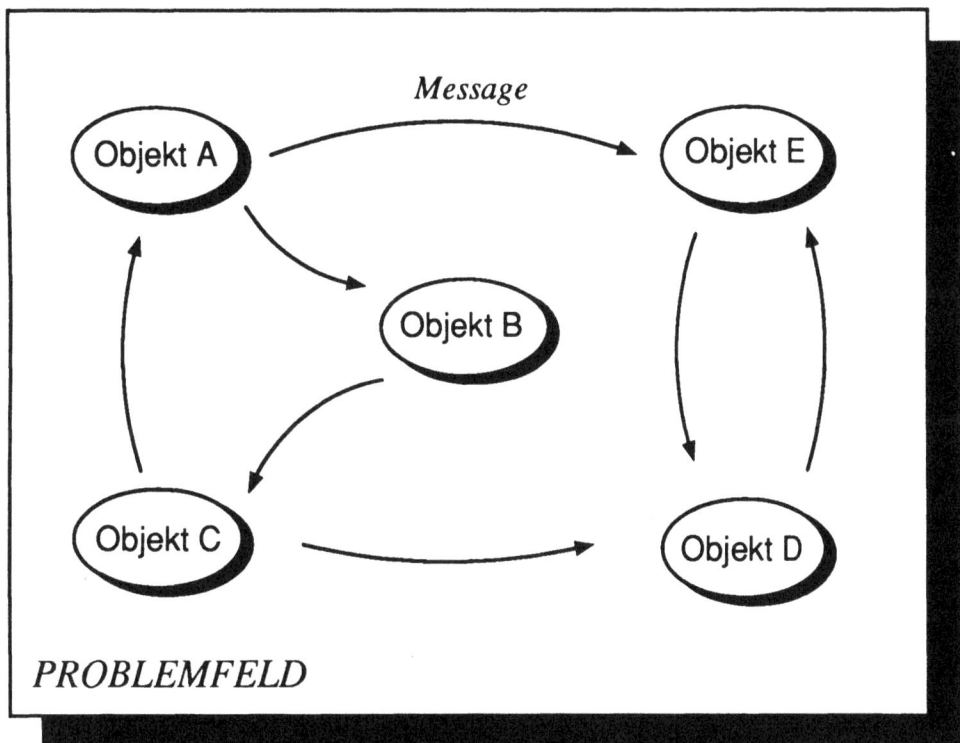

Bild 2: Modell eines objektorientierten Systems

Da es äußerst mühsam und aufwendig wäre, jedes Objekt hinsichtlich des Aufbaus seiner Daten- bzw. Methodenstruktur einzeln beschreiben zu wollen, werden sogenannte Klassen definiert. Sie enthalten mehrere Objekte desselben Typs und zeichnen sich dadurch aus, daß sie andere Objekte erzeugen können. Ergänzend können

Unterklasssen bestehen, die die Spezialisierung einer Oberklasse darstellen. Softwaretechnisch wird dies durch das Prinzip der Vererbung ermöglicht, welches dem Designer ermöglicht, Methoden und Attribute in einer Oberklasse zu definieren, die dann automatisch auch für alle darunterliegenden Unterklassen gelten. Die Vorgehensweise beim Entwurf kann man durch folgende Einzelschritte charakterisieren:

o   Festlegen von Methoden einzelner Objekte

o   Darstellung von Relationships zwischen Instanzen

o   Einteilung in Unter- und Oberklassen (Hierarchien)

o   Darstellung der Vererbungsmechanismen

Der grundlegende Entwurf ist dabei hardware- und softwareunabhängig. Erst nachdem dieses erste Gerüst steht gehen software- und hardwarespezifische Gesichtspunkte mit ein. Die Kopplung der OOA mit dem OOD erfolgt durch die objektorientierte Programmierung (OOP), wobei der Programmierer auf Sprachen wie C++ oder Smalltalk zurückgreifen kann. Nach dem Prinzip der Datenabstraktion werden Daten und darauf definierte Methoden zu einer Einheit zusammengeschlossen und jeweils durch Klassen implementiert. Dabei können sich Klassen einen gemeinsamen Programmcode teilen, ohne daß dieser für jede Klasse dupliziert werden muß. Dadurch wird das Maß der Wiederverwendung existierender Codes gefördert bzw. erweitert, d.h. Programmierer können sich bei Neuentwicklungen auf vorhandene Klassenbibliotheken stützen. Klassen, die in der Bibliothek noch nicht vorhanden sind, müssen bei der Implementierung als Spezialisierung existierender Klassen neu geschrieben werden. Somit wird die Erweiterung und Pflege von Software erleichtert und ein modularer Entwurf konsequent unterstützt. Für eine ausführlichere Beschreibung OOP sei hier auf entsprechende Literatur hingewiesen [BOO91, BA88]

3 Anwendungsentwicklungen im Engineering

In mehreren erfolgreich durchgeführten Projekten wurde in Zusammenarbeit mit der Industrie und in Forschungsprojekten am IAO objektorientierte Technologien in der Auftragsforschung eingesetzt. So beispielsweise in dem Projekt **Produktdokumentation** - IAODOC.

Mit der Zunahme bereichsspezifischer rechnerunterstützter Systeme ist die Menge der zu speichernden Produktdaten beträchtlich gestiegen. Dies führte zum verstärkten Einsatz von Datenbanksystemen. Für den Aufbau bereichsübergreifender Systeme im Unternehmen bieten sich objektorientierte Lösungen an. Diese versprechen gegenüber hierarchischen, netzwerkorientierten oder relationalen Datenbanken Vorteile, vor allem bei der Erweiterung der Datenbestände und beim Zugriff auf die Daten.

Die Problemstellung war, Geschäftsvorgänge verschiedener Unternehmensbereiche, wie Konstruktion, Fertigung, Montage, Vertrieb etc., auf eine einheitliche Datenquelle (Bild 3) zugreifen zu lassen und die dafür notwendigen Transaktionen zu berücksichtigen. In diesem Projekt wurde eine EDV-Lösung mit hohem Konkretisierungsgrad entwickelt und eine durchgängige Produktdokumentation entlang der Fahrzeug-Prozeßkette auf Basis einer objektorientierten Datenbank realisiert. Dazu war einerseits eine methodische Vorgehensweise zur strukturierten Umsetzung der einzelnen Geschäftsvorfälle und deren gegenseitigen Abhängigkeiten notwendig und andererseits die Aufbereitung der entsprechenden Datenbankabfragen. Von besonderer Bedeutung ist ebenfalls die Zugänglichkeit auf die gespeicherten Daten und Informationen durch eine anwenderorientierte, grafische Benutzeroberfläche.

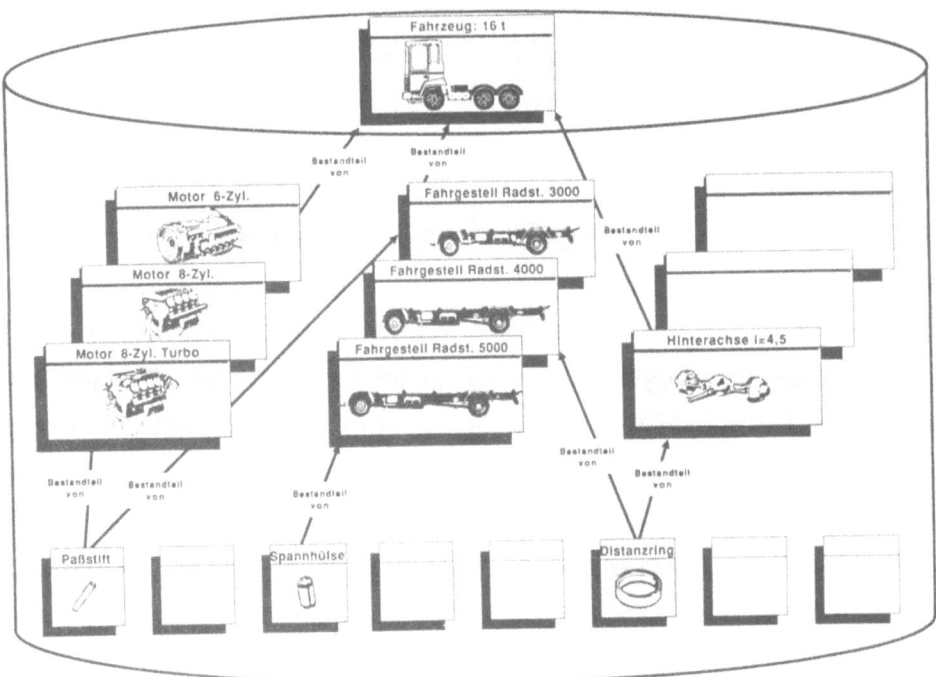

Bild 3: 1:1 Abbildung des Gegenstandsbereichs in der Datenbank

Um einen direkten Vergleich zwischen relationaler und objektorientierter Datenbanktechnologie ziehen zu können, wurden parallel zwei Prototypen entwickelt, die auf den beiden Datenbanktechnologien basieren und denselben Datenumfang beinhalten. Aus dem Vergleich beider Datenbankmodelle konnten folgende Erkenntnisse gewonnen werden: Für bestimmte Typen von Anfragen, wie z. B. den Verwendungsnachweis für Teile, konnten beim objektorientierten Datenbanksystem kürzere Antwortzeiten festgestellt und somit Anfragen effizienter bearbeitet werden. Mit den Eigenschaften des objektorientierten Datenbankmodells war die Gegenstandswelt der Anwendungen wesentlich besser und einfacher zu beschreiben und abzubilden. Redundanzfreie Datenhaltung konnte ohne negative Beeinflussung der Leistung realisiert werden [Mat91].

Erfahrungen mit objektorientierter Technologie wurden am IAO auch im Rahmen des Projektes **IAOWIS** (**I**nteraktiv **o**bjektorientiertes **W**erkstoff**i**nformations**s**ystem)
[Fis 91] gesammelt.

Die Eigenschaften eines technischen Produktes werden wesentlich vom eingesetzten Werkstoff beeinflußt. Das entwickelte Werkstoffinformationssystem IAOWIS unterstützt eine effiziente Auswahl des optimalen Werkstoffes sowie bei faserverstärkten Kunststoffen eines rationellen Verarbeitungsverfahrens [Fis 89]. Anforderungen anderer Produktdokumentationen, z. B. die Generierung und Verwaltung von Konstruktionsstücklisten sowie Fertigungsplänen werden über erweiterte Funktionalitäten in IAOWIS abgedeckt. Somit ist es möglich, alle am Produktentwicklungsprozeß beteiligten werkstoffrelevanten Bereiche mit einer integrierten EDV-Lösung zu unterstützen.

In diesem Zusammenhang ergeben sich folgende wichtige Fragestellungen:

o   Wie finden Sie den **richtigen Werkstoff** für Ihren Anwendungsfall?

o   Kennen Sie alle **Fertigungsparameter** und können Sie schnell ein **geeignetes Verarbeitungsverfahren** auswählen?

o   Können Sie bei der **Suche nach Werkstoffdaten** auf ein integriertes EDV-System zurückgreifen?

o   Nutzen Sie die Möglichkeit der **elektronischen Stücklistenverwaltung**?

o   Verwalten Sie Ihre Daten **redundanzfrei**?

o   Haben Sie die Möglichkeit, **Verarbeitungsprozesse** zu **simulieren**?

o   Setzen Sie eine durchgängige und einheitliche **grafische Benutzeroberfläche** in allen EDV-Systemen entlang der Prozeßkette ein?

o   Können Sie zur **Qualitätssicherung** auf die statistische Auswertung gespeicherter Prüf- und Spezifikationsdaten zugreifen?

Das Werkstoffinformationssystem IAOWIS des Fraunhofer-Instituts für Arbeitswirtschaft und Organisation (IAO) stellt ein integriertes EDV-System dar, das diese und weitere Problemstellungen durchgängig behandelt. Es umfaßt verschiedene Module, die aus der langjährigen Erfahrung des Instituts mit Industriepartnern entwickelt und in verschiedenen Projekten getestet wurden.

Das System ist an unterschiedliche Umgebungen anpaßbar und kann auch problemlos in bestehende EDV-Lösungen eingegliedert werden.

Das Werkstoffinformationssystem IAOWIS befreit den Benutzer jedoch nicht von einer kritischen Bewertung der Daten, es unterstützt ihn bei der Werkstoffrecherche. So liegt die letzte Entscheidung, welcher Werkstoff zum Einsatz kommt, weiterhin beim Konstrukteur. Neben Werkstoffeigenschaften können in einer integrierten Wissensbasis durchaus Erfahrungswerte über Werkstoff und deren Verwendung gespeichert und verwaltet werden (Bild 4). Der Benutzer wird bei seiner Arbeit am Computer durch eine komfortable grafische Benutzeroberfläche unterstützt.

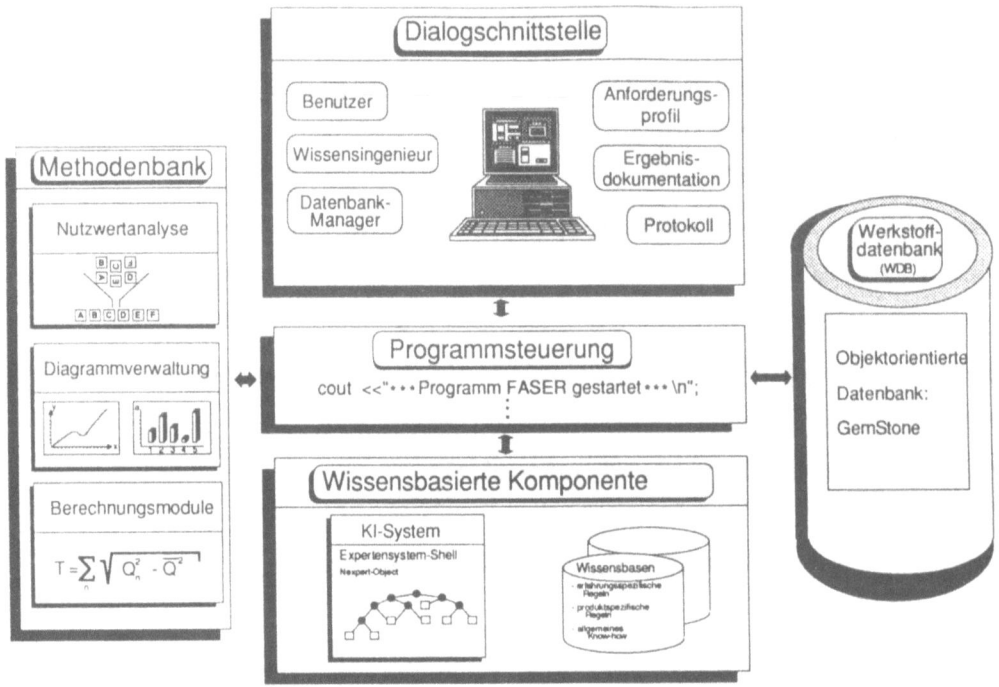

Bild 4: Schematischer Aufbau des Werkstoffinformationssystems

Eine weitere objektorientierte Anwendung wurde im Projekt **Photorealistische Bilder in Dokumentationssystemen** realisiert.

Die Integration von Bilddaten - und somit von digitalisierten Bildern bzw. Videosequenzen - in unternehmensweiten Dokumentationssystemen gewinnt zunehmend an Bedeutung. Hierbei wird auf die menschliche Eigenart eingegangen, visuelle Informationen sehr viel leichter als Texte oder Zahlen aufnehmen zu können.

Verstärkt wurde dieser Trend durch die neuerdings sehr leistungsstarke und dabei immer kostengünstiger werdende Hardware, wie beispielsweise hochauflösende Farbbildschirme. Doch damit verbunden sind auch große Probleme bei der Entwicklung von Software. Einerseits durch die verschiedenen Hardware-Generationen - *früher* einfache Monochromgeräte geringer Auflösungsfähigkeit, *heute* feingerasterte Echtfarbsysteme - andererseits durch die generell mit Bildinformationen verbundenen großen Datenmengen.

Um nun Bilddaten in Datenbanksystemen zu verwalten, d. h. zu speichern, zu modifizieren und komfortables Retrieval zu ermöglichen, müssen Mechanismen und Datenstrukturen gefunden werden, die diese Probleme der mannigfaltigen Formate und Datenmengen bewältigen.

Moderne objektorientierte Konzepte bieten dabei aussichtsreiche Möglichkeiten. Ebenso ergeben sich hoffnungsvolle Perspektiven im Hinblick auf Multimedia-Dokumente.

Eigenarten der objektorientierten Philosophie, wie Klassenhierarchien (in denen Eigenschaften vererbt werden können), Datenkapselung und Polymorphismen unterstützen in sehr geeigneter Weise die Behandlung von Bilddaten.

Beispielsweise lassen sich die unterschiedlichen Bildformate auf verschiedene Objektklassen abbilden. Hier sind Klassen für Bitmaps, Graustufenbilder oder Echtfarbbilder vorstellbar. Durch sinnvolle Anordnung in einer Klassenhierarchie lassen sich Gemeinsamkeiten ausnutzen (Bild 5). Alle Formate, ob monochrom oder farbig, besitzen Attribute wie Höhe, Breite oder etwa Auflösungsdichte. Funktionen, die auf diese Attribute zugreifen oder diese verändern, müssen nur einmal implementiert werden, da die in der Hierarchie darunterliegenden Unterklassen diese Eigenschaften einschließlich der dazugehörenden Funktionen erben.

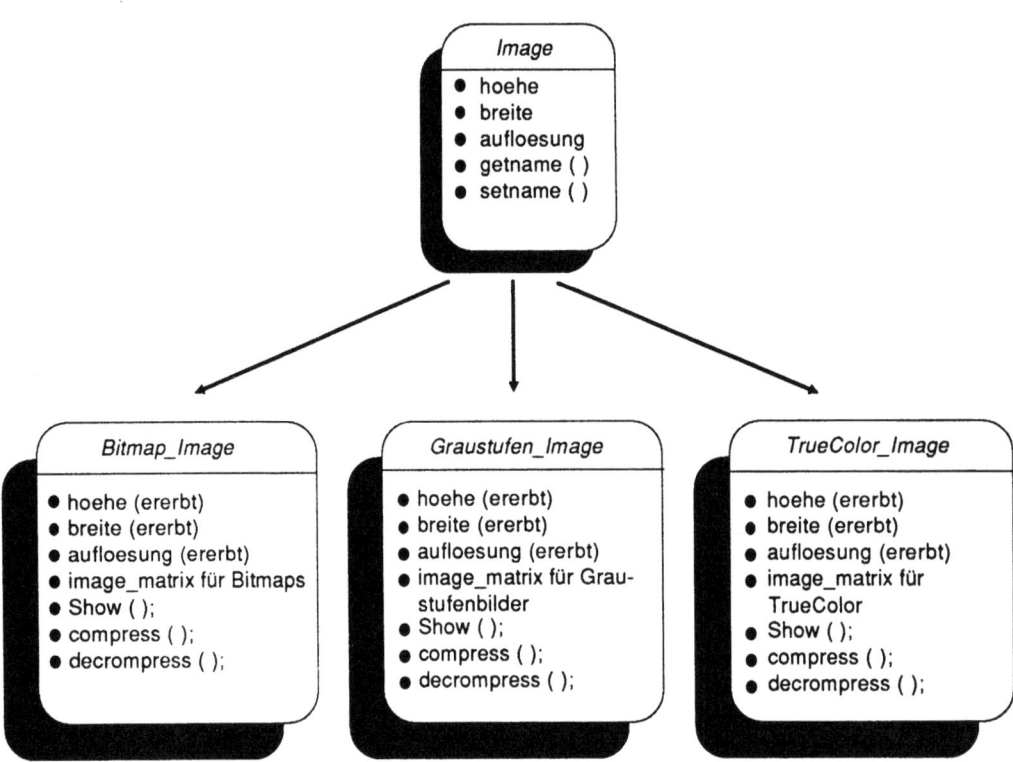

Bild 5: Klassenhierarchie und Attribute

Das Merkmal objektorientierter Sprachen polymorphe Funktionen zu implementieren, erlaubt eine sehr starke Abstraktion des vorliegenden Problems. Werden alle Formatklassen als Unterklassen eines gemeinsamen Containers zusammengefaßt und definiert man für diese dieselben Methoden, so läßt sich die Schnittstelle zu den Objekten stark vereinfachen. Über eine gemeinsame Container-Klasse lassen sich alle anderen Klassen ansprechen, da sie im objektorientierten Sinne lediglich Spezialisierungen dieser Klasse darstellen, wobei berücksichtigt werden sollte, daß eine Ausprägung der Container-Klasse selbst nicht existiert. Sendet man nun einem Objekt, egal welcher Klasse, eine dieser Methoden, so weiß dieses Objekt, wie es darauf zu reagieren hat; es kennt die Methode, weil es entweder diese von der Oberklasse geerbt hat, oder weil es für seine Klasse neu implementiert wurde (dabei kann es passieren, daß eine geerbte Methode durch eine neue Implementierung überschrieben wird).

Übertragen auf das Problem der Bilddaten (Bild 6) bedeutet dies nun, daß es möglich ist, z. B. eine Funktion "Show" zum Anzeigen eines Bildes am Bildschirm für jede Klasse zu implementieren. Da die Objekte nur über den Namen der Container-Klassen angesprochen werden, zur Laufzeit eines Programmes also nicht bekannt ist, welcher konkrete Projekttyp referenziert wird, treten hier die Vorteile der Polymorphie in den Vordergrund. Das Objekt "weiß", wie es die Nachricht "Show" aufgrund der Implementierung zu verstehen und darauf zu reagieren hat. In Programmen, die auf dieses Schema zurückgreifen, kann dadurch sehr abstrahiert mit Bilddaten umgegangen werden.

Aufgrund der Tatsache, daß Methoden mit dem selben Namen getrennt implementiert werden können, lassen sich für jede Klasse spezielle Algorithmen zur Datenkomprimierung und -dekomprimierung definieren. Damit kann optimal auf jedes Format eingegangen werden. Komprimierungsalgorithmen für Echtfarbbilder werden sicher bei Bitmaps nicht geeignet arbeiten. Der Speicherplatz kann durch diese Algorithmen erhöht werden.

Implementiert man solch ein Modell, so empfiehlt es sich natürlich, auch eine entsprechende objektorientierte Datenbank zu verwenden, da zum Beispiel an der Schnittstelle zu einer relational arbeitenden Datenbank die oben erwähnten Vorteile verloren gingen.

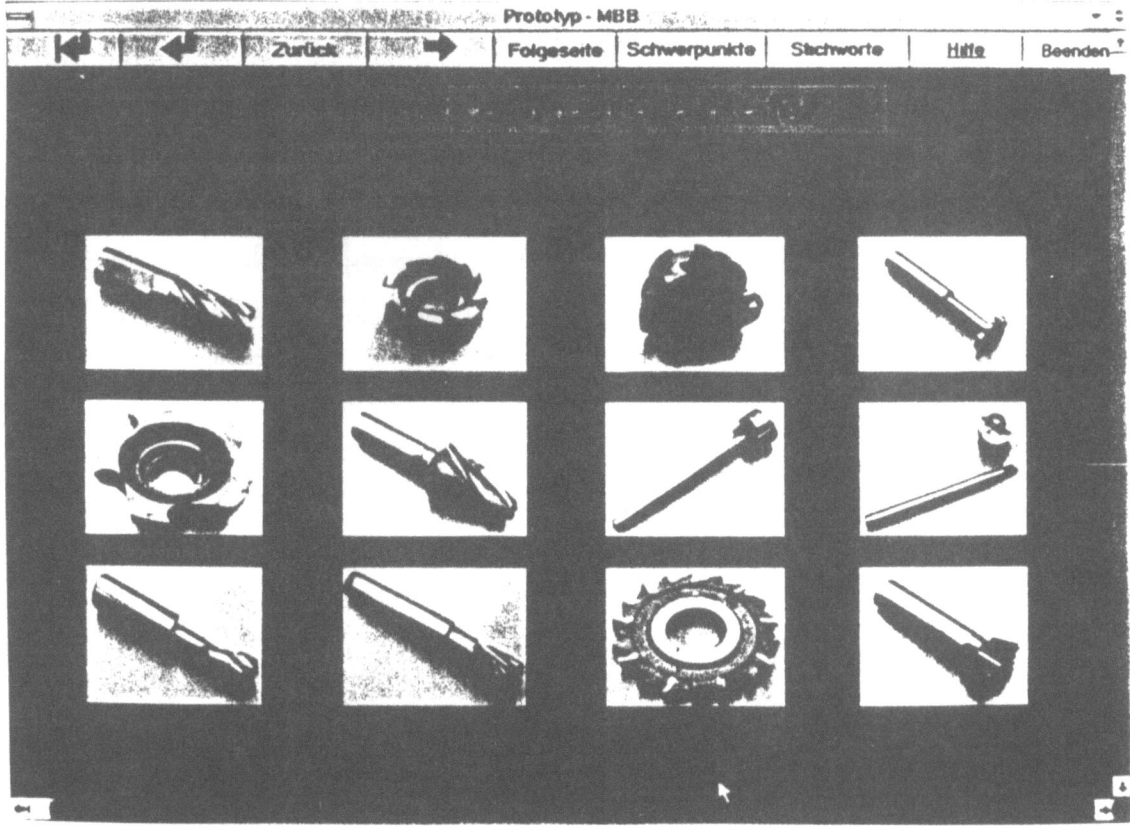

Bild 6: Bildtafel für eine Werkzeugauswahl

Ein weiteres Projekt, in dem Erfahrungen mit der objektorientierten Technologie gesammelt wurden, ist das Werkzeug MOSIPEN (**Mo**dellierungsoberfläche zur **Si**mulation mit **Pe**tri-Netzen).

Ziel bei der Entwicklung von MOSIPEN war es, mit Hilfe der objektorientierten Programmiersprache Smalltalk eine Oberfläche (Bild 7) zu schaffen, die von ihrer Bedienung her ebenso einfach und komfortabel wie ein spezieller Montagesimulator ist und den Benutzer durch ein Angebot vordefinierter Bausteine aus diesem speziellen Anwendungsbereich optimal unterstützt. Gleichzeitig soll durch die Verwendung von Petri-Netzen eine Flexibilität erreicht werden, die der allgemeiner Simulationssprachen im Bereich der ereignisdiskreten Simulation nahekommt und die Möglichkeiten von Petri-Netzen ausnützt. Dabei ist es möglich, die Funktionsweise und den Aufbau vorhandener Bausteine zu betrachten und beliebig zu verändern, ganz neue Bausteine zu entwickeln, sowie am fertigen Petri-Netz-Modell der Montageanlage noch Änderungen durchzuführen. Bei vielen Fertigungs- und Montagesimulatoren ist dagegen die Anzahl der Bausteine beschränkt. Die vorgefertigten Bausteine sind nicht flexibel genug für ein spezielles Problem. Dies führt häufig zu einer Umdefinition und falschen Verwendung dieser Bausteine. Das genaue dynamische Verhalten der angebotenen Elemente ist zudem oft nicht ausreichend dokumentiert. Durch die Verwendung von Petri-Netz-Modulen als Bausteine treten diese Probleme nicht mehr auf. Bei der Entwicklung dieser Oberfläche wurde an zwei Gruppen von Benutzern gedacht: an die Anwender, die die Oberfläche wie einen herkömmlichen Fertigungssimulator benutzen können, und an Experten, die mit Petri-Netzen vertraut sind. Diese Experten können Bausteine verändern und neue entwerfen, sowie das Petri-Netz-Modell der Gesamtanlage modifizieren.

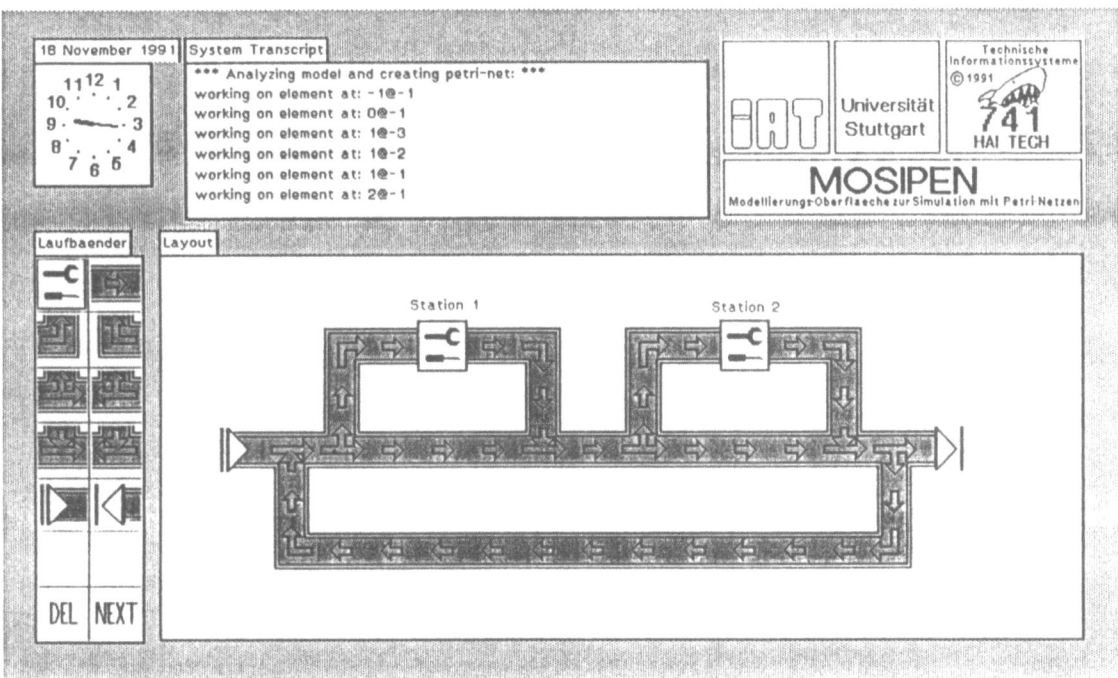

Bild 7: Bedienoberfläche MOSIPEN

Um das Potential von Simulationswerkzeugen in der Montageplanung vollständig nutzen zu können, müssen diese Werkzeuge besser in den Planungsprozeß von flexiblen Montageanlagen eingebunden werden. Diese Integration kann auf Grund der Menge und der Komplexität der zu verwaltenden Daten nur mit Hilfe einer Datenbank bewältigt werden (Bild 8). Die Anbindung der Simulation als Planungswerkzeug an vor- und nachgelagerte Planungsstufen und ihre Werkzeuge wird durch die moderierende Funktion eines Datenbanksystems möglich. Informationen aus Vorranggraphen, Arbeitsplänen und Stücklisten können bei der Planung des Materialflusses mit berücksichtigt werden. Eine begleitende Kostenrechnung der geplanten Montageanlage erfordert im Bereich der Stückkosten Aussagen über den Durchsatz von der Simulation. Vergleichbare betriebswirtschaftliche Kostenfunktionale, die Daten wie Auslastungen, Durchlaufzeiten und Durchsatz benötigen, sind bei flexiblen Montagesystemen auf die aufbereiteten Ergebnisse der Materialflußsimulation angewiesen.

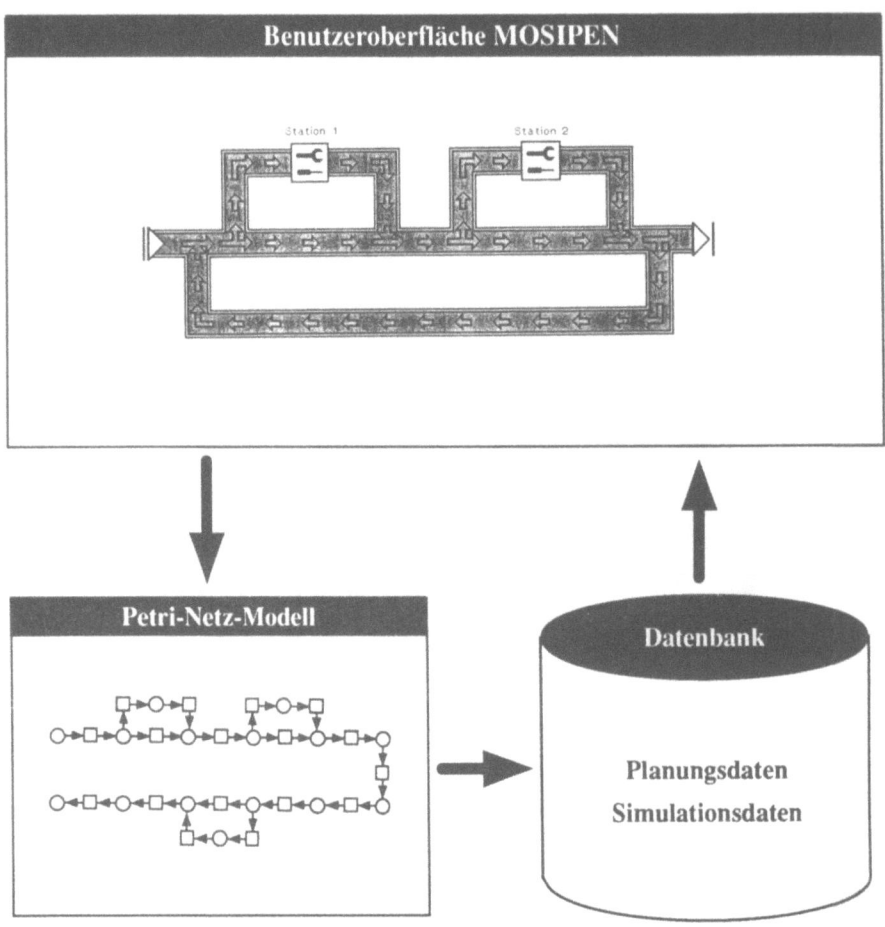

Bild 8: Integration in den Planungsprozeß mittels einer Datenbank

ODabAS - Objektorientierte Datenbank zur Auswertung von Simulationsdaten[1]

Bei der Simulation von Produktionssystemen mit ereignisdiskreten Modellen sind für eine korrekte Verifikation, Validierung und als Basis für eine Entscheidung eine Vielzahl von Simulationsläufen notwendig. Die meisten Simulationssysteme schreiben ihre Ergebnisse auf herkömmliche Dateien. Bei Simulationsstudien, speziell bei der statistischen Auswertung der Ergebnisse, wird diese Menge von Modell- und Ergebnisdateien schnell unübersichtlich und inkonsistent.

Am IAO wurde aus diesem Grunde das Werkzeug ODabAS, eine objektorientierte Datenbank zur Auswertung von Simulationsdaten entwickelt. Sowohl die Modell-, als auch die Simulationskontroll- und die Ergebnisdaten werden in einer Datenbank gehalten und über diese verwaltet. Der Simulationsanwender hat über eine grafisch-interaktive Benutzeroberfläche Zugang zu dem angebundenen Simulationssystem und

---

[1] Dieses Forschungsprojekt wird von der Deutschen Forschungsgemeinschaft unter dem Aktenzeichen Wa 524/1-4 unterstützt.

einer objektorientierten Datenbank.

Die Datenverwaltung heutiger Simulationssysteme besitzt keine Schnittstelle zu Datenbankensystemen, sondern liest seine Modelldaten und schreibt seine Ergebnisdaten auf das Dateiensystem des Rechners. Schon bei kleinen Simulationsstudien wird viel Speicherplatz benötigt. Der Anwender verliert daher leicht den Überblick: Welches Modell, welches Szenario ist mit wievielen Replikationen schon simuliert worden? Vor allem die anschließende statistische Auswertung und grafische Aufbereitung der Ergebnisse ist mit der Vielzahl der Dateien sehr aufwendig.

Das System TESS - The Extended Simulation System [Sta87] war eine der ersten kommerziellen Datenbankanbindungen für Simulationssysteme. Allerdings ist die Benutzerschnittstelle dieser Datenbank sehr unkomfortabel und das Datenbanksystem selbst zu instabil für den industriellen Projekteinsatz. Am IAO wurde ein neuer, erfolgversprechender Ansatz gewählt: Der Anwender eines Simulationssystemes hat über eine gemeinsame, grafische Benutzeroberfläche Zugriff auf das Simulations- und Datenbanksystem. Alle drei Komponenten sind durch bidirektionale Schnittstellen verbunden. Das Simulationssystem ist direkt an eine objekt-orientierte Datenbank angebunden. Sowohl die Eingangsdaten für eine Simulation, wie Modell- und Simulationskontrolldatei, als auch die Ergebnisse werden in der Datenbank gespeichert und verwaltet. Die Auswertung der Simulationen setzt direkt auf den aufbereiteten Daten aus der Datenbank auf.

Die Verwendung einer objektorientierten Datenbank erlaubt beliebige Topologien bei der Struktur der Beziehungen der einzelnen Objekte. Damit lassen sich komplexe Beziehungen anwendungsorientiert abbilden. Bild 9 zeigt die Strukturen im objektorientierten Datenmodell, speziell einen Ausschnitt aus der Klassenstruktur der Datenbank. Als Beispiel kann auf die Objekte der Klasse *Variable* über den Weg der Objekte *Modell* und *Szenario*, aber auch auf die Klasse der *Mehrfachen Vergleiche* zugegriffen werden.

Das Datenbankwerkzeug ODabAS besitzt eine grafische, interaktive und komfortable Benutzeroberfläche. Der Anwender bekommt nach dem Anmelden an die Datenbank Zugriff auf die für ihn wichtigen Daten. Die Oberfläche erlaubt eine einfache und sichere Benutzerführung. Beispielsweise kann durch Anklicken des "Buch-Icons" zum vorigen oder nächsten Menü navigiert werden. Weiterhin stehen zu jedem Menü Hilfe- und Informationstexte zur Verfügung. Bei allen "gefährlichen" Datenbankoperationen wird vor der Ausführung eine Bestätigung des Benutzers verlangt. Von dieser Benutzeroberfläche aus werden auch die angeschlossenen Simulationssysteme aufgerufen.

Ausblick IAOSSAS

Als nächster Schritt wird das Datenbanksystem ODabAS zu dem Auswertungswerkzeug IAOSSAS [Wag90] ausgebaut. Das Werkzeug IAOSSAS wird entwickelt, um einem Simulationsanwender ohne Statistik-Kenntnisse die korrekte Auswertung und Interpretation der Ergebnisse seiner Simulationen zu ermöglichen. Das Softwaresystem hat Schnittstellen zu mehreren Simulationssystemen aus unterschiedlichen Abbildungsebenen und kann an weitere Systeme angepaßt werden. IAOSSAS besteht, wie in Bild 9 dargestellt, aus mehreren Komponenten:

o   Grafische Benutzeroberfläche mit Hilfefunktionen
o   Schnittstellen zu den Simulationssystemen
o   Objektorientiertes Datenbanksystem
o   Modul der mathematischen und statistischen Verfahren
o   Grafische Visualisierung der Daten und Ergebnisse
o   Manager-Modul für die Ablaufsteuerung und Disposition der Methoden

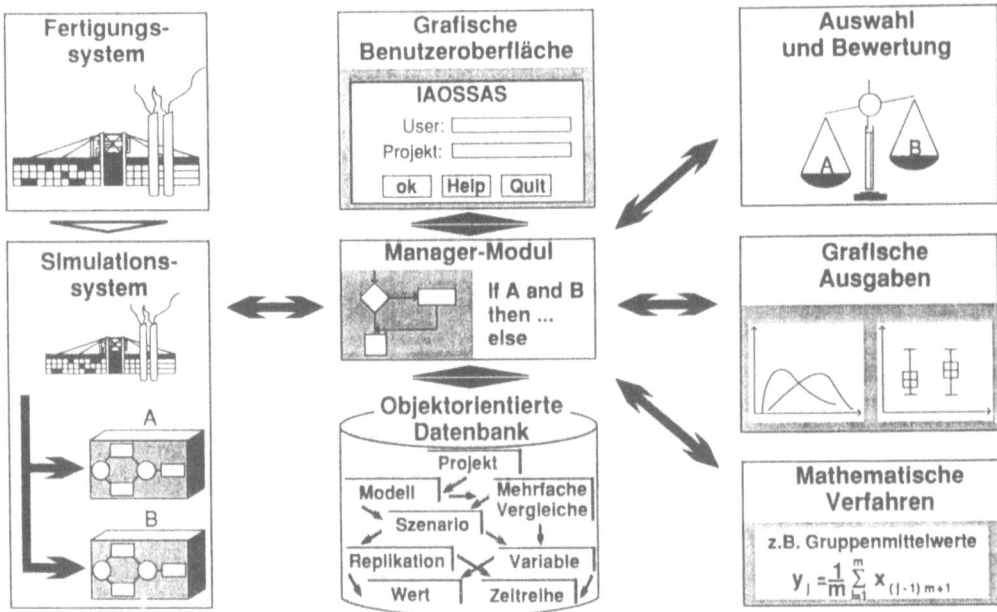

Bild 9: System zur systematischen Auswertung von Simulationsdaten

4 Schlußbemerkungen

Die Problematik bei der Realisierung eines umfassenden, integrierten technischen und betriebswirtschaftlichen Informationssystems erfordert für die Datenverarbeitung neue Konzepte und Technologien.

Am IAO konnten auf der Suche nach effizienten Konzepten für die Informationsverarbeitung mit dem Einsatz der objektorientierten Datenbanktechnologie erste Eindrücke und Erfahrungen aus praxisnahen Anwendungen für die Auftragsforschung gewonnen werden. Objektorientierung bedeutet für die Entwickler von DV-Systemen die Möglichkeit, ihre Gegenstandswelt einfach und ihren Vorstellungen entsprechend im Rechner zu modellieren. Sie ist ein weiterer Schritt in die Richtung Computertechnologie dem Menschen anzupassen und nicht umgekehrt.

Die Information und deren durchgängige Verarbeitung im Unternehmen steht zukünftig als neuer, wenn nicht gar als der zentrale Produktionsfaktor im Blickpunkt zahlreicher Anwendungen. Dabei sind die Unternehmen aufgefordert, die disziplinäre Sicht auf ihre Organisationsstruktur neu zu überdenken und auf eine ganzheitliche Betrachtungsweise der operativen Prozesse überzugehen.

Die einheitliche und konsistente Bereitstellung von Daten und Informationen ist für die Unternehmen von entscheidender Bedeutung. Die Basiskomponente dafür ist eine fortschrittliche Datenbanktechnologie, wie sie objektorientierte Datenbanksysteme darstellen und die unterschiedlichen, effizienten Mechanismen für die Verwaltung und Speicherung von Daten und Informationen bereitstellt.

5 Literatur zum Thema

[Ba88]:   Baerth, G.; Welsch, C.: Objektorientierte Programmierung. In: Informationstechnik it (1988) Nr. 6, S. 5-20.

[Boo91]:   Booch, G.: Object Orientied Design with Applications. Benjamin Cummings Publishing Comp. Inc., Redwood City, CA, 1991.

[Fis89]: Fischer, D.; Menges, R.: Konstruktion mit faserverstärkten Kunststoffen.
Teil 1: Entwicklungsumgebung für ein wissensbasiertes System zur Werkstoffauswahl. In: Ingenieur-Werkstoffe 1 (1989), Nr. 9-12, S. 40-44.
Teil 2: Aufbau und Funktion eines wissensbasierten Systems zur Werkstoffauswahl.
In: Ingenieur Werkstoffe 1 (1989), Nr. 11-12, S. 41-45.

[Fis91]: Fischer, D.; Warschat, J.: Interaktives objektorientiertes Werkstoffinformationssystem. In: KEM 28 (1991), Sonderausgabe 55, S. 26-28.

[Mat91]: Matthes, J.; Koch, D.; Fischer, D.: Objektorientierte Datenbanken für die Produktdokumentation. In: Zeitschrift für wirtschaftliche Fertigung und Automatisierung, ZWF CIM 87 (1992) Nr. 1. S. 55-58.

[Sta87]: Standridge, C. R.; Pritsker, A. A. B.: TESS - The Extended Simulation Support System. Halsted Press, New York, 1987.

[Wag90]: Wagner, F.: ISSTAS - Projektbeschreibung (unveröff. Arbeitspapier). FhG/IAO, Stuttgart 1990.

Weiterführende Literatur

[Atk89]: Atkinson, M.; Bancilhon, F.; DeWitt, D.;Dittrich, K.; Maier, D.; Zdonik, S.: "The Object-Oriented Database System Manifesto". Proceedings DOOD, Kyoto, Dec. 1989.

[Boo91]: Booch, G.: Object Oriented Design with Applications. Benjamin/Cummings Publishing Company, Inc., Redwood City, CA, 1991.

[Bul91]: Bullinger, H.-J.: "Neue Wege der Informationsverarbeitung", in: Bullinger, H.-J. (Hrsg.): "Forschung und Praxis", Bd. T22, IAO-Forum "Objektorientierte Informationssysteme", Springer Verlag, April 1991.

[Koc91]: Koch, D.; Fischer, D.: "Objektorientierte Datenbanksysteme - Eine Martkübersicht", in: Bullinger, H.-J. (Hrsg.): "Forschung und Praxis", Bd. T22, IAO-Forum "Objektorientierte Informationssysteme", Springer Verlag, April 1991.

[Mai 89]: Maier, D.: "Why Isn't There an Object-Oriented Data Model?", Bericht GIP Altair, OGC Computer Science & Engineering TR 89-002, April 1989.

[Mat91]: Matthes, J.; Koch, D.: "Technische Produktdokumentation am Besipiel von Nutzfahrzeugen", in: Bullinger, H.-J. (Hrsg.): "Forschung und Praxis", Bd. T22, IAO-Forum "Objektorientierte Informationssysteme", Springer Verlag, April 1991.

[Sto90]: Stonebraker, M.; Rowe, L.; Lindsay, B.; Gray, J.; Carey, M.; Beech, D.: "Third Generation Database System Manifesto", Proceedings of the Object-Oriented Database Task Group Workshop, Hrsg.: Elisabeth N. Fong, Atlantic City, NJ, May 1990.

[Zdo90]: Zdonik, S.; Maier, D.: "Readings in Object-Oriented Database Systems", Morgan Kaufman, 1990.

IAO-Forum
**Objektorientierte
Informationssysteme II**

**Objektorientiertes
Datenmanagement in
Automatisierungssystemen**

W. Olberding, S. Brandt

Inhaltsverzeichnis

1.	**Motivation Objektorientierung**	5
2.	**Beispiel Mischer**	8
3.	**Vorteile Objektorientierung**	9
3.1	Softwareerstellungsprozeß	9
3.2	Abstraktion	10
3.3	Kapselung	10
3.4	Objekt	11
3.5	Klasse	14
3.6	Vererbung	15
3.7	Polymorphismus	16
3.8	Message	17
3.9	Strukturierung	19
3.10	Realzeitaspekte	24
3.11	Objektmodell	25
4.	**Realisierungsmethodik**	28
4.1	Operationelle Ebene	28
4.1.1	Objektorientierte Realzeitdatenbasis	30
4.1.2	Application Program Interface (API)	34
4.2	Engineering Ebene	37
4.2.1	Projektierungsdatenbank	40
4.2.2	Projektierung eines Automatisierungssystems	41
4.2.2.1	Modellierung Klassen und Objekte	41
4.2.2.2	Modellierung Attribute	43
4.2.2.3	Modellierung Methoden	44
4.2.2.4	Projektierung Verteilung	45
4.2.2.5	Projektierung Konfiguration / Topologie	47
5.	**Systemtechnische Realisierungsobjekte**	49
5.1	Realisierungsobjekte Operationelle Ebene	50
5.2	Realisierungsobjekte Engineering Ebene	51
6.	**Projekt Prototyp PDB/RDB**	52
7.	**Fazit/Ausblick**	53
8.	**Literaturverzeichnis**	56
9.	**Anhang**	57

Zusammenfassung

Der Beitrag beschreibt die Verwendung der objektorientierten Methoden in Leitsystemen und den dazu gehörenden Engineering-Systemen. Der Objektbegriff wird auf leittechnische Themen abgebildet und die Besonderheiten bezüglich der Automatisierungstechnik werden diskutiert. Anhand eines durchgängigen Beispiels werden Vererbung, Klassifizierung, Message und Polymorphismus anschaulich erklärt.

Über ein globales Objektmodell, erstellt nach objektorientierten Prinzipien, wird das verteilte Automatisierungssystem definiert. Dabei wird ein Weg zur Migration zur bestehenden Automatisierungstechnik aufgezeigt, der momentan bei der AEG Systemtechnik prototypsich realisiert wird.

Abschließend erfolgt im Telegrammstil die Vorstellung der für Leitsysteme wichtigen Funktionseinheiten, wobei die verteilte objektorientierte Realzeitdatenbasis, die systemintegrierende objektorientierte Laufzeitorganisation API (Application Program Interface) und die objektorientierte Projektierungsdatenbank besonders hervorzuheben sind.

1. Motivation Objektorientierung

Objektorientierung ist keine Technik, die sich ausschließlich nur für die Entwicklung von Software nutzen läßt. In anderen Bereichen, wie z. B. im Hardwareentwurf wird diese Technik für den effizienten Zusammenbau kompliziertester Platinen benutzt. Ohne die Bausteintechnik wäre diese Arbeit nicht mehr durchführbar. Objektorientierung in der Software ist ebenfalls keine neue Technik. Schon vor ca. 20 Jahren wurden die ersten Ansätze von der Programmiersprache Simula unterstützt.

Warum kann ein Softwaresystem nicht genauso effizient erstellt werden, wie die Hardware und warum nicht ebenso kostengünstig?

Die erste Softwarekrise war begründet in den fehlenden Ablaufstrukturen von Softwareprogrammen. Dieser Mangel wurde durch den Einsatz der strukturierten Programmierung behoben.

Die nachfolgende Softwarekrise lag in der fehlenden Modularität der einzelnen Softwareteile. In vielen Bereichen der Softwaretechnik wird die Modularität mittlerweile durch Unterprogrammtechnik und Zerlegung der Programme in kleinere handhabare Einheiten gewährleiset.

Die steigende Komplexität und Flexibilität von Anwendungssystemen führt in die dritte Softwarekrise, die nur durch neue Verfahren der Software-Technik überwunden werden kann:

Wie kann man bei der Erstellung eines Softwaresystems möglichst viele Teile bereits bestehender und ausgetesteter Lösungen wiederverwenden?

Jeder Informatik-Student in den ersten Semestern kann ein Softwareprogramm schreiben, das aus seiner subjektiven Sicht zwar den Zweck erfüllt, jedoch einen sehr niedrigen Wiederverwendungswert hat. Kleine Softwareprogramme lassen sich relativ einfach und schnell (Quick and Dirty, meist nicht fehlerfrei) schreiben. Bei größeren Systemen steigen die Schwierigkeiten überproportional.

Weiterhin wird eine aussagefähige Analyse des Problems und ein darauf aufbauendes detailiertes Design in den meisten Softwareprojekten als Vorgabe für die Realisierung nicht erstellt.

Heutige Systeme haben häufig Schwierigkeiten bei der kostengünstigen Projektierung, sowie dem Erreichen und Gewährleisten eines in sich konsistenten Systementwurfs. Es werden, - Software ist ein Investitionsgut - große Ansprüche an Flexibilität und Sicherheit gestellt. Die Losgrößen in der Produktion werden aufgrund des hohen Spezialisierungsgrades kleiner. Die Internationalisierung der Märkte, knapper werdende Ressourcen und die in Zukunft wichtiger werdenden ökologischen Prokutionsverfahren sind Schrittmacher für neue technische Entwicklungen und Umstellungen.

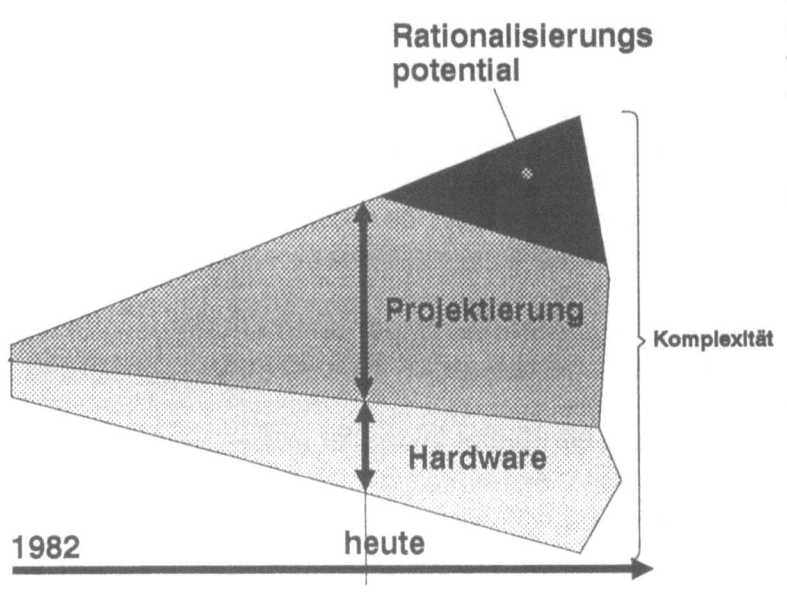

Wie aus der nebenstehenden Skizze ersichtlich, wächst die **Komplexität von Automatisierungssystemen** stetig. Es gibt kaum noch Aggregate, die nicht mit einer eigenen Intelligenz ausgestattet sind. **Ein** Aggregat macht noch keine Anlage. Jedoch für die Zusammenschaltung vieler Aggregate zu einem System und für deren koordinierten und kontrollierten Ablauf sind flexible und leistungsfähige Systeme sowohl für die Systemdefinition als auch für die Systemausführung erforderlich (bis zu 128.000 Prozeßgrößen (Maßstab für Komplexität) in der grundstoffverarbeitenden Industrie). Brachte früher ein Aggregat nur einen Wert in das System ein, so können aufgrund der integrierten Intellegenz mehrere Größen (Status, Betriebsmodus etc) für ein Aggregat vom System abgefragt bzw. gesetzt werden. Auf der anderen Seite fordern die Konsumenten, und dazu zählen: Operator, Statistiker, Qualitätskontrolleure, Technologen, Betriebsführung und Verkäufer immer genauere und mehr Informationen zur Überwachung der Anlage, zur Optimierung der Produktion und zur Qualitätssteigerung bzw für Qualitätsnachweis des Produktes. Und schließlich will der Anlagenbetreiber wissen, wo noch Rationalisierungen möglich sind.

All diese Informationen müssen **erfaßt, verarbeitet, verdichtet, gespeichert, bewegt und letzlich auch gelöscht** werden.

Wo steckt das Hauptrationaliserungspotential für einen Industrieanlagenausrüster in Elektrik und Elektronik?

Die Hardeware ist in den letzen Jahren immer billiger und leitungsfähiger geworden. Die zukünftige Komplexitätssteigerung jedoch kann nur teilweise durch vermehrten Einsatz an Hardware aufgefangen werden. Das Hauptproblem liegt in Software (Projektierung).

Optimierung bestehender Techniken
(Window-Obfl. Rel-DB, Structured Analyse and Design Structured Programing, Entity-Relation-Ship)

Hinwendung zur Objektorientierung
(Objektorientierte Datenbanksysteme
Objektorientierte Analyse
Objektorientiertes Design
Objektorientiertes Projektieren
Objektorientiertes Programmieren
Objektorientiertes Testen)

Folgende Skizze zeigt das Hauptrationalisierungspotential. Der größte Gewinn bezüglich Kosten und termingerechter Lieferung liegt dabei in der Software. Das magische Dreieck: Kosten, Termine und Qualität, darf dabei jedoch nicht zu ungunsten der Qualität verdreht werden. Im heutigen Entwicklungsprozeß von Software für Automatisierungssysteme werden die in der Erstellung von kommerziellen Softwaresystemen erprobten Techniken wie Structured Analyse, Structured Design, Structured Programing und Relationale Datenbanken noch weitesgehend nicht eingesetzt. Mit Einführung bzw. Optimierung dieser Techniken für Automatisierungssysteme können geringe Rationalisierungseffekte erzielt werden.

Neuere Entwicklungen von SPS-Programmiersprachen, basierend auf IEC WG 6, versuchen diesen funktionsorientierten Ansatz in die Anlagentechnik einzuführen.

Zunehmend werden jedoch Systeme gebaut, die auch mit diesen Techniken nicht mehr beherrschbar sein werden.

Mit der objektorientierten Technik wird ein höheres Maß an Rationalisierung in der Bewältigung von immer komplexeren Aufgabenstellung möglich sein. Die nachfolgende Beschreibung eines momentan bei der AEG in Realisierung befindlichen objektorientierten Systems für Engineering und Run-Time zeigt an vielen Stellen dafür die Vorteile des objektorientierten Ansatzes.

2. Beispiel Mischer

Das hier vorgestellte Beispiel umfaßt einen kleinen Ausschnitt einer umfassenderen Automatisierung einer Stahlbehandlungsanlage und beschäftigt sich mit der Automatisierung von drei Mischern gleichen Typs.

Anforderungsbeschreibung

Ein Mischer besteht aus 2 Flüssigkeitstanks zur Aufnahme von unterschiedlichen Flüssigkeiten, die über je ein Zulaufventil gefüllt werden.

Die Füllstände der Tanks sind über einen Eingabeschieber vorgebbar. Jeder Tank ist mit einem Füllstandssensor ausgestattet.

Nachdem die Tanks gefüllt sind, werden die Flüssigkeiten über einen motorgetriebenen Mixer gemixt und in einen Kessel weitergeleitet. Über ein Drehknopf kann dabei das Verhältnis der Flüssigkeiten bestimmt werden.

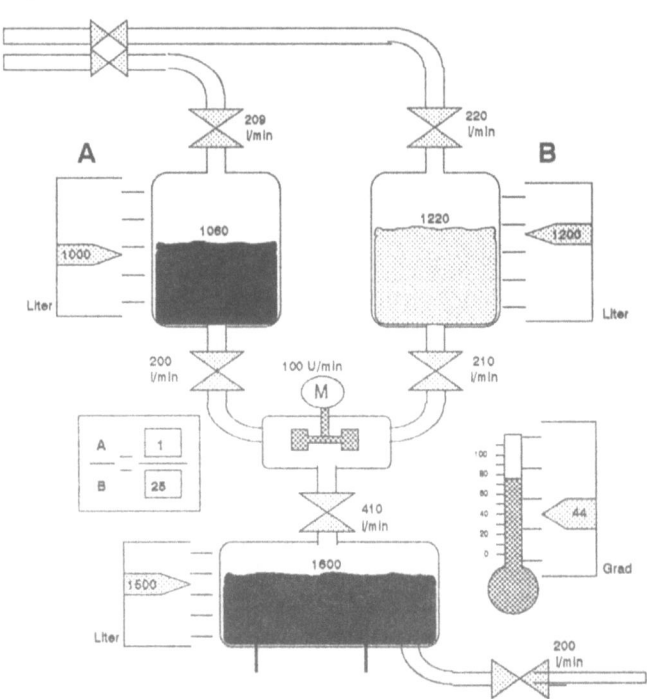

Nach dem Füllen des Kessels (auch hier ist die Füllstandsmenge über einen Eingabeschieber vorgebbar) wird die Flüssigkeit auf eine bestimmte vorgebbare Temperatur erhitzt. Danach erfolgt die Entleerung des Kessels.

Die Eingabeschieber der Tanks und des Kessels, der Verhältnisdrehknopf sowie die digitale Eingabe der Temperatur sind je nach Betriebsart (Service / Hand / Automatik) sowohl über den bedienbaren Monitor (bei Hand und Automatik) als auch über den Bedienpanel am Mischer direkt (Hardwarelösung bei Service) bedienbar.

Das Beispiel wird im folgenden zur Erläuterung der Mechanismen und Merkmale der objektorientierten Technik verwendet.

3. Vorteile Objektorientierung

Nach ein paar allgemeinen Bemerkungen zum Softwarerstellungsprozeß werden in den darauf folgenden Abschnitten die einzelnen Merkmale der objektorientierten Technik kurz angeschnitten und die Verwendung in Automatisierungstechnik wird anhand des oben vorgestellten Beispiels dargestellt. Dabei werden jeweils die Vorteile des objektorientierten Ansatzes diskutiert.

3.1 Softwareerstellungsprozeß

Objektorientierung ändert in mancherlei Hinsicht den Ablauf von Automatisierungsprojekten.

In heutigen klassischen Verfahren der Softwareerstellung wird versucht, das zu erstellende Softwaresystem in möglichst großer Feinheit und Genauigkeit zu entwerfen und zu spezifizieren, bevor mit der Realisierung begonnen wird. Dadurch werden Design-Entscheidungen notwendig, die teilweise nur durch Annahmen und Erfahrungen des Designers begründet sind.

Ob diese Entscheidungen richtig sind oder nicht, stellt sich häufig erst in der Realisierungsphase heraus. Eine Revidierung der fehlerhaften Entwurfsentscheidung kann zur Folge haben, daß der gesamte Entwurf neu gestaltet werden muß. Diese Konsequenz wird häufig nicht gezogen und die Software wächst unkontrolliert, wird meistens nicht zeitgerecht fertig und sprengt den Kostenrahmen.

Neue Methoden der Softwareentwicklung gehen deshalb davon aus, daß es prinzipiell nicht möglich ist, komplexe Systeme bis in alle Einzelheiten entwerfen zu können. Vielmehr müssen Entwurfsentscheidungen durch prototypische Implementierungen verifiziert werden. Das externe Verhalten der Software, meist ausgedrückt durch Oberflächen, muß in Zusammenarbeit mit dem zukünftigen Benutzern erarbeitet werden. Dabei sind prototypische Implementierungen von Oberflächen hilfreich.

Vorraussetzung für diese Art der Softwareentwicklung ist eine leistungsfähige Entwicklungsumgebung, in der die Wiederverwendung bzw. Adaption bereits bestehender Software, kurze Turn-Around Zeiten in der Erstellung, komfortable Browsing-Werkzeuge, integrierte Datenmodellierung und komfortable Testmöglichkeiten geboten werden.

Prozeßautomatisierungstechnik gestaltet sich häufig noch dadurch schwieriger, weil Zeitbedingngen verstärkt berücksichtigt werden müssen. Während Softwaresysteme der kommerziellen Vorgangsverarbeitung mehr durch Anwendungsorganisationen in der Oberfläche geprägt sind, stehen in Automatisierungssystemen mehr Realzeit und Gleichzeitigkeit im Vordergrund. Die Richtigkeit von Zeitbedingungen vor Einsatz des Systems am "heißen Prozeß" ist häufig nur durch umfangreiche Simulationen verifizierbar.

Kann der zukünftige Nutzer (Anlagenbetreiber, Operator etc) den Softwareerstellungsprozeß nicht nur unbeteiligt beobachten, sondern aufgrund der Transparenz tatkräftig unterstützen, so wird einerseits Vertrauen in die Automatisierung geschaffen und anderseits wird die prophylaktische Form des Testens gefördert.

3.2 Abstraktion

Abstraktion ist kein Begriff, der von der Objektorientierung geprägt wird; vielmehr ist Objektorientierung dazu geeignet, diese Form des Begreifens praktisch zu unterstützen.

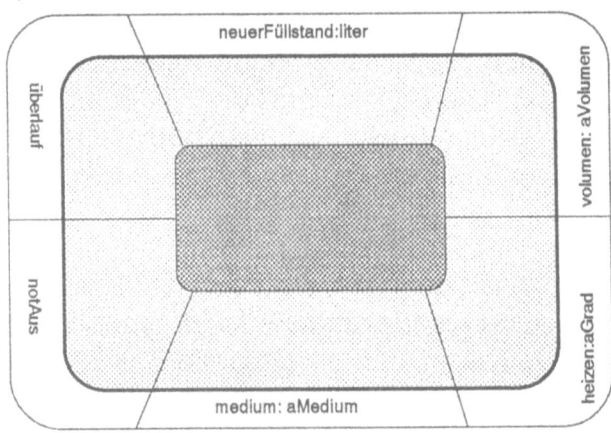

Der im Beispiel vorgestellte Kessel ist von außen nur über die eigens für den Kessel formulierte Schnittstelle ansprechbar. Diese Schnittstelle (auch Methodenprotokoll genannt) verdeckt die innere Realisierung mit den Zuständen und der Implementierung der einzelnen Schnittstellenfunktionen. Für die äußerliche Betrachtung ist dies auch nicht wichtig; entscheidend ist nur, daß der Kessel die im Methodenprotokoll vereinbarten Funktionen korrekt durchführt. Wird der Service **neuerFüllstand:liter** von einem Kessel abverlangt, so braucht derjenige, der den Service fordert, nicht zu wissen, ob der Kessel sich schwerkraftbedingt über ein Zulaufventil füllt, oder durch eine zusätzliche Pumpe gefüllt wird.

3.3 Kapselung

Neben Abstraktion ist die Kapselung ein wichtiger Begriff, der wiederum nicht durch die Objektorientierung geprägt ist, jedoch durch die Objektbildung praktisch unterstützt wird.

Die innere Realisierung des Kessel-Objektes wird nach außen gekapselt. Die innerern Zustände wie volumen, **istFüllstand, sollFüllstand medium** usw. sind von außen nicht direkt abrufbar. Diese Zustände können nur indirekt über die Schnittstelle des Objektes erreicht werden, oder sind teilweise für die Umgebung des Objektes verborgen.

Der Austausch von Methodenimplementierungen, sofern die neue Implementierung der Spezifkation des Objektes entspricht, erlaubt Änderungen an Teilsystemen vorzunehmen, ohne daß das restliche System davon be-

Objektorientiertes Datenmanagement
in Automatisierungssystemen

rührt wird.

Im Beispiel bleibt das äußere Verhalten des Kessels unverändert, wenn

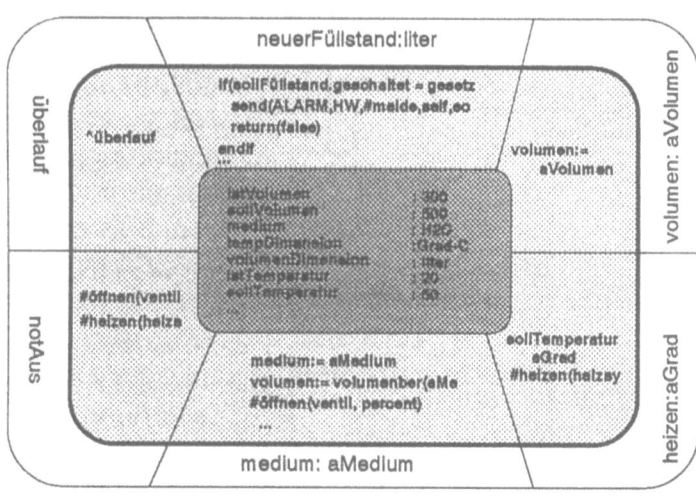

statt eines einfachen schwerkraftbedingten Zulaufs das Füllen über eine Pumpe erfolgt. In der Methode **neuerFüllstand:liter** des Kessels würden nicht nur neue Parameter für das Zulaufventil vorgeben werden, sondern evtl. ein Objekt Pumpe beauftragt, den Tank zu füllen.

Durch die Kapselung der inneren Zustände von Objekten wird die Erfüllung der in der Prozeßtechnik geltenden Sicherheitsanforderungen besonders unterstüzt.

3.4 Objekt

Das wichtigste Element der objektorientieren Technik ist das Objekt. Die reale Welt wird verstanden als eine Menge von miteinander kommunizierenden Objekten, die mit der objektorientierten Technik möglichst genau in Strukturen des Rechners abgebildet werden.

Ein Objekt kapselt beides: Funktionen und Daten. Ein Objekt enthält bestimmte Informationen (Zustände) in Form von Daten und weiß wie bestimmte Operationen darauf ausgeführt werden. Ein Objekt hat eine öffentliche Schnittstelle und ein privates Innenleben.

Die Abbildung zeigt Objekte, die in der Automatisierung des Mischers eine Rolle spielen. Die Suche nach Objekten, die in einer gegebenen Problemstellung zum Lösungsbereich gehören, ist eine der anspruchsvollsten Aufgaben des Projektierungsingenieurs.

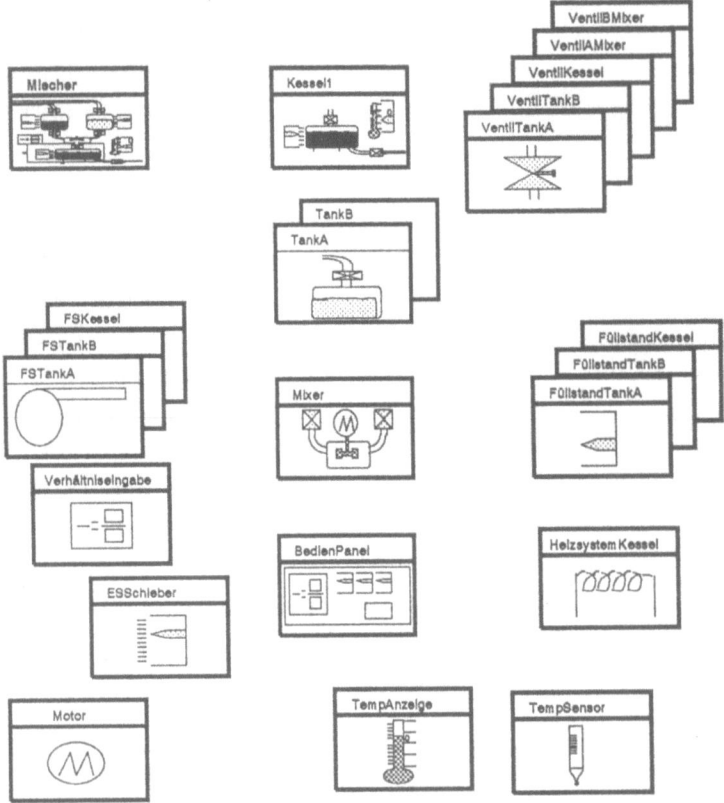

In [COYOU] werden mögliche Objektquellen abstrakt beschrieben. Objekte können gefunden werden, in dem man nach Strukturen sucht: z. B. Kessel ist eine Struktur bestehend aus Ventil, Sensor, Heizsystem. Objekte sind auch Plätze, Orte, Einbaustellen: z. B. Stelle an dem der Mischer im Produktionsbereich eingebaut ist. Organisationen sind Objekte: z. B. der Operator, der die Anlage bedient. Weiterhin sind Objekte notwendig, die dazu dienen, sich etwas zu merken: z. B. Archiv-Objekte zur nachfolgenden statistischen Auswertung. Weiterhin lassen sich Objekte aus anwendungsorganisatorischen Vorgängen ableiten, die zwar keinen direktes Abbild in der Anlage haben, aber für den Lösungsbereich notwendig sind: z. B. Kommissionen für Produktionsfolgen, Betriebsarten usw. Die wichtigste Objektquelle in der Anlagenautomatisierung sind Devices: z. B. Sensoren, Aktoren, Aggregate etc, die direkt aus der Anlagengeometrie bzw. Beschreibungen abgelesen werden können.

In [StoGö83] werden Objekte vom Ergebnis her charakterisiert:

> Jeder Gegenstand in einem objektorientierten System ist ein Objekt [...] Objekte sind individuelle Artefakte, die sowohl aktive als auch passive Rollen spielen.

Objektorientierer in der Automatisierungtechnik haben es teilweise einfacher, Objekte zu finden, als ihre Kollegen in der kommerziellen Vorgangssoftware. Viele Objekte verkörpern ein Abbild eines Ausschnittes der realen Welt (z. B. Ventil, Kessel, Tank etc), während in der kommerziellen Welt abstrakte Dinge zu Objekten deklariert werden müssen, die sich ausschließlich aufgrund der betrieblichen Anwendungsorganisation ergeben

(z. B. Buchung, Reisekostenantrag oder Rechnung).

Die Objektsuche für den Projektanten wird erheblich vereinfacht, wenn er aus einer großen Anzahl von bereits bestehenden Objektbeschreibungen (Klassen, siehe nächstes Kapitel) die entsprechend zum Lösungsbereich passenden Objekte bilden kann, d. h. Objekte aus früheren Realisierungen verwenden kann.

Für Aufgabenstellungen aus dem Bereich der Steuerung technischer Prozesse wird in [Hill88] empfohlen, zunächst die Kontrollabläufe zu identifizieren und diese als aktive Objekte aufzufassen. Dieser Ansatz geht mehr von der funktionalen Seite der Lösung des Problems aus, wobei bei Aufgaben des Datenhandlings der strukturelle und datenmäßige Anteil von Objekten mehr im Vordergund steht.

Je nach Problemstellung und Erfahrung des Projektingenieurs wird er sich diesen oder jenen Objektquellen mehr bedienen.

In den gefundenen Objekten - sie stellen Themen der realen Welt dar - lassen sich zusätzliche nicht nur für die Lösung unmittelbar benötigte Informationen und Definitionen halten und verwalten, sondern sie können gleichzeitig für betriebliche Informationszwecke erweiterte Informationen aufnehmen (z. B. Textliche Erläuterungen, Graphiken etc). Weiterhin sind Objekte nicht nur Abstraktions- bzw. Ausführungseinheiten, sondern gleichzeitig Erstellungs und Maintenierungseinheiten. Objekte können versioniert werden - der Projektierungszustand wird durch Maintenierungs-Funktionen der Objekte selbst gepflegt. History-Logging und Derivation-Control erfolgt ebenfalls in der Objekten selbst. Jedes Objekt kann durch einen eigenen Zugriffsschlüssel vor unberechtigten Zugriff geschützt werden [OlBaMü91].

Das eingangs dieses Kapitels dargestellte Objekt zeigt das Objekt **KesselM1** (Kessel des Mischers M1) mit seinem innerer Aufbau. Jedes Objekt hat eine Identifikation, Verwaltungsdaten, Attribute zur Aufnahme der inneren Zustände und einen Beziehungsteil.

Das Objekt selbst, wie es hier dargestellt ist, beinhaltet keine Funktionen. Die Funktionen und weitere Eigenschaften werden in einem weiteren wichtigen Element der Objektorietierung, in der **Klasse** beschrieben. Jedes Objekt ist Exemplar einer Klasse und hat dazu einen Verweis auf seine Klasse.

Objektorientiertes Datenmanagement
in Automatisierungssystemen

3.5 Klasse

Objekte mit dem gleichen Verhalten und gleichen inneren Zuständen brauchen nur einmal beschrieben zu werden. Das Beschreibungselement dafür ist in der Objektorientierung die Klasse. Oder umgekehrt, eine Klasse ist eine generische Spezifikation für eine Anzahl gleichartiger Objekte. Man kann eine Klasse auch als ein Muster verstehen, von dem beliebig viele Exemplare erzeugt werden können.

Wie im Abschnitt **Objekt** beschrieben, hat jedes Objekt einen Verweis auf seine Klasse. Das Objekt selbst ist erst vollständig zusammen mit seiner Klasse beschrieben.

Das nebenstehende Bild zeigt die Klasse Kessel. In der Klasse wird alles beschrieben, was Exemplare dieser Klasse wissen und was sie leisten. Eine Klasse hat, ebenso wie Objekte, wiederum eine eindeutige Identifikation.

Im Teil **Attribute** werden die Attribute beschrieben mit den Initialwerten, die die davon gebildeten Exemplare bei der Intialisierung erhalten sollen.

Der Teil **Methoden** [1] enthält die Implementierungen der Funktionalität der von dieser Klasse erzeugt Objekte. Die Implementierung einer Methode gehört stets zum privaten Teil eines Objektes. Beim Empfang einer Message wird die darin enthaltene Operation auf eine Methode abgebildet, deren Algorithmus dann zur Ausführung kommt (Siehe auch Kapitel Message).

---

[1] In der Objektorientierung werden Funktionen Methoden genannt im Unterschied zu allgemeinen Funktionen im prozeduralen Paradigma

Im Teil **Beziehungen** werden die Beziehungen spezifiziert, die Exemplare dieser Klasse zu anderen Objekten (Exemplare anderer Klassen) aufnehmen dürfen (siehe Kapitel Strukurierung).

Im Teil **Sichten** werden Zusammenfassungen von Attributen vorgenommen. Die Zusammenfassungen werden vorgenommen in Hinblick der Nutzung dieser Attribute durch Standardfunktionseinheiten (z. B. Alarmierung Visualisierung etc) und Nutzung der Attribute durch Funktionseinheiten Steuerungen und Regelungen, die mit SPS-Technik realisiert sind.

Je nach Installation dieser Funktionseinheiten auf Stationen, müssen die in der Zusammenfassung enthalltenen Attribute von Objekten in diesen Stationen bekannt sein (siehe Projektierung Verteilung).

3.6 Vererbung

Vererbung ist die Möglichkeit, das Wissen und die Leistung von Klassen und deren Exemplare an andere Klassen und deren Objekten weiterzugeben, ohne daß die abgeleiteten Klassen vollständig neu definiert werden müssen. Die heutige Praxis der Wiederverwendung von Softwareteilen geschieht meistens über '**Copy and modify**', d. h. die bereits bestehende Softwareeinheit wird in die neue Umgebung kopiert und entsprechend den Erfordernissen der neuen Umgebung modifiziert. Meist geschieht dies ungeordnet ohne jegliche Systematik.

Viele Softwareteile, wie z. B. Sortieralgorithmen, werden, a) da bereits bestehende Implementierungen nicht auffindbar sind, neu entwicklelt oder b) weil bestehende Implementierungen gerade nicht genau das Problem lösen kopiert und im Code modifziert (siehe auch Kapitel Klasse).

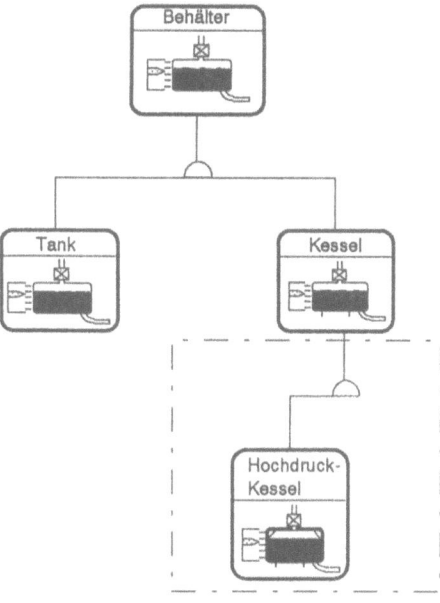

Schon das kleine Mischer-Beispiel zeigt, wie die Vererbung ausgenutzt werden kann.

Nebenstehendes Bild zeigt die Vererbungshierachie Behälter, Tank, Kessel und Hochdruckkessel. Die allgemeine Klasse Behälter beschreibt die Eigenschaften eines Behälters sowohl in den Attributen als auch im Verhalten. Ein Behälter verwaltet seinen momentanen Füllstand (istFüllstand, sollFüllstand), das momentan gespeicherte Medium (medium), den unterern und oberen Grenzwert für den Füllstand sowie das momentane maximale Volumen (volumen). Methoden (Funktionalität) des Behälters sind die Vorgabe und Abfage des Füllstandes (neuer Füllstand:liter, füllstand), die allgemeine Methode **notAus** sowie die Abfage des momentanen möglichen Volumens.

Viele Eigenschaften eines allgemeinen Behälters treffen auch für den Kessel zu. Deshalb kann in der Objektorientierung eine Klasse Kessel erstellt werden, die Unterklasse von Behälter ist. Damit erbt die Klasse Kessel automatisch alle Eigenschaften der Klasse Behälter (alle Methoden und Attribute). In der Klasse Kessel können nun die spezifischen Kesseleigenschaften hinzugefügt werden.

In diesem Fall sind die Attribute istTemperatur, sollTemperatur, tempObererGrenzwert, tempUntererGrenzwert in der Klasse Kessel mit aufgenommen. Als neue Methoden sind neueTemperatur:aGrad zum Setzen der Temperatur sowie temperatur zur Abfrage der momentanen Kesseltemperatur hinzugefügt worden. Da Kessel Unterklasse von Behälter ist, verstehen Exemplare von Kessel sowohl die Methoden eines Behälters als auch die hinzugefügten Methoden eines Kessels.

Diese Adaption von bereits Bestehenden ist die Form der Wiederverwendung, die im Gegensatz der 'Copy und Modify'-Methode, erhebliche Einsparungen sowohl in der Projektierung als auch im Test ermöglicht.

3.7 Polymorphismus

Polymorhpismus ist die Möglichkeit, zweier oder mehrerer Klassen von Objekten auf die gleiche Nachricht in ihnen ihrer eigenen Weise zu reagieren. Ein Objekt muß nicht notwendigerweise wissen, wem es eine Nachricht schickt, es muß nur wissen, daß das Objekt, denen es eine Nachricht schickt, die in der Nachricht enthaltene Anforderung erfüllen kann.

Da die Anforderung in einer Nachricht erst beim Empfang der Nachricht durch das Objekt einer Methode zugeordnet wird, weiß der Absender nichts von der ausführenden Methode. Es muß lediglich sichergestellt sein, daß das Empfängerobjekt in seiner Schnittstelle eine passende Methode bereitstellt.

Im Mischer-Beispiel könnte implementiert werden, daß jedes Objekt die Nachricht notAus versteht, d. h. die Methode **notAus** implementiert hat. Es wird zwar in jedem Objekt unterschiedlich auf die Nachricht reagiert, erfüllt wird aber bei jedem Objekt die Funktion notAus. notAus beim Mixer bedeutet evtl. die Schließung der zugehörigen Zulaufventile und Abschalten des Motors während notAus beim Kessel dazu führt, daß das zugehörige Zulaufventil abgeschaltet wird und das Heizsystem auf Null gestellt wird.

3.8 Message

Auf ein Objekt kann nur über seine öffentliche Schnittstelle zugegriffen werden, in dem eine Message an das Objekt gesendet werden.

Eine Message besteht aus der Identifikation (Name bzw. Nummer) des Empfängers, den Namen einer Operation, die das Empfängerobjekt versteht und einer Anzahl von Argumenten.

Das Objekt, das eine Message empfängt, bildet die in der Message enthaltene Operation auf eine bei sich realisierte Funktion (Methode) ab. Art und Zeitpunkt der Reaktion auf eine Nachricht wird ausschließlich von der Implementierung des angesprochenen Objektes bestimmt und hängen nicht vom Zusammenspiel mit logisch oder textuell weit entfernten Objekten ab[Schn91].

In der Automatisierungstechnik wird das Client-Server Prinzip häufig eingesetzt, um Funktionalitäten nach Diensterbringer (Server) und Dienstanforderer (Client) zu modularsieren und entkoppelt voneinander ablaufen zu lassen. Der Dienstanforderer sendet dem Diensterbringer eine Message und erhält ggf. in der Antwort Informationen über das Ergebnis. Der Diensterbringer selbst kann zur Erfüllung seines Dienstes zum Client werden in dem er von anderen Objekten Services anfordert.

In einem objektorientierten System ist dies das einzigste Prinzip der Verarbeitung und des Kontrollflusses. Zur Erfüllung einer Aufgabe senden Objekte anderen Objekten Messages, die wiederum andere Objekte über Messages in die Erfüllung dieser Aufgabe mit einbeziehen. Die sich damit aufbauenden Kollaborations-Strecken können für jeden Dienst systemtechnisch in ihrer Wirkung überprüft und in ihrer beanspruchten Ausführungszeit gemessen werden. Die Forderung nach deterministischen Verhalten von Prozeßsystemen kann somit erfüllt werden.

Im Gegensatz zu kommerziellen Applikationen ist die Gleichzeitigkeit ein wichtiges Merkmal der Prozeßtechnik. Gleichzeitigkeit bedeutet auch konsistente Systemzustände in verschiedenen topologisch verteilten realisierungstechnischen Objekten zu gewährleisten. Dazu wird die Möglichkeit vorgesehen, gleichzeitig Messages (Multi Cast) an verschiedene Objekte senden zu können. Wird z. B. ein Sollwert gleichzeitig an verschieden Orten in einer verteilten System benötigt, so kann eine Multi-Cast-Message an verschiedene Empfänger formuliert werden.

Weiterhin können Messages asynchron abgesandt werden, d. h. der Absender einer Message deklariert seine Message als asynchron, worauf der Empfänger der Message eine asynchron Abarbeitung der Message beginnt (in einem eigenen Thread) Der Absender der Message fährt ungeachtet der Erfüllung des mit der Message beabsichtigten Services in seinem Kontrollfluß fort und synchronisiert sich zu gegebener Zeit mit seinem Diensterbringer.

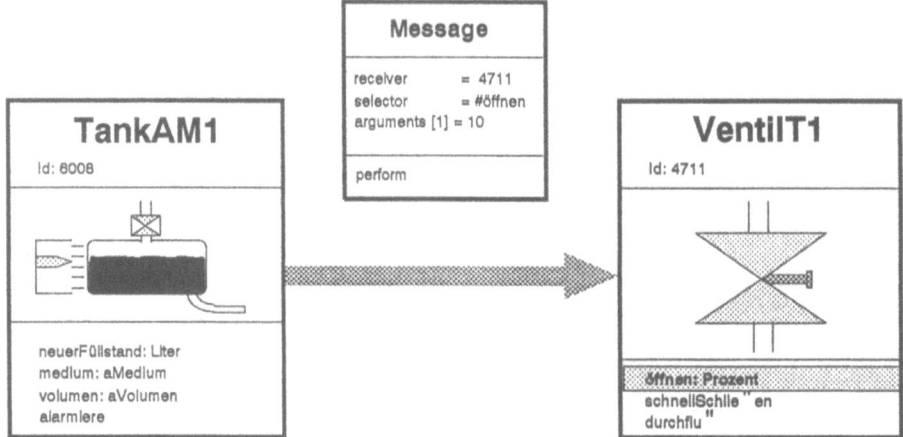

Im Mischer-Beispiel kann z. B. zur Erfüllung des Services neuerFüllstand:liter im Objekt Tank die Message öffnen:prozent an das Zulaufventil asynchron abgeschickt werden. Der Service öffen:prozent wird dann vom Ventil asynchron ausgeführt, d. h. diese Methode wird von einer zusätzlichen Ausführungseinheit (z. B. Task, Thread) ausgeführt. Auf die erwartete Anwort von Ventil wird zum späteren Zeitpunkt synchronisiert.

Messages werden durch Ereignisse ausgelöst. Ereignisse sind Signale von Sensoren, Bedieneingaben der Operatoren, vom System erkannte Änderungen von Prozeßzuständen, vom System erkannte Ausnahmesituationen des Prozesses, bzw. Ausnahmesituationen des Automatisierungssystems selbst. In der objektorientierten Vorgehensweise werden Ereignisse auf Messages abgebildet.

Für den Aufbau eines Systems mit objektorientierter Technik ist die Beschäftigung mit Ereignissen wichtig. Für jedes Ereigniss kann eine geignete Message hinterlegt werden, in der das auf das Ereignis zu reagierende Objekt und die auszuführende Operation enthalten ist. Bei Eintreffen des Ereignisses wird diese Message ausgelöst und somit von einer Methode des Objektes ausgeführt.

Zur Gestaltung von Oberflächen wird das MVC-Prinzip (Model View Control) [GoRo83] benutzt. Den durch Bedienung ausgelösten Ereignissen (z. B. Mouse Down, Mouse Up) werden Messages (Call Back) auf Model-Objekten hinterlegt, die dann z. B. bei Betätigung der Mouse ausgelöst werden. In den Model-Objekten wird dann in geigneter Weise, z. B. durch Positionierung des Cursors, reagiert.

Ebenso können auch für Anlagensignale Messages hinterlegt werden, die dann durch geignete Model-Objekte abgearbeitet werden. Im Mischer-Beispiel könnte für das Ereignis **Betätigung Eingabeschieber eines Tanks** die Message: **Tank neuerFüllstand:liter** hinterlegt werden. Wird jetzt ein neuer Füllstand durch den Operator vorgeben, so wird diese Message ausgelöst und vom Objekt Tank durch die Methode neuerFüllstand:liter bearbeitet.

3.9 Strukturierung

In der objektorientierten Vorgehensweise wird die Welt, bestehend aus einer Menge von Umweltobjekten, auf eine Menge von miteinander kommunizierenden Objekten abgebildet, die von einem Computer verwaltet und ausgeführt werden können.

Damit Objekte miteinander kommunizieren können, müssen sie miteinander in Beziehung gesetzt sein, d. h. ein Objekt, das eine Message an ein anderes Objekt senden will, muß zumindest den Bezeichner des anderen Objekte kennen. Die Kommunikationsbeziehung von Objekten ist für den Kontrollfluß in einem objektorientierten System wichtig.

Für die Definition und Ordnung von Objekten dienen weitere Arten von Beziehungen, die teilweise mit den Kommunikationsbeziehungen überlappend sind.

In [CouYou91] werden die drei Formen der Organisation des menschlichen Denkens, entnommen aus der Encyclopaedia Britannica [Britannica, "Classification Theory," 1986], dargestellt.

1.) the differentiation of experience into particular objects and their attributes - e.g., when they distinguish between a tree an its size or spatial relations to other objects,

2.) the distinction between whole objects and their component part - e.g., when they contrast a tree with its component branches, and

3.) the formation of and the distinction between different classes of objects - e.g., when they form the class of all trees and the class of all stones and distinguish between them.

Die erste Form ist wichtig bei der Suche nach Objekten (siehe Kapitel Objekt).

Die dritte Form wird in der objektorientierten Technik durch die Zusammenfassung von gemeinsamen Eigenschaften von Objekten zu Klassen unterstützt. Alle Objekte sind Exemplare von Klassen. Jedes Objekt steht somit in einer Exemplar-Von Beziehung zu seiner Klasse.

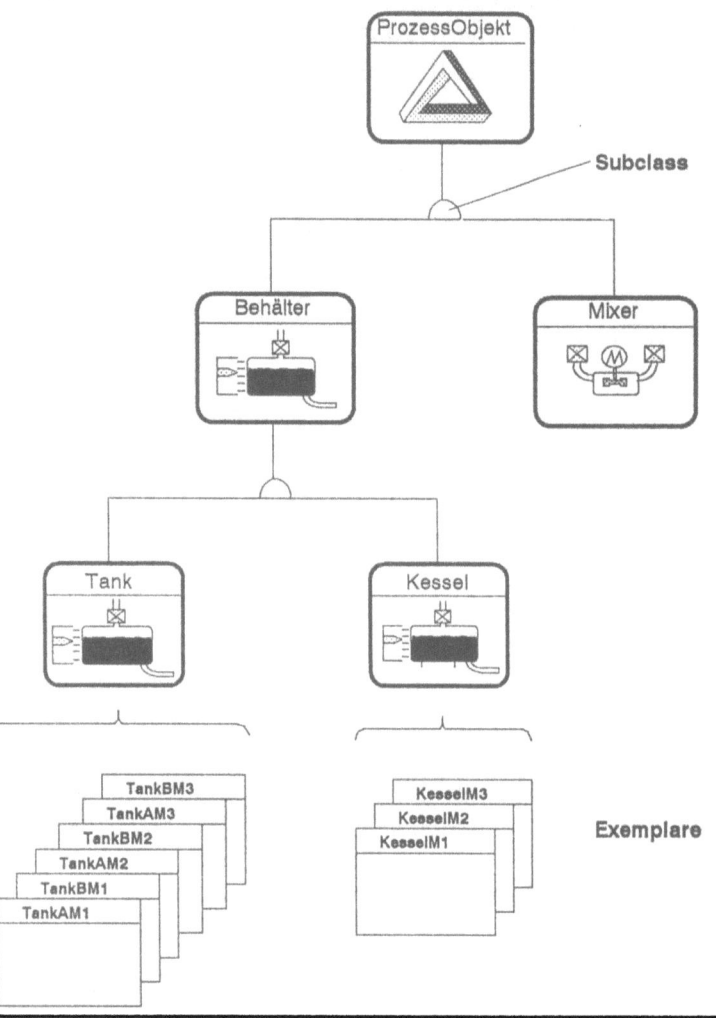

Die Objekte Tank-AM1, TankBM1 ... TankBM3 sind Exemplare der Klasse Tank. Jedes Exemplar kann das einem Tank spezifizische Wissen (medium, ist-Füllstand) aufnehmen und alle Tanks verhalten sich so wie es in den Methoden der Klasse Tank implementiert ist.

Von einer einmal definierten Klasse können beliebig viele Exemplare erzeugt werden. Im Gegensatz zu allgemeinen objektorientierten Laufzeitumgebungen, in denen Exemplare dynamisch während der Laufzeit erzeugt werden, werden in objektorientierten Systemen der Prozeßtechnik die Exemplare bereits während der Initialisierungszeit des Systems erzeugt und mit den auf Klassenebene vordefinierten Initialwerten initialisiert. Bei Übernahme der Prozeßsteuerung durch das Automatisierungssystem (Umschalten auf Betriebsart ONLINE) sind dann bereits alle Exemplare vorhanden und können über Messages angesprochen und ihre Funktionalität erfüllen.

Die Lebensdauer eines Prozeßobjektes entspricht somit der Lebensdauer des Systems selbst. Es brauchen zur Laufzeit keine Objekte angelegt bzw. gelöscht zu werden. Dadurch entfällt die dynamische Bereitstellung bzw. Freigabe von Betriebsmittel während des Prozeßlaufes (Speicherplatz für Objekte) wodurch die nichtdeterministische Objektspeicherorganisation, wie sie bei objektorientierten Laufzeitumgebungen, z. B. Smalltalk üblich ist, umgangen wird.

Es besteht jedoch die Möglichkeit, während der Laufzeit des System dynamisch neue Exemplare zu projektieren, um evtl. Funktionen zu erweitern bzw. Funktionalität auszutauschen. Dadurch, daß Objekte nur über Messages erreichbar sind, und es in der Verantwortung der Objekte selbst liegt, welche Methode auf eine Message ausgeführt wird, können dynamisch während des Prozeßbetriebes neue bzw. geänderte Objekte in das System eingefügt werden.

Eine weitere Beziehung zwischen Klassen ist die Vererbungsbeziehung. Über Vererbung wird die Oberklassen- und Unterklassenbildung realisiert

Häufig kommt die Situation auf, daß ein Modul zwar geringfügig, aber in einer ursprünglich nicht vorhergesehen Weise geändert werden muß. Ein typisches Beispiel sind Ergänzungen zur Bearbeitung bestimmter Sonderfälle, die bisher keine Rolle spielten [SCHN91]. In [Mica88] werden in der Übersicht drei Verfahren diskutiert, die den Softwareplegern zur Bewältung dieses Problems zur Verfügung stehen:

1.) Modifikation des Moduls

2.) Modifikation der Kopie des Moduls

3.) Definition einer verwandten Klasse

Das erste Verfahren führt leicht zu großen unübersichtlichen Moduln mit vielen Fallunterscheidungen, wobei leicht Seiteneffekte zu anderen Komponenten auftreten können. Das Kopieren und Modifzieren (zweite Form) verhindert zwar die möglichen Rückwirkungen auf andere Komponenten, setzt aber eine sorgfältige Versionsführung voraus. Nur durch organisatorische Maßnahmen kann sichergestellt werden, daß Änderungen an Basisstrukturen in allen verwandten Moduln nachgetragen werden.

In der objektorientierten Vorgehensweise wird eine Änderung einer Oberklasse automatisch für alle Unterklassen wirksam. Erhält im Mischer-Beispiel der Behälter zusätzlich ein Überlaufventil, so wird diese Eigenschaft automatisch auf alle Tanks und Kessel dadurch übertragen, daß sie Unterklassen von Behälter sind und von Behälter diese Eigenschaft erben.

Die zweite Form der Organisation menschlichen Denkens ist, jedes Objekt als ein Ganzes von Teilen zu betrachten und umgekehrt jedes Objekt als Teil vom Ganzen.

Dieses führt zu einer weiteren wichtigen Beziehung zwischen Objekten: die Besteht-Aus Beziehung

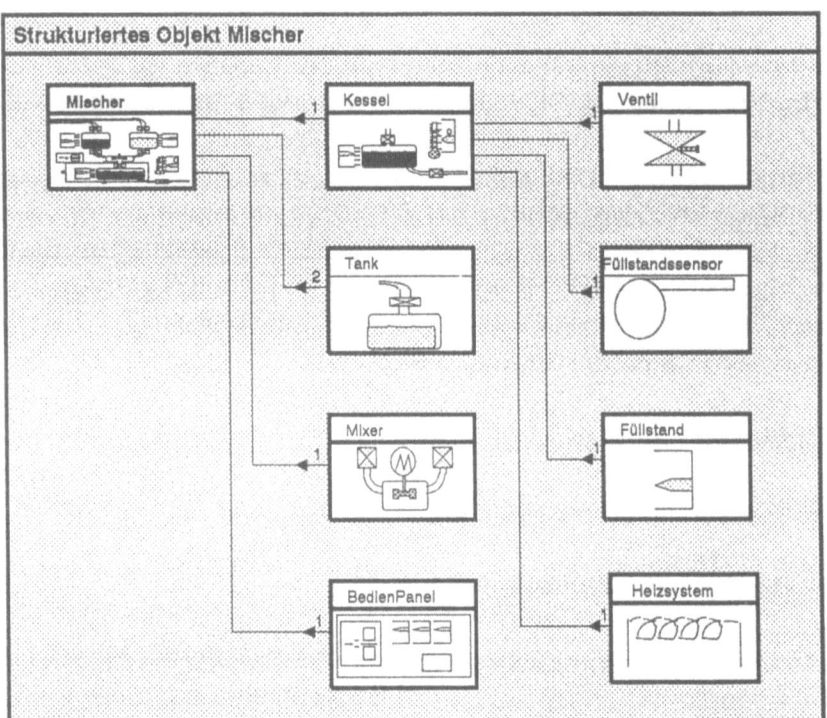

Besteht-Aus Beziehungen werden bereits auf Klassenebene spezifiziert. Die Exemplare dieser Klassen können dann nur Beziehungen zueinander aufnehmen, die zwischen ihren Klassen spezifiziert wurden. Über Kardinalitätsangaben können die Beziehungen näher bestimmt werden.

Im Beispiel besteht ein Exemplar Mischer aus zwei Exemplaren der Klasse Tank, einem Exemplar der Klasse Kessel, einem Exemplar der Klasse Mixer und einem Exemplar der Klasse BedienPanel. Ein Exemplar der Klasse Kessel besteht aus einem Ventil, einem Füllstandssensor und einer Füllstandsanzeige und einem Heizsystem. Die Besteht-Aus-Beziehungen der anderen Objekte sind aus zeichentechnischen Gründen nicht aufgeführt.

Dieses grau hinterlegt Objekt wird als komplexes bzw. strukturiertes Objekt bezeichnet. Ein Strukturiertes Objekt ist eine Bündelung von Objekten, die in einer Besteht-Aus-Beziehung zueinander geordnet sind.

Besteht-Aus Beziehungen sind:

- Etwas ist montagemäßig Teil eines Ganzen (z. B. Motor ist Teil eines Autos).
- Etwas ist Inhalt (z. B. Bier ist Inhalt einer Bierflasche)
- Etwas ist Teil einer Sammlung (z. B. Messwert ist ein Wert eines Kurvenobjektes)

Zu den im Kapitel **Objekt** aufgeführten möglichen Quellen für die Suche nach Objekten gehört, erst jedes Objekt als Teil eines Ganzen zu betrachten und umgekehrt von jedem Objekt zu fragen, woraus es besteht [CoYou91].

Strukturierte Objekte vereinfachen die Handhabung komplexer Automatisierungsstrukturen. Strukturierte Objekte können gesamthaft

- **erzeugt**,
- **kopiert**,
- **bewegt**,
- **selektiert** (z. B. von Platte),
- **archiviert** und schließlich auch
- **gelöscht**

werden.

Im Mischer-Beispiel kann durch einen einzigen Auruf ein strukturiertes Objekt Mischer erzeugt werden. Durch geeignete Makropierung werden dabei die Initialwerte und Namensbezeichner der gebildeten Exemplare vorbelegt.

3.10 Realzeitaspekte

Die besonderen Realzeitaspekte der Prozeßtechnik wurden teilweise bereits in den vorangegangenen Kapitel angesprochen.

Die besonderen Merkmale sind:

- Gleichzeitigkeit,
- Rechtzeitigkeit und
- Sicherheit.

Zur Unterstützung der Gleichzeitigkeit werden Multi-Cast Messages bzw. asynchrone Messages (s. o.) in dem hier betrachteten objektorientierten System vorgesehen.

Weiterhin können Objekte zu Synchronisationszwecken zu sog. Concurrency Objects deklariert werden.

Gleichzeitig eintreffende asynchrone Messages werden von einem Concurrency Object sequentiell ausgeführt. Die Konsistenz des innere Zustandes eines Objektes ist dadurch für einen Message-Auruf gesichert.

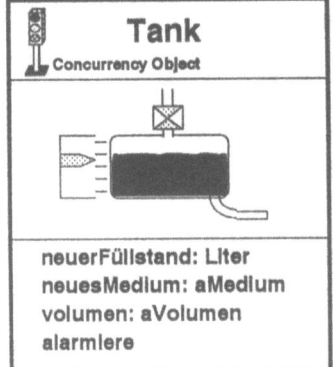

Durch die Möglichkeit, über Projektierung Objekte als Concurreny Objects deklarieren zu können, wird der Synchronisationsaufwand für gleichzeitig auf gleiche Objekte arbeitende Prozesse erheblich vereinfacht. Die Dienstanforder brauchen nicht durch explizietes Setzen bzw. Rücksezten von Semaphoren für den Schutz von gemeinsam benutzten Objekten zu sorgen. Der Projektierer kann sich mehr auf die Modellierung seines Problems konzentrieren und wird von den Vorkehrungen für Synchronisation entlastet [Yok90].

3.11 Objektmodell

Das folgende Oberflächenfenster zeigt einen Ausschnitt der Modellierung des Mischers. Die Bestandteile des Mischers sind in den einzelnen Kästchen dargestellt.

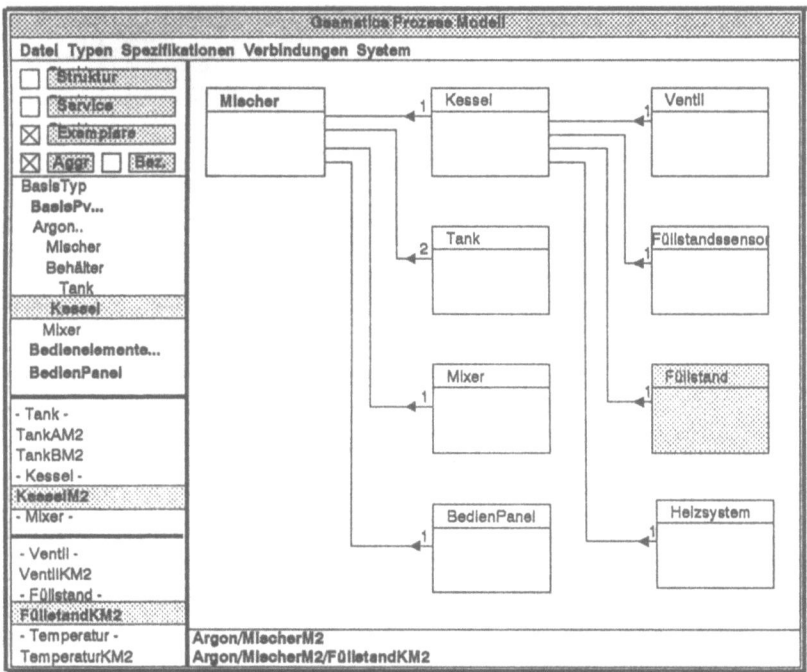

Die Kanten zwischen den Kästchen drücken die Beziehung der Objekte zueinander aus. In dieser Darstellung ist die "Besteht-Aus Beziehung", angezeigt durch Dreiecke, dargestellt. Ein Mischer besteht aus einem Kessel, aus zwei Tanks, einem Mixer und einem BedienPanel. Ein Kessel wiederum besteht aus einem Ventil, einem Füllstandssensor, einer Füllstandsanzeige und einem Heizsystem. Die Objekte Mixer, Tank und BedienPanel sind aus zeichentechnischen Gründen hier nicht weiter zerlegt.

Ausgangspunkt für ein Objektmodell ist das Ziel, Umweltsachverhalte beliebiger Art und Komplexität durch jeweils genau ein Datenmodellkonstrukt modellieren zu können ("1:1 Abbildung" statt 1:N-Zerlegung in mehrere Einzelkonstrukte); sowohl hinsichtlich struktureller als auch hinsichtlich verhaltensmäßiger Aspekte [Ditt91].

In einem Objektmodell wird die reale Welt in Form von in Beziehung zueinander stehenden Objekten und deren Eigenschaften beschrieben.

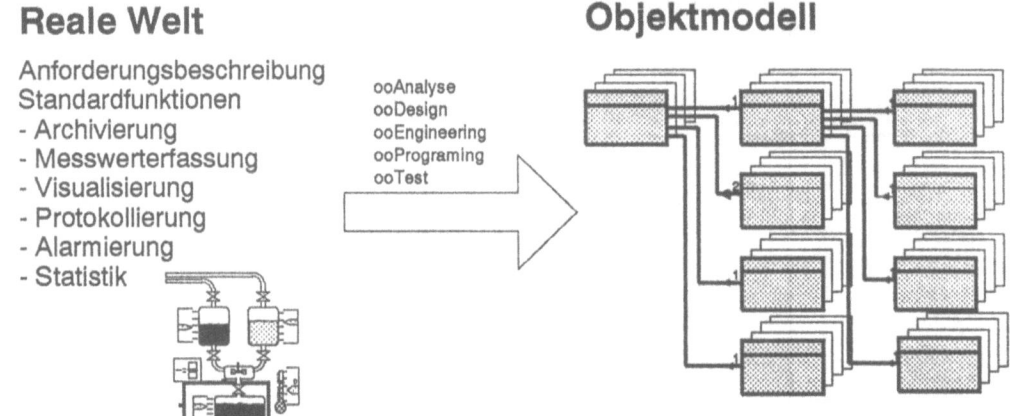

Das Objektmodell bildet die Grundlage für alle Phasen der Systementwicklung.

In der Analysephase wird die zu automatisierende Anlage in Form von Objekten in einem Objektmodell modelliert. Die Anforderungen (Funktionalitäten) werden textlich oder bereits formal in den Objekten und über Methoden beschrieben. Empfehlenswert ist das in [CoYou91] vorgestellte Verfahren.

Globale Funktionsabläufe werden über Szenarien graphisch dargestellt.

In der Design-Phase wird das objektorientierte Modell der Analyse verfeinert bzw. angereichert um Systemobjekte. Systemobjekte sind Objekte zur Beschreibung der Konfiguration- und Topologie, zur Abwicklung der Kommunikation, zur Adapition von externen Schnittstellen, zur Definition von Datenbanken und Oberflächenmasken, sofern dies nicht schon bereits in der Analyse durchgeführt wurde.

Dieses Objektmodell wird in der Projektierungs-Phase bzw. Programmierphase wiederum nur angereichert. In dieser Phase werden die einzelnen Methoden implementiert und, wie oben erwähnt, in der Prozeßtechnik üblich, die Exemplare bereits erzeugt und initialisiert und für die Laufzeitumgebung generiert.

Der anschließende Test orientiert sich wiederum am Objektmodell, in dem

- das Objektmodell auf Konsistenz geprüft wird (Integritätsbedingungen),
- das Methodenprotokoll eines jeden Objektes (Klasse) getestet wird.
- für Prozeß- und System-Simulation im Objektmodell geeignete Simulations-Objekte angelegt werden.

In der nach der Integrations- und Inbetriebnahme-Phase folgenden Wartungs- und Weiterentwicklungsphase werden sowohl die Online-Änderbarkeit (Änderungen von Werten bzw. Austausch von Objekten) als auch strukturelle Offline-Änderungen (nur in Klassen) unterstützt.

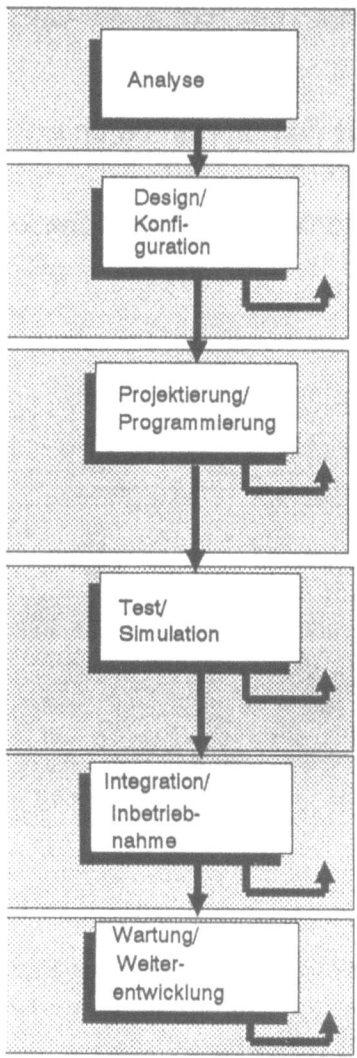

Als Basis dafür dient wiederum das Objektmodell, das nach und nach erweitert werden kann.

Das bereits in der Analyse-Phase angefangene Objektmodell wird während des gesamten Erstellungszyklus, einschließlich der Wartungsphase, nur verfeinert und um die in den jeweiligen Phasen anfallenden Informationen und Definitionen angereichert. Im Gegensatz zur klassischen Vorgehensweise mit Strukturierter Analyse, Strukturieres Design und prozeduraler Programmierung erfolgt im objektorientierten Vorgehensmodell kein Strukturbruch im Übergang der einzelnen Phasen. Eine konsequente Einhaltung der Reihenfolge der einzelnen Phasen, beginnend mit Analyse, über Design zur Programmierung wird im objektorientierten Vorgehensmodell nicht gefordert. Rücksprünge in den Phasen sind, wie im Kapitel Softwareerstellungsprozeß beschrieben, unvermeidlich bei der Erstellung von größeren Softwaresystemen.

Nach Beendigung eines Projektes folgt die Phase der Konsolidierung, d. h. die im Projekt erstellten Klassen und Objekte werden auf Allgemeingültigkeit geprüft und zur späteren Nutzung anderer Projekte in einer übergeordneten Objekt-Bibliothek bereitgestellt.

Das Objektmodell dient zudem während des gesamten Lebenszyklus sowohl als Kommunikationsmittel mit dem Auftraggeber als auch zur Kommunikation im Projektteam.

4. Realisierungsmethodik

Zur Realisierung der objektorientierten Techniken in der Automatisierungstechnik werden zwei Architekturebenen betrachtet, die funktional miteinander verbunden sind:

- die operationelle Ebene mit einer auf auf Determinismus und schnelle Verarbeitung konzentrierten Systemphilosophie.

- die Engineering-Ebene mit einer auf Rationalität und Bedienkomfort ausgerichteten Struktur

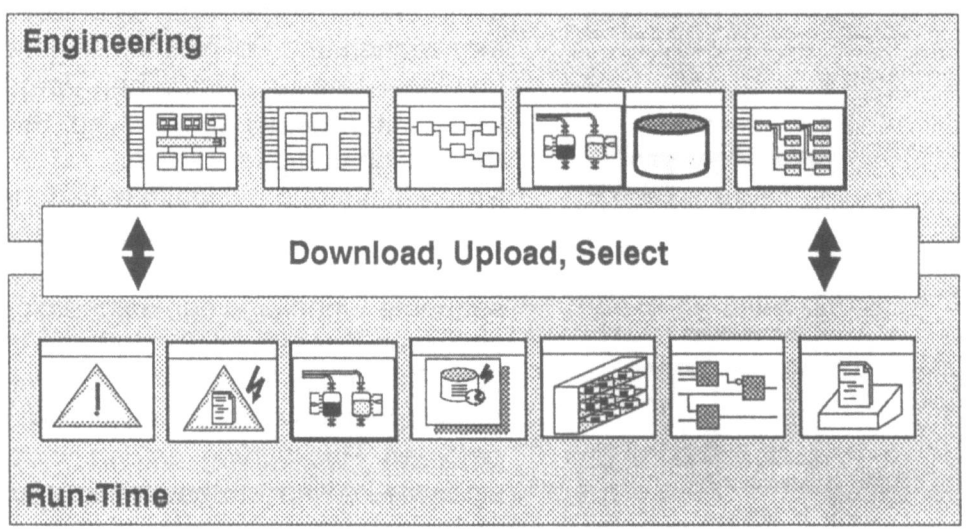

4.1 Operationelle Ebene

Ein Automatisierungssystem besteht aus verschiedenen systemtechnischen Realisierungseinheiten, die unterschiedliche Abschnitte einer Anlage steuern, regeln, überwachen sowie Querschnittsthemen wie Protokollieren, Bedienen und Archivieren ausführen. Die Realisierungseinheiten, im weiteren auch Funktionseinheiten (FE) genannt, können auf verschiedene Automatisierungseinrichtungen (Komponenten wie Rechner) verteilt sein. Die Komponenten sind über Bussysteme miteinander verbunden. Busse und Automatisierungseinrichtungen können jeweils aus verschiedenen Leistungsklassen stammen, da ihre Aufgabe bezüglich Zeitanforderung, Datenbedarf und Funktionsumfang stark differenzieren, wie es beispielsweise die Aufgabenzuordnung in einem Ebenenmodell für Automatisierungssysteme (siehe [Ste85]) offensichtlich macht.

Objektorientiertes Datenmanagement
in Automatisierungssystemen

Die gewählte Systemarchitektur ist wesentlich durch die folgenden Merkmale geprägt:

- Client - Server Prinzip
- räumliche Verteilung der Automatisierungseinrichtungen
- funktionale Integration der heterogenen MMI-, SPS- und leittechnischen Strukturen
- skalierbare anwendungsneutrale Standardleistungen

Die Verteilung der Funktionalität eines Automatisierungssystems richtet sich

a) nach der möglichst engen Kopplung der systemtechnischen Realisierung mit den zu kontrollierenden Anlagenteilen (Autonomie, Performance)

b) nach Ausstattung einer Komponente mit Betriebsmitteln (Interruptverhalten, Antwortzeiten, Ablaufverhalten) und

c) nach der für übergeordnete Zwecke notwendigen gesamthaften Betrachtung von Systemzuständen (Statistiken, Visualisierung etc).

Die prozeßnahe Funktionalität wird von *SPS*-Funktionseinheiten erfüllt, die in sog. *Prozeßnahen Komponenten* (PNK) mit einer eigens dafür konzipierten Laufzeitorganisation (zyklische Abarbeitung von Funktionsplänen) installiert sind.

Übergeordnete Bedien-, Beobachtungs-, Statistik-, Alarmierungs-, Protokollierungs- und Archivierungsfunktionen werden von *PMC*-Funktionseinheiten (PMC = Process, Monitoring and Control) übernommen.

Eine sofortige und kompromisslose Hinwendung zur objektorientierten Technik in systemtechnischen Realisierungsstrukturen ist momentan nicht möglich, da viele nicht objektorientierte Standardrealisierungen nicht einfach weggeworfen werden können. Vielmehr ist es sinnvoll, diese Realisierungen in die objektorientierte Betrachtungsweise mit einzubeziehen.

Die folgenden Ansätze für die Einführung der objektorientierten Technik für Leitsysteme erscheinen uns dafür sinnvoll:

1.) Die Realisierung eines objektorientierten Datenmanagements mit sukzessiver Erweiterung um geeignete Klassen zur Erfüllung von Prozeß- und Systemfunktionalität.

2.) Die Zusammenschaltung der unterschiedlichen Funktionseinheiten und die Adaption der Außenbeziehungen eines Automatisierungssystems durch ein überlagertes objektorientiertes Laufzeitsystem.

3.) Die Bereitstellung eines Engineering-Systems, mit dem in objektorientierten Vorgehensweise eine Anlagenautomatisierung projektiert werden kann.

4.1.1 Objektorientierte Realzeitdatenbasis

Für das Datenmanagement wird eine objektorientierten Laufzeitumgebung in Form einer Realzeitdatenbasis (*RDB*) vorgesehen

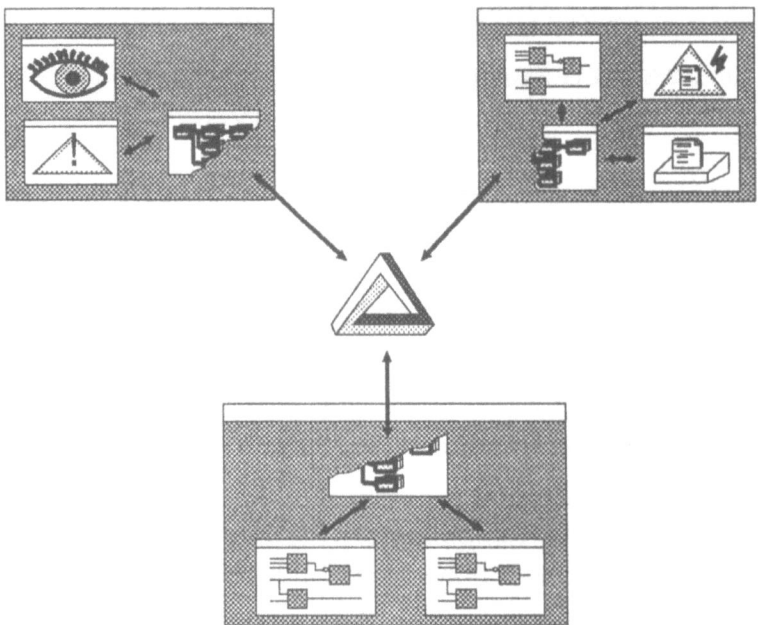

Diese RDB speichert den globalen Systemzustand der zu automatisierenden Anlage. Erzeuger von Werten, wie z. B. SPS-Applikationen und Messwerterfassung, liefern Prozeßgrößen in die Realzeitdatenbasis ab. Die Realzeitdatenbasis führt Vorverarbeitungen durch (z. B. Mittelwertbildung, Konvertierung, Signalbildung), deren Ergebnisse von den nachfolgenden Konsumenten (z. B. Visualisierung) zur Weiterverarbeitung benutzt werden können.

Aufgrund der steigenden Anforderungen an Automatisierungssysteme und der heute üblichen dezentralen Verarbeitung lässt sich folgendes Anforderungsprofil an die Datenbasis skizzieren:[BaBaSa91]

- Dezentralisierung des Datenbestandes aufgrund von Zeit,- Topologie-, Last- und Verfügbarkeitsanforderungen

- realitätsbezogene Modellierung der Prozeß-Objekte wegen gestiegener Komplexität bzw. erhöhtem Mengengerüst mit flexibler Erweiterung der Modellierung

- offene Schnittstelle mit system- und datenstruktur-unabhängigem Zugriff zur Adaption vorhandener/zukünftiger Applikationen sowie zur flexiblen Erweiterung der System- bzw. Datenstruktur.

Objektorientiertes Datenmanagement in Automatisierungssystemen

- Integration von Verarbeitung (Standardverarbeitungen und Prozeßfunktionalität) zur Reduzierung der Komplexität von Applikationen.

Diesem Anforderungsprofil an eine Reilzeitdatenbasis kann mit einem objektorientierten Lösungsansatz entsprochen werden:

- reale (Teil-)Prozesse werden durch entsprechende komplexe Prozeß-Objekte adäquat modelliert.

- Erweiterungen/Modifikationen/Spezialisierungen von Prozeß-Modellen sowie deren Wiederverwendbarkeit wurden durch Vererbungsmechanismen innerhalb einer Klassenhierarchie unterstützt.

- durch die Methodenschnittstelle der modellierten Objekte (information hiding) bleibt die interne Datenrepräsentation in Struktur und Verteilung für die Applikationen unsichtbar, d.h. Modifikationen der Systemstruktur (z. B. Rekofiguration, Lastausgleich, Erweiterung) haben keine Rückwirkungen auf die Applikation.

- Prozeßfunktionalität und Standardverarbeitungen wie Mittelwertbildung, Archivierung usw. können in Form entsprechend vererbarer Methoden von Klassen in die Datenbasis integriert werden.

- die späte Bindung (Polymorphismus) erleichtert die einheitliche Handhabung von Objekten unterschiedlichen Typs.

- der aus Laufzeit- bzw. Lastgründen notwendige Verteilung von Datenbasisinhalten kann mit einer entsprechenden Objekverteilung entsprochen werden.

In jeder Station, mit Ausnahme der Programmierstation (siehe auch Kapitel: Systemtechnische Realisierungsobjekte), befindet sich mindestens ein Fragment der verteilten Realzeitdatenbasis. Das Objektmodell der Projektierung wird auf die einzelnen Stationen verteilt.

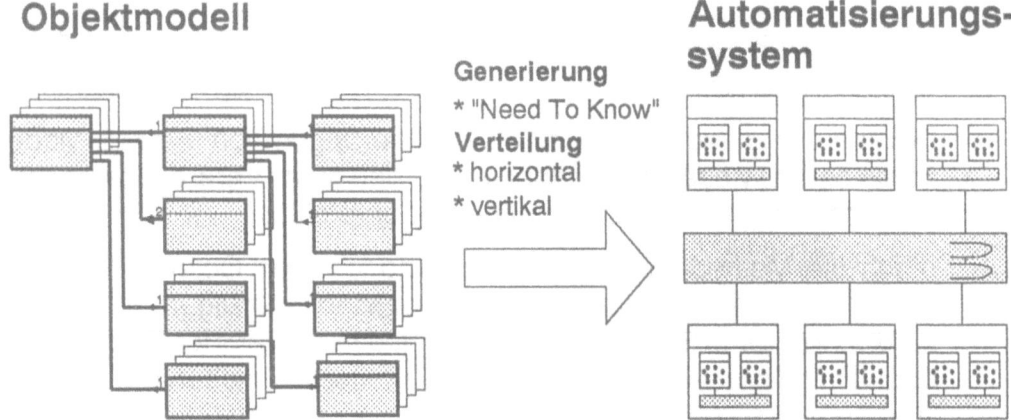

Die Verteilung des in der Projektierung erstellten Objektmodells kann jedoch der Modellierung logisch zusammengehöriger Objekte widersprechen, d. h. nicht nur vollständige Objekte müssen über die dezentrale Systemstruktur verteilbar sein, sondern auch Fragmente eines Objektes (z. B. attributweise), wobei diese Verteilung für die Applikationen und anderer Objekte jedoch transparent ist.

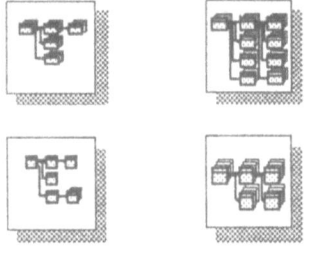

In Abhängikeit der Verteilung der Funktionseinheiten auf Stationen befinden sich in den Objektmodellfragmenten nur die Objekte und Objektteile, die von den Funktionseinheiten dieser Station benötigt werden (Need To Know). Die Funktionseinheiten der Stationen haben somit immer eine lokale Sicht auf die in der RDB befindlichen Objekte. Die RDB selbst sorgt entsprechend der projektierten Sichtweise der Funktionseinheiten für die Aktualisierung und die Konsistenz der Objektattribute.

Zur Beschleunigung des Objektzugriffs können Kopie-Objekte von Remote liegenden Objekten in RDB-Fragmenten gehalten werden, die entweder zyklisch oder spontan nach Änderung der Originale aktualisiert werden. Aktualisierungen von Attributen in der RDB können Ereignisse auslösen und zu Abarbeitung von Messages in der RDB führen.

Wird zum Beispiel der Füllstandswert eines Tanks von der SPS aktualisiert, so kann in der RDB eine Message ausgelöst werden, in deren Ausführung die Grenzwertüberprüfung des Wertes und ggf. eine Beauftragung der Funktionseinheit Alarmierung erfolgen kann. War gleichzeitig der Füllstandswert in einem Leitbild des Operators sichtbar, so wird eine Message an die Funktionseinheit Visualisierung abgeschickt, diesen Füllstand in der Anzeige zu aktualisieren.

Objektorientiertes Datenmanagement in Automatisierungssystemen

Folgendes Bild zeigt das Objektmodell der Projektierung verteilt auf die Stationen eines Automatisierungssystems. Vorerst wird pro Station lediglich ein Objektmodell für die Realzeitdatenbasis vorgesehen, das auch die für die anderen Funktionseinheiten (z. B. Alarmierung) benötigten Objekte aufnimmt.

Für neu geschaffene objektorientierte Funktionseinheiten wird jeweils ein eigenes Objektmodell aus dem globalen Objektmodell abgeleitet.

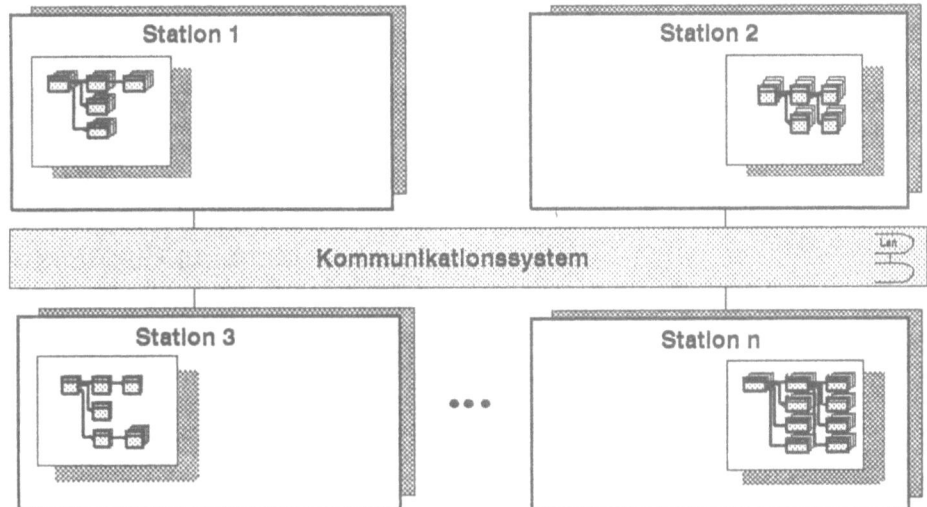

4.1.2 Application Program Interface (API)

Zur systemtechnischen Zusammenschaltung der Standard-PMC-Funktionen, der SPS-Applikationen, der oben erwähnten RDB-Fragmenten und von externen Schnittstellen (z. B. PPS) dient das übergeordnetes objektorientiertes Laufzeitsystem API. In diesem Laufzeitsystem werden für alle nichtobjektorientierten Systemteile sog. Stellvertreterobjekte eingeführt, die zur einen Seite die nichtobjektorientierte Schnittstelle absättigen, zur anderen Seite sich objektorientiert verhalten (Messages). Während in der RDB die einzelnen unterschiedlichen Funktionseinheiten prozeßtechnisch zusammengeschaltet werden, erfolgt über das API deren systemtechnische Integration.

Die Definition und Beschreibung dieser Objekte erfolgt im Projektierungssystem (siehe Kapitel Projektierung Konfiguration/Topologie).

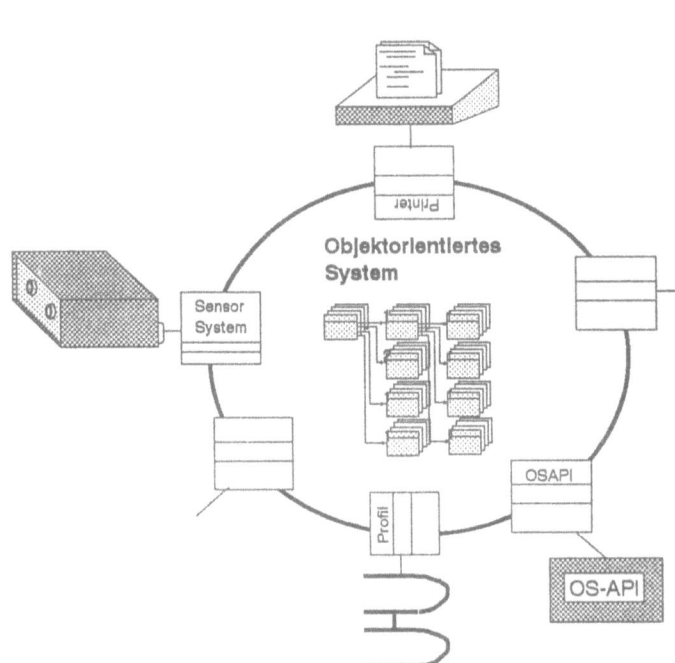

Nebenstehendes Bild zeigt nicht objektorientierte Funktionseinheiten und Systemschnittstellen (Sensor, OS-API) mit vorgeschalteten Adaptionsobjekten. Die Funktionalitäten der nicht objektorientierten Realisierungen werden auf Methoden der vorgeschalteten Objekte abgebildet. Bei dieser Abbildung kann sowohl eine Vereinfachung als auch eine Anhebung der nicht objektorientierten Funktionalität erfolgen. Im Programmiersystem Smalltalk z. B. erfolgt die Verwendung der Presentation-Manager-API bzw. Windows3.0-API zu Erstellung von graphischen Oberflächen mittels der Klasse **Window** und den davon abgeleiteten Unterklassen. Dabei wird die Funktionalität deutlich erhöht (Aufbau eines Fenster mit Rahmen, Slider und Interaktionselementen mit einem Methodenaufruf (open)). Dadurch ist es möglich, Oberflächenapplikationen zu schreiben, ohne einen einzigen GUI-API-Call kennen zu müssen.

In der Automatisierungstechnik kann dieses Verfahren besonders vorteilhaft dafür eingesetzt werden, die unterschiedlichen hetorogenen Automatisierungseinrichtungen (Devices, Kommunikationsprotokolle etc) systemtechnisch zusammenzuschalten.

Objektorientiertes Datenmanagement in Automatisierungssystemen

Dabei werden die einzelnen Funktionseinheiten selbst wiederum als Objekte aufgefaßt. Eine Funktionseinheit (auch Ressource genannt) sendet zur Erfüllung eines Dienstes eine Message an eine andere Funktionseinheit, die daraufhin den in der Message verlangten Service erfüllt.

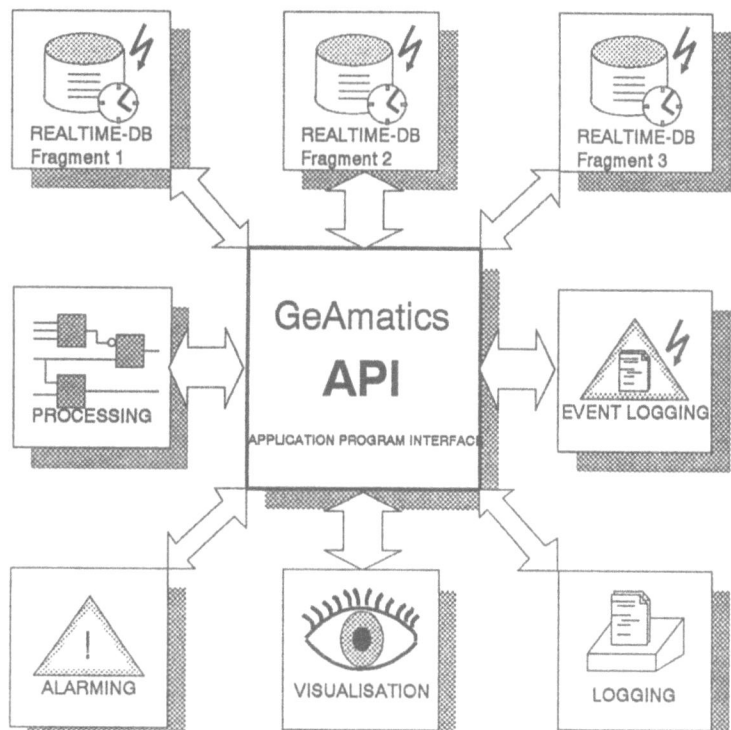

So kann z. B. zur Erfüllung einer Protokollausgabe die Funktionseinheit Alarmierung die Funktionseinheit Protokollierung beauftragen, eine Alarmzeile auszugeben.

Funktionseinheiten können, unter Berücksichtigung der obigen Aspekte der Verteilung, beliebig auf Stationen verteilt werden; die API sorgt für die Ortstransparenz, d. h. der Absender einer Message braucht lediglich den Identifikator des Empfängers zu kennen, jedoch nicht dessen Installationsort.

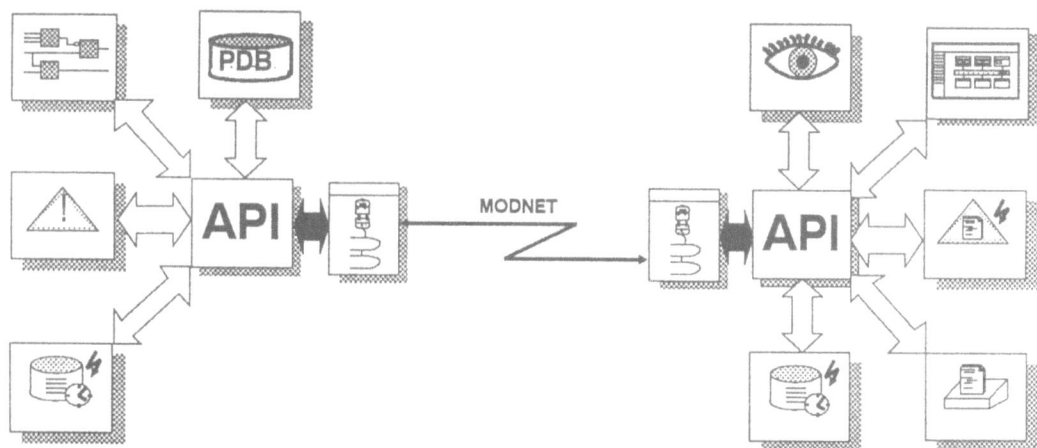

Die sog. Stellvertreterobjekte in der API verstehen neben Methoden zur Ausführung ihrer eigentlichen Funktionalität auch Methoden, die das allgmeine Ressourcenmanagent betreffen wie start, stop, init, reset, online, offline, downLoad, upLoad, trace redundancy switch usw.

Die stationsübergreifende Kommunikation ist für die einzelnen Funktionseinheiten transparent.

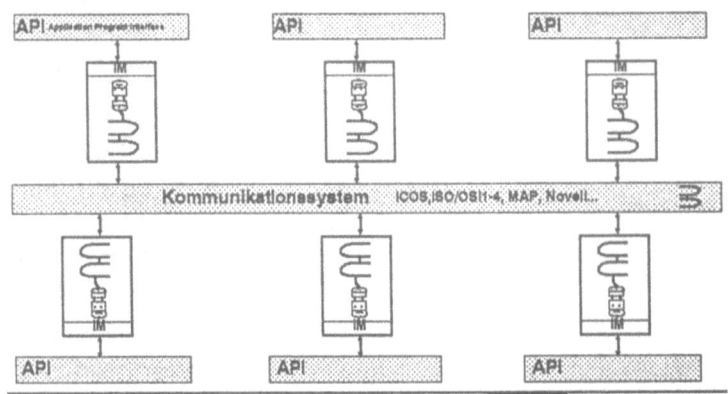

Die Kommunikation der Funktionseinheiten geschieht, wie besprochen, über das API. Für die stationsübergreifende Kommunikation wird entsprechend zu dem vom Kommunikationssystem geführten Kommunikationsprofil wiederum ein Adapterobjekt (IM) benutzt, das die objektorientierte Sichtweise des Systems auf das nichtobjektorientierte Profil abbildet (Siehe Kapitel Konfiguration/Topologie).

4.2 Engineering Ebene

Für die Analyse, Definition, Realisierung und Wartung eines Automatisierungssystems ist eine Entwicklungsumgebung erforderlich in der alle für die operationelle Ebene notwendigen Informationen modelliert bzw. geneneriert werden können.

Aus Gründen der Vermeidung von Betriebsmittelengpässen während der Laufzeit (Speicherplatz etc) und aus Performancegründen (z. B. Numerische Identifikatoren statt ASCII-Bezeichner) wird ein Automatisierungssystem im hohen Maße vorprojektiert.

Weiterhin werden mächtige, skalierbare und parametrierbare Standardfunktionspakete eingesetzt, die durch Projektierung an die spezielle Automatisierungsumgebung angepasst werden müssen.

Die Projektierung dient zur Beschreibung der in einem Automatisierungssystem vorhandenen Basisfunktionalität bestehend aus Daten und darauf aufbauenden Funktionen[OlBaMü91].

Merkmale der Projektierung sind:

- Parametrierung von Standardfunktionen,
- Zusammenschalten von Funktionsbausteinen,
- Wiederverwendung und Adaption bereits in früheren Realisierungen erstellter Systemteile,
- Durchforsten von Bibliotheken auf wiederverwendbare Komponenten
- Beschreiben und Definieren ohne Programmieren

Für die Projektierung von Automatisierungssystemen sind deshalb leistungsfähige Werkzeuge erforderlich, die zum einen die unterschiedlichen Qualifikationen der Projektierer (meist keine DV-Fachleute) berücksichtigen, und mit denen zum anderen die komplexen Automatisierungsstrukturen mit der Vielzahl von Einzelinformationen effizient definiert und beschrieben werden können.

Es ist nicht möglich, ein für alle Standard-Funktionspakete und Applikationen umfassendes einheitliches Projektierungstool bereitzustellen: aus Ergonomie-Gründen soll auch zukünftig für jede Problemstellung ein angepaßtes Werkzeuge benutzbar sein (z. B. Bildeditoren, grafische Planungs- und Programmiersprachen). Zu bemängeln ist heute nicht, daß es verschiedenartige Tools gibt, sondern daß diese nicht verbunden sind, d. h. einmal vorhandene identifizierte Informationseinheiten nicht untereinander ausgetauscht werden können.

Werkzeugumgebungen können bezüglich dem Grad der Integrität in folgende Klassen eingeteilt werden:

1.) Werkzeugumgebungen mit lokalen Datenbasen. Über Import/Export erfolgt der Austausch der jeweils in den einzelnen Werkzeugen projektierten Informationseinheiten. Zum Beispiel kann die Operator-Oberfläche mit einem Bildeditor erstellt werden, die zugehörige SPS-Funktionspläne mit einem seperaten Funktionsplaneditor und die Alarm- bzw. Archivierungsdefinitionen mit zusätzlichen dedizierten Werkzeugen. Die Animation der Bildvariablen in der Oberflächendarstellung, die Anbindung an den Alarm bzw. ans Archiv und die Verbindung mit den Signalen und Analogwerten der SPS geschieht über wechselseitigen Import bzw. Export der Identifikatoren von Variablen der im operationellen System benötigten Werte. Dabei wird in unterschiedlichen Kontexten eine Informationseinheit mehrmals identifziert, beschrieben und verwaltet. Die Konsistenz der Informationseinheiten kann nur über manuell kontrollierte Anbindungsverfahren hergestellt werden. Die Effizienz der Projektierung ist gering aufgrund der Mehrfachführung gleicher Daten, der mehrfachen manuellen Angleichung der verschiedenen Strukturen und der fehlenden Unterstützung durch automatische Konsistenzschecks.

2.) Werkzeuge die ihre Informationseinheiten in einer gemeinsamen Datenbank ablegen, aber zur Integrität jeweils über die Strukturen der anderen Werkzeuge verfügen. Die Konsistenz wird dadurch erreicht, da die Abbildung der verschiedenartigen Strukturen in den Werkzeugen erfolgt und Daten nur einmal abgelegt werden. Da jedoch jedes Werkzeug die Strukturen der anderen Werkzeuge kennen muß, ist dafür eine homogene und geschlossene Projektierungsumgebung erforderlich.

3.) Werkzeuge, die auf einer gemeinsamen Datenbank arbeiten, wobei jedoch Strukturen, Konsistenzsicherungsfunktionen und Integritätsbedinungen mit in die Datenbank abgelegt werden bzw. ausgeführt werden können.

Die dritte Klasse von Werkzeugumgebungen wird in diesem Engineeringansatz verfolgt.

Als Basis dafür dient eine Projektierungsdatenbank und das nach dem oben vorgestellten objektorientierten Vorgehensmodell entwickelte Objektmodell. Die einzelnen von den Werkzeugen (z. B. Bildeditor, Alarmeditor) erzeugten Informationseinheiten können an den im Objektmodell identifizierten Objekten gespeichert werden. Das Serving der Datenbank sorgt für die Integration der jeweils werkzeugspezifischen Information in das Modell.

Objektorientiertes Datenmanagement
In Automatisierungssystemen

Die Navigation zu den Informationseinheiten der Werkzeuge erfolgt über die im Objektmodell definierte Objektstruktur. Im Objektmodell wird ein Objekt selektiert und ein Werkzeug beauftragt, z. B. der Bildeditor, mit dem das zugehörige Bild-Symbol dieses Objektes modelliert werden kann.

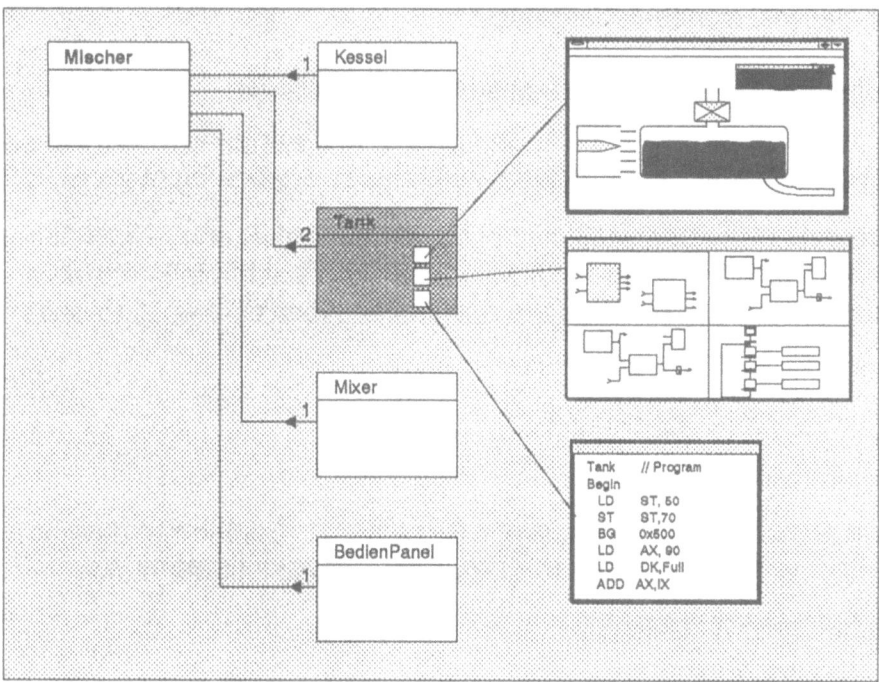

Über Export und Import können aus den lokalen Datenbasen der anderen Werkzeugumgebungen Informationseinheiten (in ASCII oder sonstigen Formaten) zu den Objekten abgelegt werden. Zusätzliche Serving-Funktionen der Datenbank sorgen dabei für die Integration mit den Informationseinheiten der anderen Werkzeuge.

4.2.1 Projektierungsdatenbank

Die Projektierungsdatenbank mit den in ihr integrierten Operationen spielt im Lebenszyklus eines Automatisierungssystems eine zentrale Rolle. Im folgenden werden zunächst die wichtigsten Anforderungen an die Funktionalität dieser Datenbank dargestellt:

- Aufnahme und Verwaltung des Objektmodells.
- Konsistenzsicherung. Maßnahmen zur Erkennung von Inkonsistenzen, die vor allem bei der großen Anzahl der Objekte nicht trivial sind.
- Integration unterschiedlicher parametriebaren Standardfunktionen und Applikationen. (Tools für MMI-, SPS- und Leittechnik-Projektierung in Bezug auf Standards und die applikationsspezifischen Add-ons)
- lange Transaktionen
- Client-Server-Architektur
- Referenzielle Integrität
- Aufnahme von langen aus der Sicht der Projektierungsdatenbank unstrukturierten Daten (Vektorgraphiken, Symbolimages etc).
- Multi-User-Fähigkeit
- Objektorientiert

Folgende Skizze zeigt die allgemeine Werkzeugarchitektur im Engineering System. Oberflächen werden mit Hilfe eines Werkzeugs zur Oberflächengestaltung (Window-Builder) realisiert, mit dem interaktiv die Fenster und die einzelnen Anzeige- und Bedienelemente spezifiziert werden können. Kontrollereignisse der Bedienung lösen Messages auf sog. Call-Back-Methoden des Modells aus. Im Modell wird entsprechend dem Bedienereignis reagiert und die Oberfläche mit Werten versorgt, bzw Werte von der Oberfläche verarbeitet. Dazu bedient es sich über dedizierte Methodenaufrufe der Funktionalität des Servings. Das Serving sorgt für die Integration und Konsistenz der Informationseinheiten der verschiedenen Werkzeuge

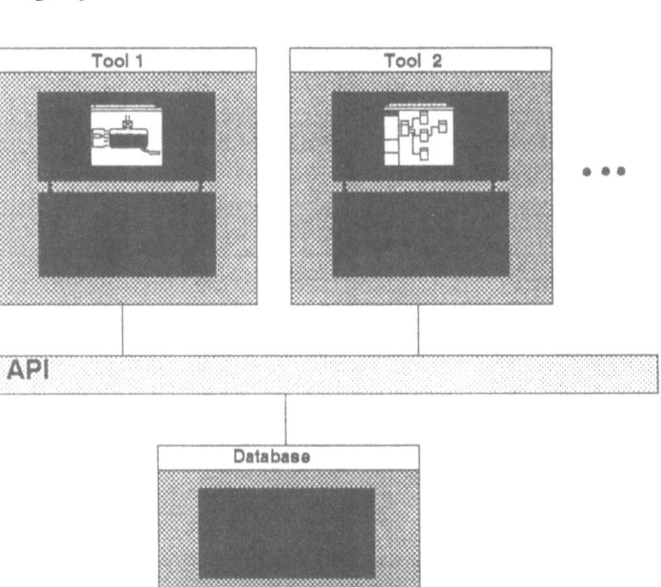

und bedient sich seinerseits einer objektorientierten Datenbank zur Verwaltung des Objektmodells. Die einzelnen Werkzeuge und die Datenbank sind über API (Application Program Interface) voneinander entkoppelt, wodurch ein systemweiter Zugriff auf das Serving der Projektierungsdatenbank gewährleistet wird.

4.2.2 Projektierung eines Automatisierungssystems

Im folgenden wird der im Beispiel vorgestellte Mischer exemplarisch projektiert. Dabei werden die für die Projektierung wesentlichen Eingabe- und Spezifikationsfenster vorgestellt.

4.2.2.1 Modellierung Klassen und Objekte

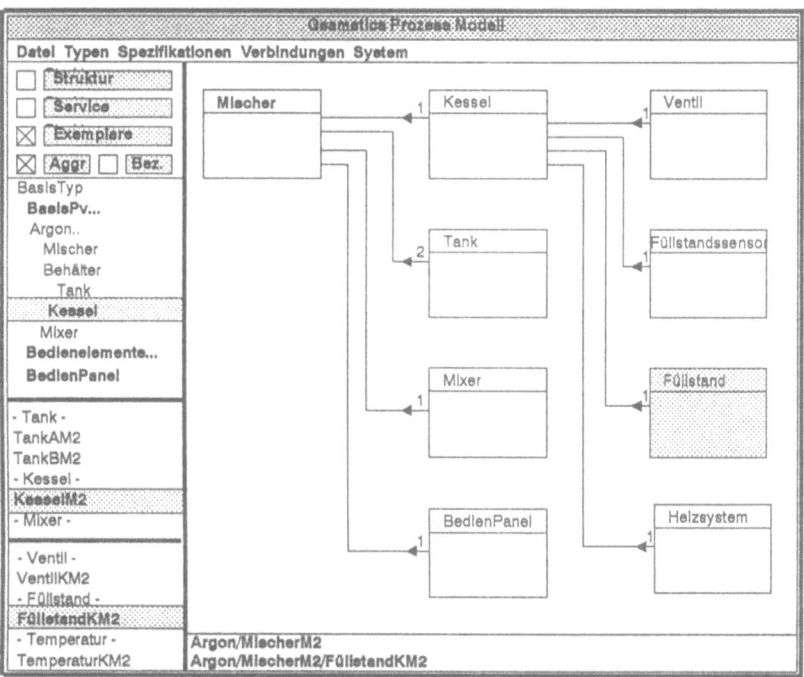

Obiges Oberflächenfenster zeigt die Modellierung der identifizierten Klassen der Objekte und deren Beziehungen. Im Listenfenster (links Mitte) sind die Klassen angezeigt. Einrückung bedeutet: **Unterklasse von**. So sind zum Beispiel Tank und Kessel Unterklassen von Behälter. Die mit drei Punkten versehen Klassen haben noch weiter Unterklassen, sind jedoch wegen der Übersichtlickeit ausgeblendet. Besteht-Aus-Beziehungen sind grafisch dargestellt. Die Modellierung erfolgt in drei Ebenen (Anwahl durch die oberen drei Button):

- **Struktur**: Aufbau der Klassen, der Klassenhierarchie und der Beziehungen.

- **Service**: Eingabe und Spezifikation von Methoden, Aufbau von Szenarien (siehe nächste Seite).

- **Exemplare**: Erzeugen Exemplare, Redefinition Attributinitialwerte Exemplare

In der Modellierungsebene **Service** können zur Spezifikation von Messagefolgen eine oder mehrere Szenarien graphisch spezifizert werden. Folgende Darstellung zeigt ein solches Szenario, das z. B. zur Klasse Behälter bzw. zu einem Exemplar der Klasse Behälter spezifiziert wurde. In einem zusätzlichen Anzeigefenster werden die einzelnen Schrittfolgen näher erläutert.

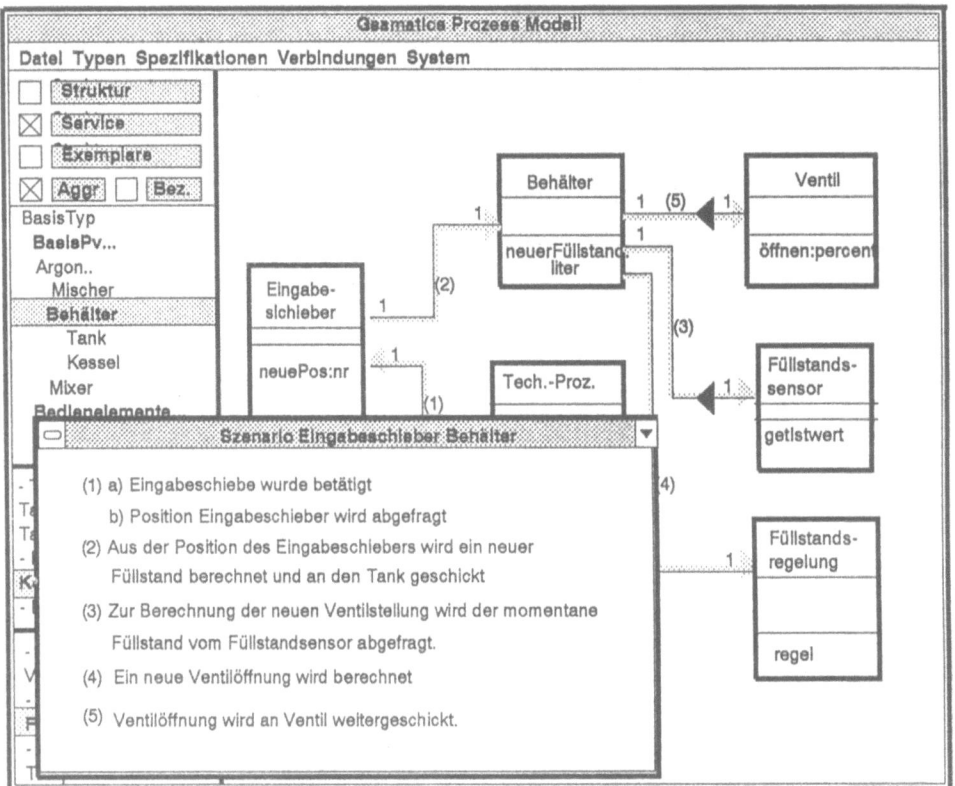

Dieses Szenario beschreibt z. B. die Abfolge von Messages, die ausgeführt wird, nachdem der Eingabeschieber Füllstand (siehe Beispiel) eines Behälters betätigt wurde (Schrittfolgen 1 bis 5).

4.2.2.2 Modellierung Attribute

Folgendes Oberflächenfenster zeigt die Modellierung von Attributen einer Klasse. Das Attribut obererGrenzwert des Füllstandes wurde selektiert. Für jedes Attribut können Namen, einen für dieses Attribut in allen Exemplaren der Klasse gültiger Wert (hier 400), sowie zusätzliche Beschreibungsattribute wie Defaultwert, Meldesperre oder Wert-ist-gültig Flag (siehe Liste rechts oben) zugeordnet bzw. eingegeben werden.

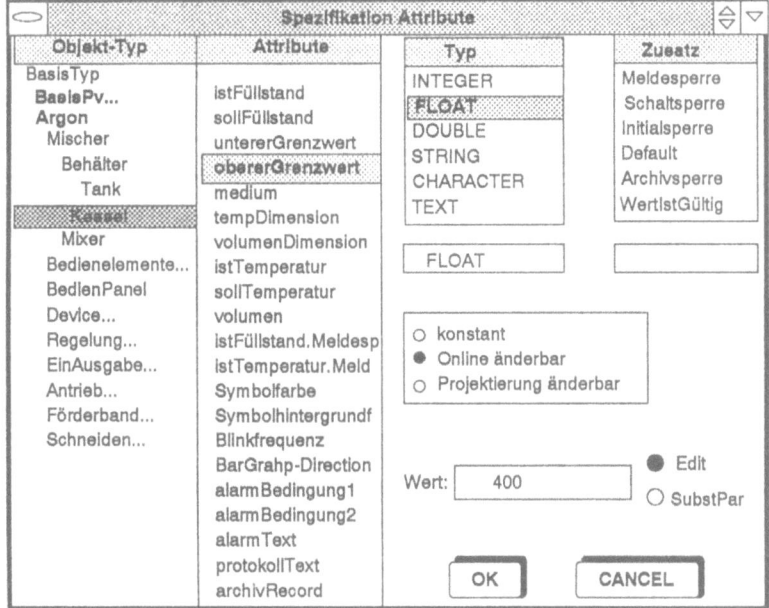

Objektorientiertes Datenmanagement
in Automatisierungssystemen

4.2.2.3 Modellierung Methoden

Folgendes Spezifikations- und Eingabefenster Fenster zeigt die Implementierung der Methode neuerFüllstand:liter der Klasse Behälter.

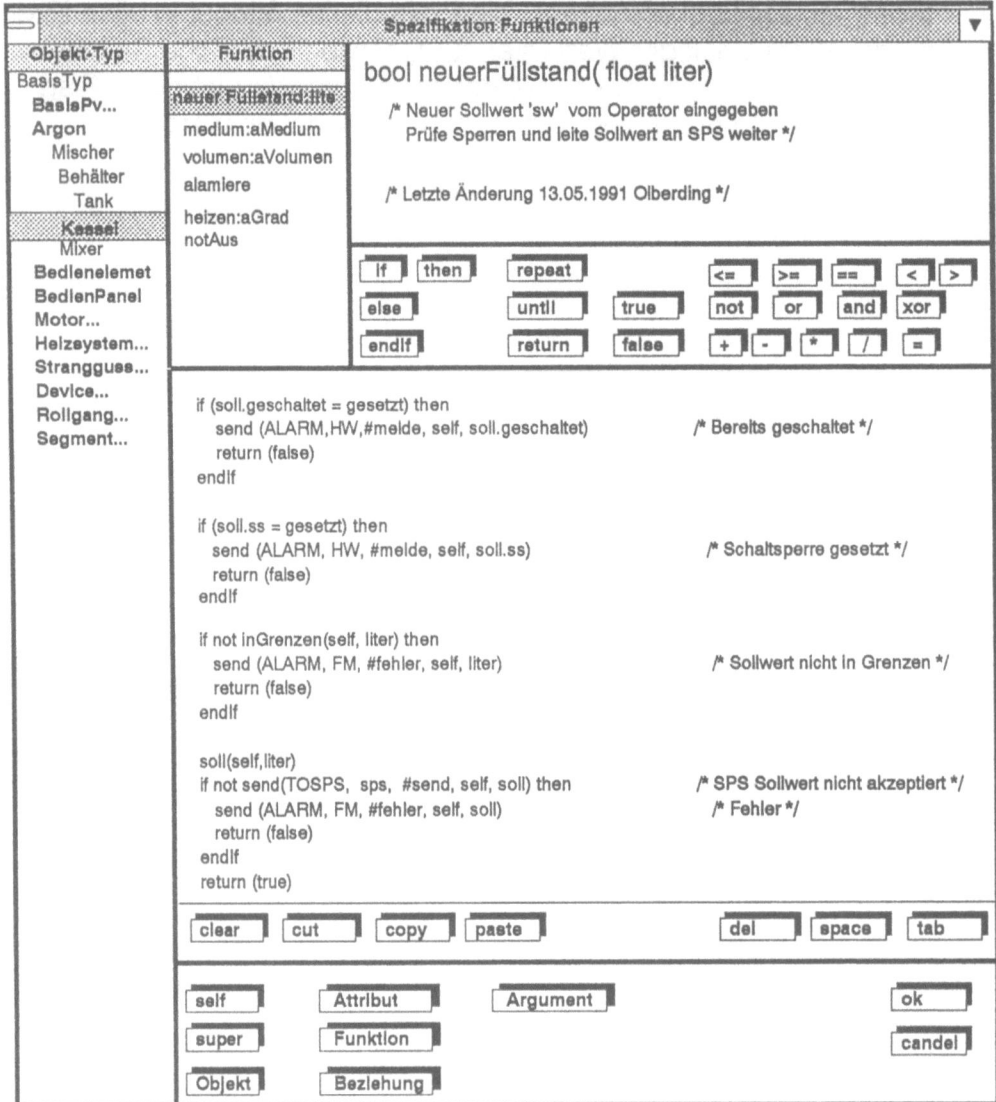

Zwei Formen der Implementierung von Methoden werden vorgesehen:

a) durch interaktives Setzen von Kontrollkonstrukten (Über Button und Templates) in einer an die Programmiersprache C angelehnten Notation.

b) durch direktes Programmieren in der Programmiersprach C++.

Falls der Sollwertwert bereits gesetzt wurde, wird eine Message (mit send) an das ALARM-Objekt abgeschickt.

Bei gesetzter Schaltsperre wird ebenfalls das ALARM-Objekt beauftragt.

Abschließend wird der Sollwert an die SPS-Funktionseinheit geschickt.

4.2.2.4 Projektierung Verteilung

Aus dem globalen Objektmodell werden durch einen Fragmentierungsschritt mehrere Fragmente gebildet. Diese Fragemente werden auf die verschiedene Stationen verteilt und enthalten alle Informationen, die in diesen Stationen benötigt werden. Was in einem Fragment aufgenommen wird bestimmen die Funktionseinheiten, die auf dieser Station ablaufen. Dadurch, daß eine Funktionseinheit ein Interesse an eine Information hat, (Attribut eines Objektes z. B. istFüllstand des Tanks) wird im Fragmentierungsschema festgelegt, daß diese Information in dem Fragment mit aufgenommen wird. Dadurch kann die zugehörige Funktionseinheit (z. B. Visualisieurung) diese Informationen schnell erreichen.

Die Verteilung des Datenmodells erfolgt nach dem Need-To-Know-Prinzip. Die Funktionseinheiten, die auf einer Station installiert werden, bestimmen, welche Informationen in dem zugehörigen Fragement dieser Station vorhanden sein müssen. Weiterhin wird an Hand dieser Funktionseinheiten der **Aktualisierungsgrad** und der **Konsistenzgrad** der Daten bestimmt (Z. B. fordert die Funktionseinheit 'Visualisierung' einen schnellen Zugriff auf Daten, während die Funktionseinheit 'Protokollierung' nur selten ein **Protokoll** ausgibt und deshalb sich die Protokollinformationen bei der Ausgabe auch über Netz zusammenstellen kann.

Der Konsitenzgrad gibt an, welche Daten konsistent der Funktionseinheit zur Verfügung gestellt werden müssen (Istwert und Status).

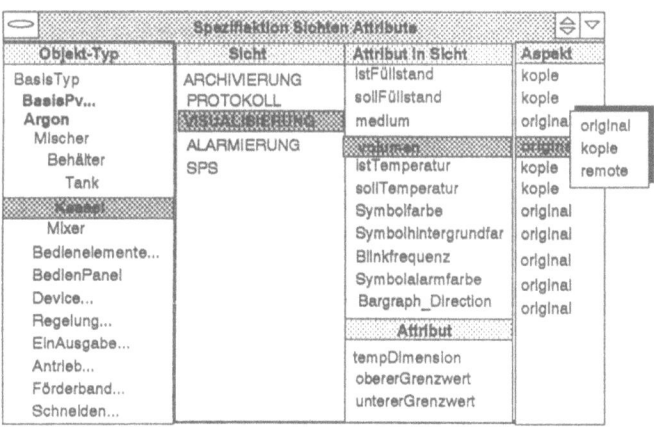

Als Hilfsmittel der Verteilung dienen sog. 'Sichten'. Die Attributmengen der Objekte des globalen Objektmodells werden über Sichtbildung gebündelt und für jede Sicht wird der Aktualisierungsgrad und der Konsistenzgrad der Attribute beschrieben. Sichten stehen stellvertretend für in der Automatisierungssystem vorgesehenen Funktionseinheiten.

Weiterhin erfolgt die Zuordnung der Sichten zu realen Funktionseinheiten. Dadurch, daß die in jedem Exemplar enthaltenen Sichten Funktionseinheiten zugeordnet werden, wird sowohl die **vertikale** als auch die **horizontale** Verteilung vorgegeben [1]

---

1 vertikal heißt: Teile eines Objektes werden verteilt

Ein anschließendes Generier-Werkzeug erzeugt aus diesen Informationen für jede Station, die Konsumenten des globalen Objektmodells enthalten sollen, ein RDB-Fragment. Sollte eine Station für ein RDB-Fragment nicht ausgelegt sein, (z. B. für eine SPS-Station mit ungenügenden Speicherausbau), so wird für die auf dieser Station liegenden Funktionseinheiten (z. B. SPS-Programme), soweit sie RDB-Konsumenten sind, ein RDB-Fragment auf einer anderen Station bestimmt.

In jedem Fragment sind aufgrund der Verteilungsspezifikationen in den Objekten nur die Klassen-Definitionen und Exemplare enthalten, die für dieses Station notwendig sind (Lokales Schema ..).

Die Fragmente werden durch einen anschließendes Down-Load auf die einzelnen Stationen verteilt (Verteilungsschema).

Weiterhin können aus dem globalen Objektmodell aufgrund der Spezifikation von Sichten die für die Kommunikation der Stationen notwendigen Telegramminformationen (Aktualisierungstelegramme) ermittelt werden. (z.B. Liste von Prozeßobjektattributen, die jeweils in einer anderen Station benötigt werden).

Zusammenfassend werden folgende Schritte bei der Verteilung durchlaufen:

1.) Definition des globalen Objektmodells

2.) Spezifikation Verteilung über Sichten im globalen Objektmodell

3.) Zuordnung von Funktionseinheiten zu Stationen (siehe Projektierung Konfiguration/Topologie)

4.) Zuordnung Sichten des Objektmodells zu Funktionseinheiten (dadurch horizontale und vertikale Verteilung)

5.) Fragmentgenerierung (Bildung Objektmodelle der Stationen)

6.) Bestimmung der Aktualisierungstelegramme

7.) Down-Load der Fragmente auf Stationen

4.2.2.5 Projektierung Konfiguration / Topologie

Folgendes Spezifikations- und Eingabefenster zeigt die Projektierung der Konfigurationsobjekte und deren topolgischen Verteilung. In der linken

---

horizontal heißt: ganze Objekte werden verteilt

Spalte sind die Konfigurationsklassen aufgeführt, von denen bei der Projektierung Exemplare gebildet werden können. Kästchen in der Grapik stellen Stationen dar. In den Kästchen befinden sich die für die Stationen vorgesehenen Funktionseinheiten.

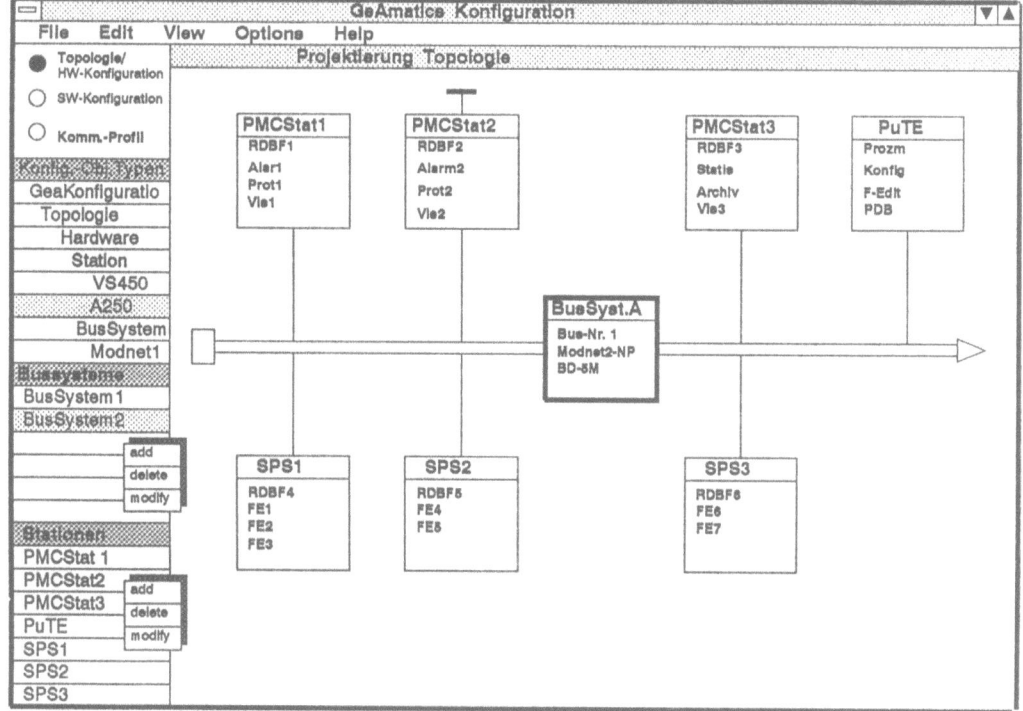

Objektorientiertes Datenmanagement
in Automatisierungssystemen

Die Klassifikation der Systemobjekte (Funktionseinheiten, Adapterobjekte), die von objektorientierten Laufzeitsystem API verwaltet werden, erfolgt in der gleichen Weise wie die Objekte des Prozesses selbst

So wird z. B. zur Spezifikation der Adapterobjekte der unterschiedlichen Kommunikationsprofile eine Klassenhierarchie aufgebaut:

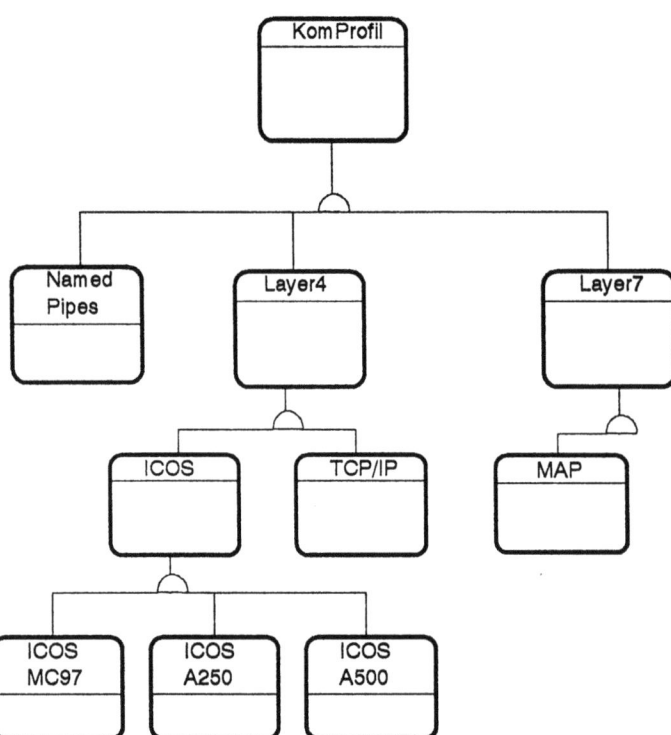

Durch die Nutzung der Vererbung können die unterschiedlichen Kommunikationsprofile beschrieben und vom Verhalten adaptiert werden. Dadurch kann die Variationsproblematik, die bei jeder neuen Maschinentyp in Bezug auf Kommunikation auftreten kann, entschärft werden.

5. Systemtechnische Realisierungsobjekte

Folgender Konfigurator zeigt die topologische Verteilung von Stationen und die Zuordnung von Funktionseinheiten zu Stationen.

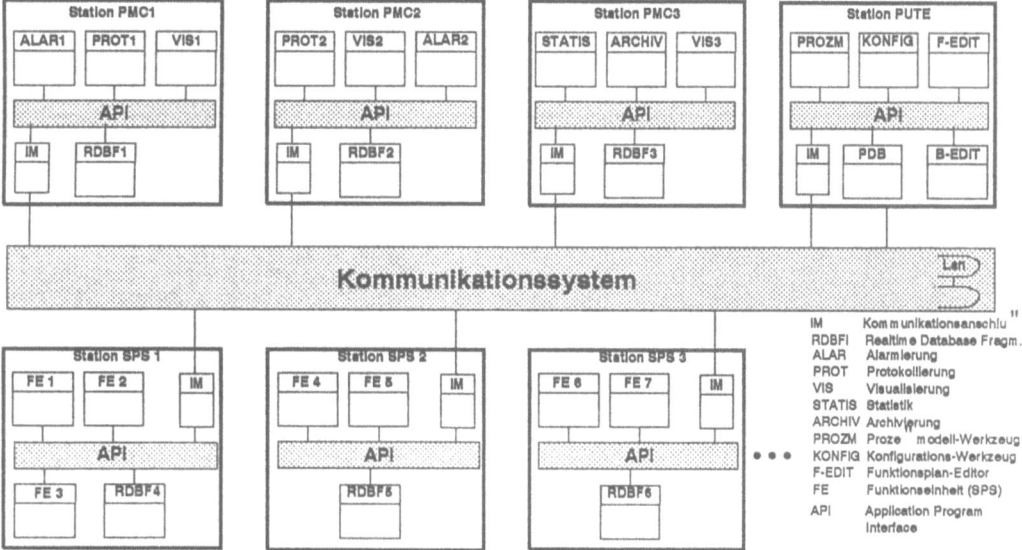

Dieser Konfigurator enthält drei Leittechnische Stationen (PMC1..PMC3), mehrere SPS-Stationen und eine Engineering-Station (PuTE). Die Funktionseinheiten in den Stationen kommunizieren über das übergeordnete objektorientierte Laufzeitsystem API.

Zu bemerken ist, daß auch die Werkzeuge und die Projektierungsdatenbank der Projektierungsstation über das API systemtechnisch verwaltet werden.

Im Anhang werden die einzelnen Funktionseinheiten der Operationellen Ebene und der Engineering-Ebene im Telegrammstil vorgestellt.

5.1 Realisierungsobjekte Operationelle Ebene

Folgende Darstellung zeigt die wesentlichen für den Aufbau eines Automatisierungssystems nützlichen Standardfunktionen.

Die objektorientierte Realzeitdatenbasis mit dem system- und datenstruktur-unabhängigen Zugriff bietet zudem eine auch offene Schnittstelle zur Erstellung von weiteren Funktionen.

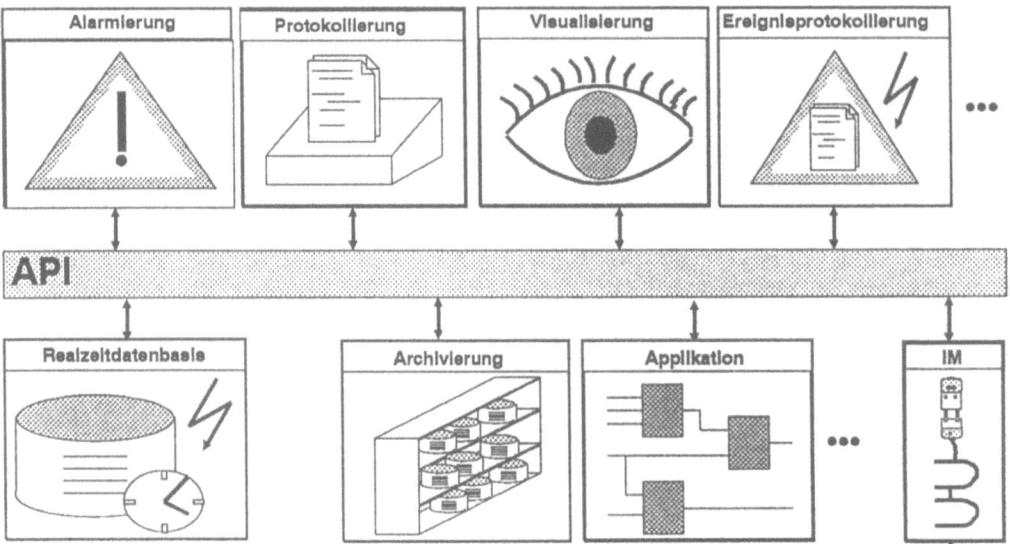

1.) **Realzeitdatenbasis**: Aufnahme und Ausführung globales Objektmodell

2.) **Alarmierung:** Ausführung und Verwaltung Alarmfunktionalität: (Speicherung, Quittierung, Alarmgruppierung, Variableneinblendung in Alarmtexten etc.).

3.) **Archivierung:** Zeitliche Archivierung von Prozeßzuständen

4.) **Protokollierung:** Formartierung und Ausgabe Protokolle.

5.) **Ereignisprotokollierung:** Speicherung und Verwaltung Ereignisse.

6.) **Visualisierung:** Anzeige Prozeß und Bedienung.

7.) **Applikation:** SPS- oder hochsprachenprogrammierte Applikationen

5.2 Realisierungsobjekte Engineering Ebene

Die Engineering-Ebene ist geprägt durch die gewählte Werkzeugarchitektur mit objektorientierter Datenbank, Serving, Model und Oberflächen. Die folgenden Abbildung zeigt die wesentlichen für den Aufbau eines Automatisierungssystems nützlichen Werkzeuge.

Sowohl zukünftige Werkzeuge als auch fremde Werkzeuge lassen sich aufgrund des erweiterbaren Servings einfach erstellen bzw. einfach in das System integrieren.

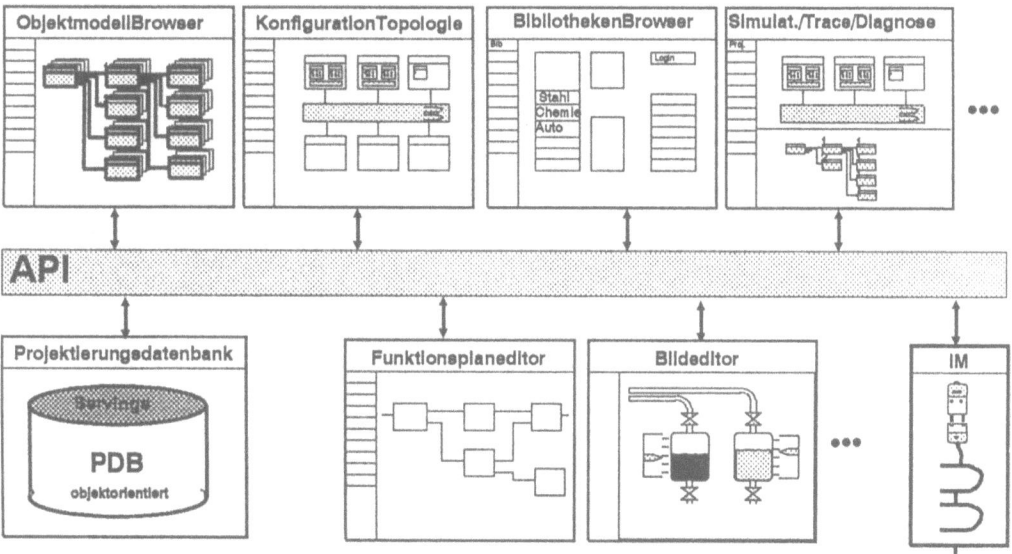

1.) **Projektierungsdatenbank:** Aufnahme des Objektmodells und Serving für Werkzeuge.

2.) **ObjektmodellBrowser:** Aufbau und Spezifikation des globalen Objektmodells.

3.) **Konfiguration/Topologie:** Spezifikation Objekte Konfiguration und Topologie (Funktionseinheiten, Stationen, Bussysteme etc).

4.) **BibliothekenBrowser:** Verwaltung Klassen- und Objektbibliotheken.

5.) **Bildeditor:** Erstellung Bilder Operator-Oberflächen

6.) **Simulat./Trace/Diagnose:** Prozeß- und Systemsimulation, Message-Trace und Prozeßdiagnose.

7.) **Funktionsplaneditor:** Erstellung Funktionspläne SPS

6. Projekt Prototyp PDB/RDB

Das hier vorgestellte Automatisierungssystems wird zur Zeit von der AEG, Abteilung Systemtechnik, in Zusammenarbeit mit dem IITB der Fraunhofergesellschaft und der Fa. Vorwerk realisiert. Das Projektierungssystem (inklusive Generierungswerkzeuge) wird unter *OS/2* in *Smalltalk*, das Realzeitsystem ebenfalls unter *OS/2* in *C++* erstellt. Eine Portierung nach UNIX ist in Vorbereitung. Zur Zeit ist ein Prototyp lauffähig, der zur Überprüfung der gewählten Ansätze und Realisierungen dient. Sein Funktionsumfang ist die Projektierung des Objektmodells basierend auf einer objektorientierten Datenbank, der Verteilung des Objektmodells auf die einzelnen Stationen des verteilten Realzeitsystems, die Generierung des (mit Standardmethoden angereicherten) Realzeitsystems und ein ablauffähiges Realzeitsystem bestehend aus dem Application Program Interface und der Realzeitdatenbasis. In der nächsten Stufe wird er um die Standard-Funtionseinheiten Archivierung, Alarmierung und Protokollierung erweitert.

7. Fazit/Ausblick

Der hier vorgestellte **objektorientierte Ansatz** für Prozeßleitsysteme und Engineering Systeme zeigt deutliche Vorteile und Fortschritte für die Realisierung der immer komplexer werdenden Automatisierungsaufgaben.

Die realitätsnahe Modellierung von Ausschnitten (z. B. Mischer) der Anlage ergibt eine natürlichere und damit transparentere Abbildung in die Software-Strukturen des Automatisierungssystems. Dadurch wird die komplexe zu automatisierende Anlage für den Projektierer übersichtlicher und verständlicher.

Der Anlagenbetreiber, meist nicht Computerfachmann, findet seine Anlage im Rechner wieder. Der fließende Übergang zwischen Analyse und Projektierung ermöglicht eine prototypische Vorgehensweise in der Modellierung. Sowohl das äußere Verhalten als auch innere Abläufe können exemplarisch realisiert werden, wodurch frühzeitig das Vertrauen in das Automatisierungssystem beim Kunden geschaffen wird. Änderungen bei den Anforderungen bzw. neue Anforderungen können besser in die laufende Entwicklung integriert werden.

Die objektorientierte Vorgehensweise unterstützt besonders die inkrementelle Erstellung eines Anlagenmodells. Damit kann die Validierung des Modells schrittweise mit der Erstellung erfolgen, und die daraus resultierenden Anpassungen können frühzeitig in das System eingebracht werden.

Bereits getestete Objekte, wie das Objekt *Mischer* im Beispiel, werden in einer Objektbibliothek aufgenommen und können bei späteren Automatisierungsvorhaben wieder verwendet werden, wobei die Vererbungsmöglichkeit die jeweilige Anpassung an die neuen Gegebenheiten technisch unterstützt.

Bei Anlagen mit mehr als 10.000 Prozeßpunkten ist die Projektierung jedes einzelnen Wertes nicht mehr möglich. Der Projektierungsaufwand wird durch die Zusammenfassung von beschreibenden Informationen in Klassen, wobei von diesen Klassen viele Ausprägungen benötigt werden, erheblich verringert. Eine Änderung an einer Klasse bewirkt, daß alle Exemplare dieser Klasse diese Änderung automatisch mit erfahren.

Weiterhin erlauben *Strukturierte Objekte* die Bündelung von Prozeßgrößen unter einem gemeinsamen Thema. Auf diesen Objekten wirken komplexe Operation wie *Erzeugen*, *Löschen*, *Kopieren* und *Verändern*. Das Automatisierungssystem wird aufgebaut aus solchen Objekten, wobei diese Objekte wiederum zu immer größeren Einheiten zusammengefaßt werden (Bottom Up). Auf der anderen Seite kann das Anlagenmodell durch die Möglichkeit der hierarchischen Modellierung überschaubar strukturiert werden (Top Down).

Funktionen sind in den Objekten an ihre Daten gekoppelt und werden über Messages aktiviert. Dadurch ist ein besserer Schutz von sicherheitsrelevanten Systemzuständen möglich.

Ereignisse der Anlage werden in Form von Messages an Objekte geführt und bewirken dort die Ausführung von Funktionen. Die Implementierung von Funktionen sowie die Zuordnung von Ereignissen zu Objekten erfolgt in einer End-User-Computing-Sprache (EUC) (siehe Beispiel *neuerFüllstand:liter*), die den Bedürfnissen des Projektanten angepaßt ist.

Komfortable Browsing-Oberflächen ermöglichen das schnelle Auffinden von Objekten, das Navigieren in Objektstrukturen, Erstellen von Exemplarübersichten, Evaluierung des Verhaltens und vieles mehr.

Ein Objekt repräsentiert ein Thema der Anlage und alle Informationen dieses Themas werden gebündelt in dem Objekt abgelegt. Dadurch erhält man ein natürliches Ordnungsschema.

Der Overhead im Software-Konfigurationmanagement reduziert sich erheblich, da Objekte nicht nur Abstraktions- bzw. Ausführungseinheiten sind, sondern gleichzeitig Erstellungs- und Maintenierungseinheiten.

Die Variationsproblematik (Double Maintenance) ist durch die Vererbungseigenschaften der Objekte entschärft. Im Beispiel sind *Tank* und *Kessel* Subtypen von *Behälter*. *Behälter* enthält alle allgemeinen Eigenschaften. Soll ein neuer Behältertyp, z. B. ein Bunker zur Aufnahme von Feststoffen, modelliert werden, so sind nur die speziellen Eigenschaften eines Bunkers zu spezifizieren. Alle allgemeinen Eigenschaften, z. B. Füllstand, Inhaltsmenge etc., können von Behälter geerbt werden.

Darüberhinaus ist der objektorientierte Ansatz prädestiniert für die - aus Effizienz-, Zuverlässigkeitsaspekten und wirtschaftlichen Gründen - immer wichtiger werdende Wiederverwendung aus früheren Projekten stammenden Klassen, Exemplaren, Funktionen und Projektierungsschritten.

Für den Übergang zur objektorientierten Technik wird mit der objektorientierten Realzeitdatenbasis, der objektorientierten Laufzeitumgebung API und der objektorientierten Vorgehensweise im Engineering ein Migrationsweg aufgezeigt, der sowohl die bestehenden Technik integriert als auch geeignet ist, bestehende Strukturen in der Automatisierungstechnik aufzubrechen und durch die objektorientierte Techniken zu ersetzen.

Das verwendete Beispiel des Mischers zeigte einen kleinen Teil der gegebenen Möglichkeiten. Der bisher realisierte Prototyp zeigt keine Eigenschaften, die die Gesamtkonzeption des Systems und seine Umsetzung in die Praxis in Frage stellen.

Ausblick

Zukünftig ist denkbar, daß SPS-Funktionen vollständig in einem Objektmodell sowohl strukturell als auch vom Verhalten integriert sind (z. B. als Methoden von Objekten). Objektorientierte Technik wird dann auch als Basis für SPS-Laufzeitsysteme genommen. Unterlagert wird eine virtuelle Maschine, die sowohl die ablauftechnischen Anforderungen der SPS (z. B. zyklische Abarbeitung) erfüllt, gleichzeitig die objektorientierte Message bezogene Ausführung abwickeln kann.

Die Navigation in der Projektierung eines solchen System zu den Funktionselementen erfolgt über das objektorientierte Informationsmodell.

Der entscheidende Schritt beim Entwurf einer Problemlösung ist die Zerlegung des Problems in ein System von Moduln und deren Spezifikation, die die präzise Festlegung der nach außen sichtbaren Funktionen umfaßt. Dabei geht es nur darum, was der Modul tut, und nicht um das Wie [Schn91]. Während dieses Programmieren im Großen von der objektorientierten Technik besonders unterstüzt wird, können für die Programmierung im Kleinen SPS-Programmiersprachliche Mittel zur Implementierung der Methoden von Objekten verwandt werden.

Während bei der 'Vollständigen Integration' sowohl Verhalten als auch Struktur in ein System integriert sind, sehen wir jedoch im ersten Schritt nur die strukturelle Integration der Informationseinheiten der SPS (Elementarinstanzen etc) in ein gemeinsames Objektmodell vor (Integriert in einem strukturierten Objekt). Die Erstellung der SPS-Funktionspläne erfolgt nach wie vor mit Hilfe der Projektierungswerkzeuge für SPS wie sie momentan z. B. bei dem IEC-Standard[1] vorgesehen sind.

Durch das Serving einer solchen strukturierten Objektes mit PMC-, SPS- und MMI- und sonstigen Anteilen erfolgt gleichzeitig die Abbildung der verschiedenen Strukturen aufeinander. Nachfolgende Generatoren erzeugen für die verschiedenen operationellen Laufzeitsysteme (PMC,SPS, MMI) die notwendigen Laufzeitinformationen.

---

1 Nach dem IEC-Standard für Speicherprogrammierbare Steuerungen.

8. Literaturverzeichnis

[CoYou91]   Object-Oriented Analysis, Peter Coad/Edward Yourdon, YOURDON PRESS COMPUTING SERIES, Prentice Hall Building Englewood Cliffs, New Jersey 07632

[StoGö83]   Was ist objektorientierte Programmierung?, Objektorientierte Software und Hardware-Architekturen (Hrsg.: H.Stoyan/H. Wedekind), p.9-31, Stuttgart: Teubner, 1983

[Hill88]   L. Power: Addendum to the Procceedings OOPSLA '87 - Specification and design of objects, ACM SIGPLAN Not. 23.5 (1988), p.7-50

[OlBaMü91] Übersichtliche Projektierung komplexer Automatisierungssysteme mit objektorientierten Methoden. Olberding AEG, T.Batz u. A.Müller IITB, Tagungsbeitrag 4. Kolloquium 3.-5.Sept.91 Esslingen, Kapitel 22..1

[Schn91]   Objektorientierte Softwaretechnik, H.J.Schneider, Eingeladener Vortrag Prozeßrechensysteme 91, 25.-27.2.1991, Berlin

[Mica88]   J. Micaleff: Encapsulation reusability and extensibiblity in object-oriented programming languages, J. Object-Oriented Programing 1,1, 1988

[Yok90]   The Design and Implementation of Concurrent Smalltalk, Yasuhiko Yokote Keio University Japan, World Scientific 1990.

[Ditt91]   Objektorientierte Datenmodelle als Basis komplexer Anwendungssysteme -Stand der Entwicklung und Einsatzperspektiven -, Prof. Dr. Klaus R. Dittrich Wirtschaftsinformatik 1991.

[Ste85]   H.Steusloff. Kommunikation in technischen Systemen. In: D. Heger und G. Krüger und O. Spaniol und W. Zorn (Hrsg.), *Kommunikation in verteilten Systemen, Band II, GI/INTG-Fachtagung*, volume 111 of *Informatik-Fachberichte*, Seite 33-55. Springer-Verlag, Berlin/Heidelberg/New York/Tokio, Februar 1985.

[BaBaSa91] F.Baldauf, AEG Frankfurt; T.Batz, A.Sassenhof, Fhg-IITB Karlsruhe Tagungsbeitrag

9. Anhang

Projektierungsdatenbank

- Verwaltung Objektmodell
- Integration unterschiedlicher Werkzeuge
- Speicherung der Informationseinheiten der Projektierungswerkzeuge
- Konsistenzsicherung des Objektmodells
- Versionierung, Archivierung
- Transaktionen, Recovery, Multi-User, Access-Control
- objektorientiert

Objektmodell Browser

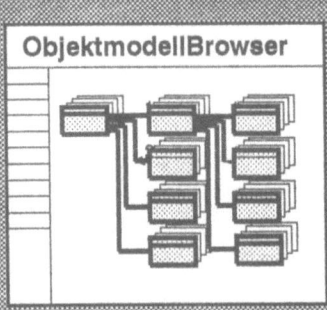

- **Aufbau Objektmodell**
- **Graphische Anzeige Objektmodell**
- **Navigation im Objektmodell**
- **Spezifikation Objektklassen Proze"**
  Attribute, Funktionen
- **Definition Beziehungen**
- **Definition strukturierter Objekte**
- **Erzeugung Exemplare**
  Makros, Initialwerte
- **Spezifikation Verteilung**
  horizontal, vertikal, NeedToKnow
- **Aufbau von Szenarien**

Konfiguration/Topologie

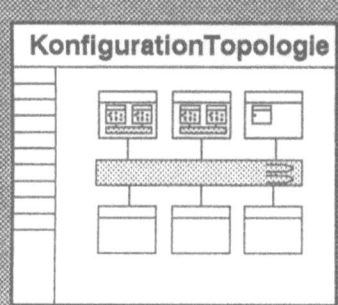

- **Aufbau Objektmodell Topologie Konfiguration**
- **Graphische Anzeige Topologie**
- **Navigation Topologie**
- **Spezifikation Objektklassen Konfiguration**
  Ressourcen, Adapter
- **Spezifikation Objektklassen Topologie**
  Stationen, Bussysteme
- **Erzeugung und Spezifkation Objekte Konfiguration und Topologie**
- **Verteilung Ressourcen auf Stationen**
- **Projektierung Kommunikationsobjekte**
- **Projektierung Kommunikationsbeziehungen**

Bibliotheksverwaltung

- **Verwaltung Systemklassenbibliotheken**
- **Verwaltung branchenspezifischer Bibliotheken**
- **Navigation Bibliotheken**
- **Entnahme aus Bibliotheken**
- **Rückstellen in Bibliotheken**

Bildeditor

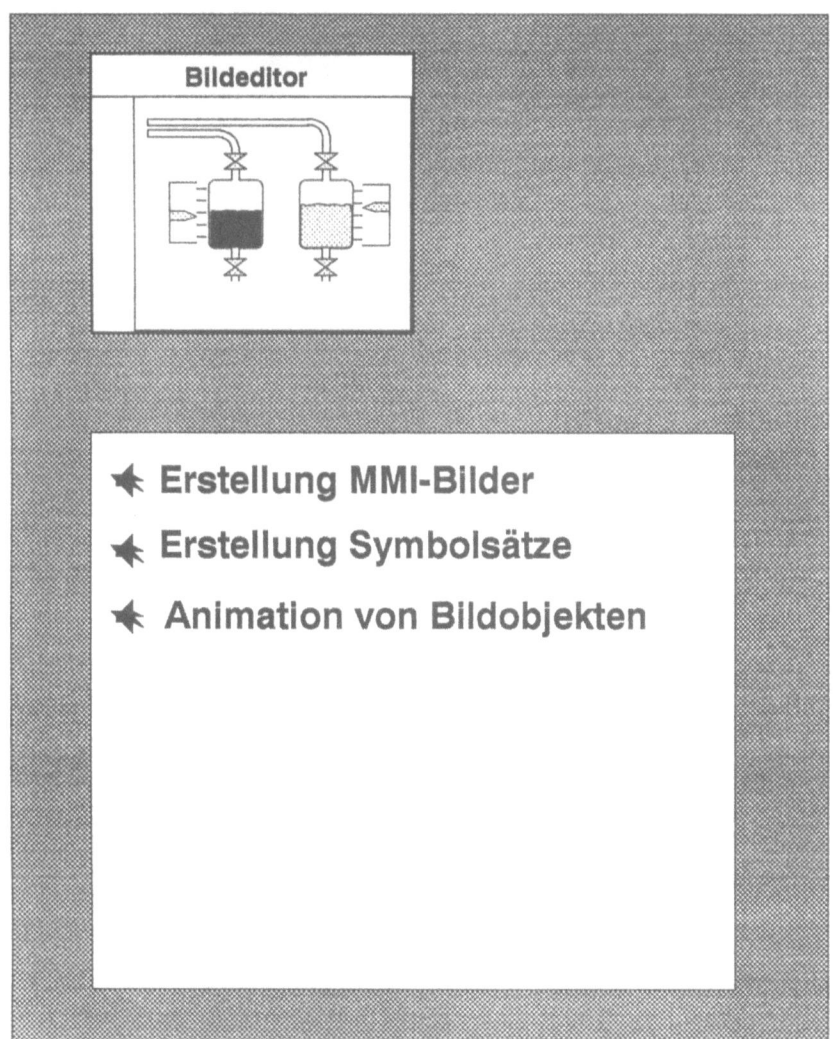

- Erstellung MMI-Bilder
- Erstellung Symbolsätze
- Animation von Bildobjekten

Simulation/Trace/Diagnose

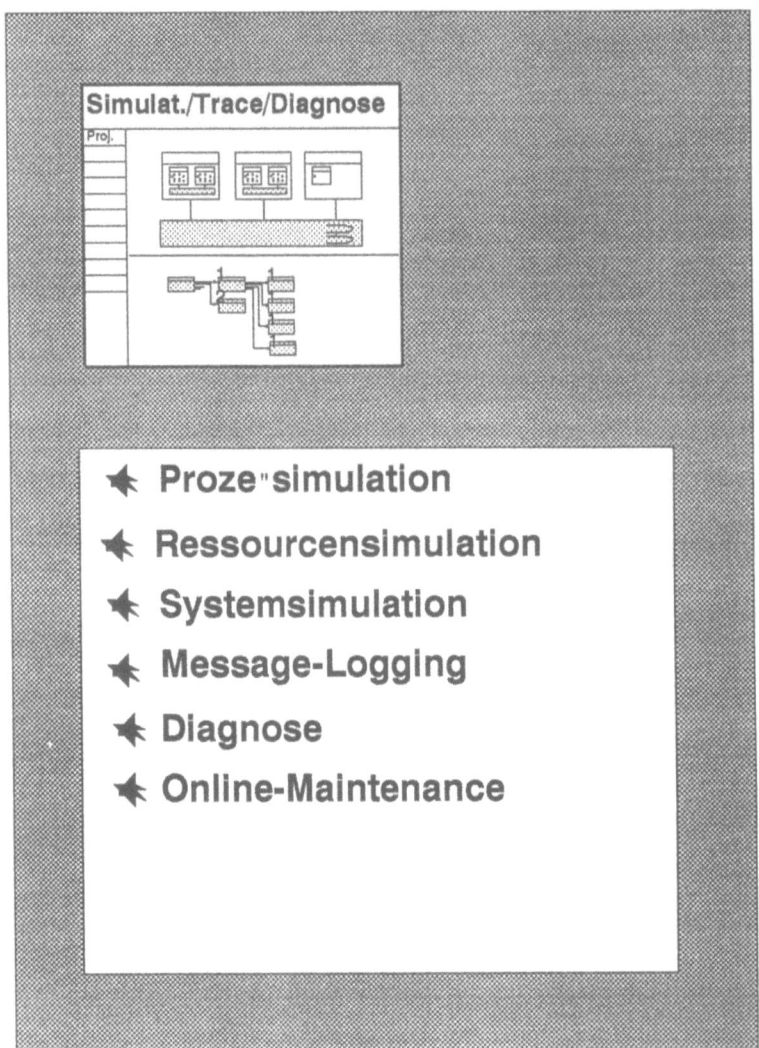

Funktionsplaneditor

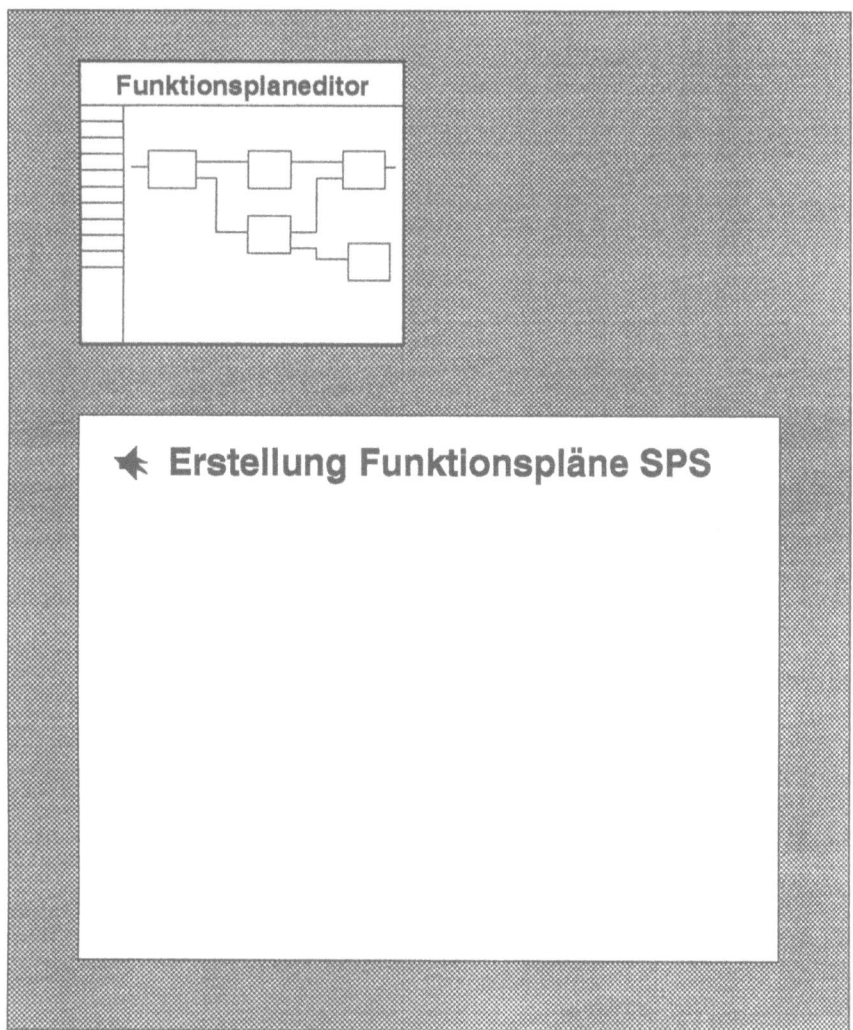

Realzeitdatenbasis (RDB)

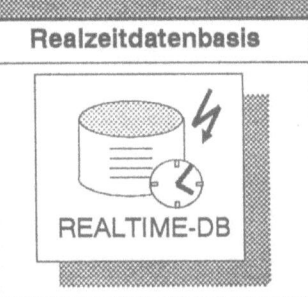

- systemweit verteilt
- Kopie-Original Führung
- thematische Aggregierung von Objekten
- dynamische Umverteilung von Objektteilen
- dynamische Aggregation von Objekten zur Laufzeit
- Ausführung von Prozeßfunktionalität
- Synchronisationsobjekte
- Service-Objekte für Standardfunktionen
- Dezentralisierung des Datenbestandes
- Integrator für Applikationen
- Online Projektierung von Objekten
- Serving (Vorverarbeitung, Komprimierung, Ereignisbildung)

Alarmierung

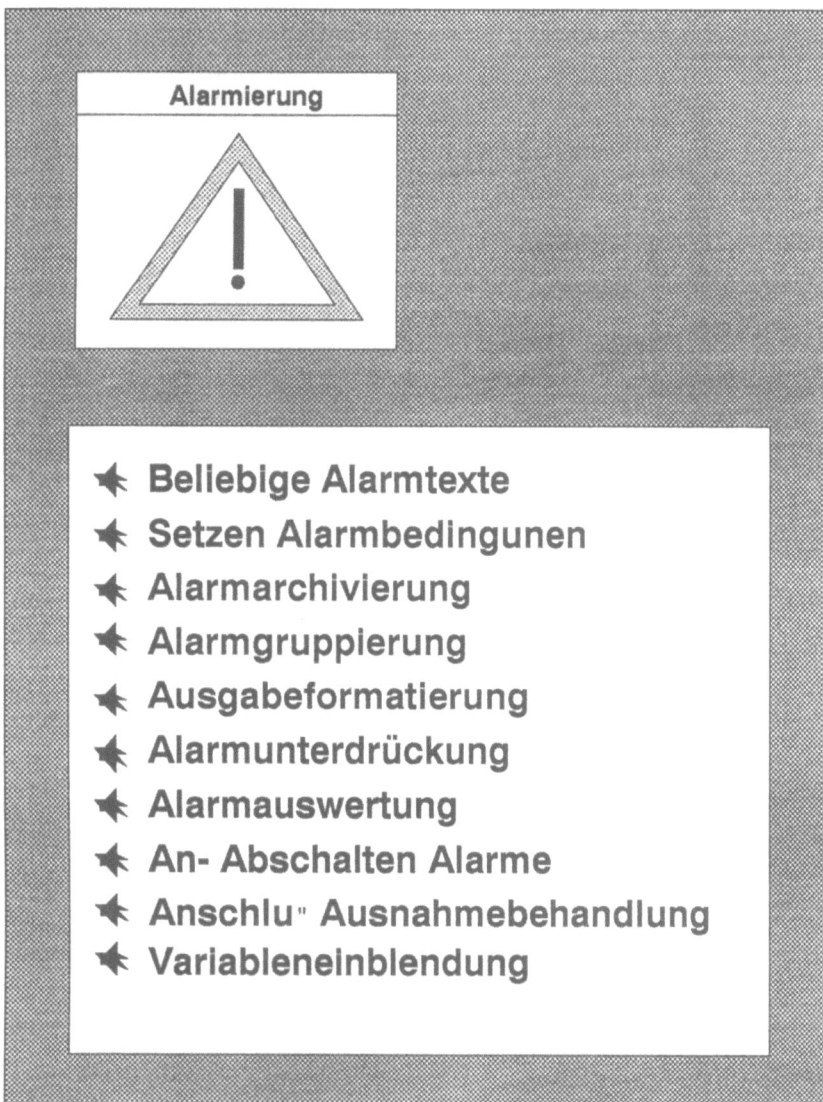

- Beliebige Alarmtexte
- Setzen Alarmbedingunen
- Alarmarchivierung
- Alarmgruppierung
- Ausgabeformatierung
- Alarmunterdrückung
- Alarmauswertung
- An- Abschalten Alarme
- Anschluß Ausnahmebehandlung
- Variableneinblendung

Archivierung

- Langzeitarchiv
- Kurzzeitarchiv
- Verdichtung über die Zeit
- Verdichtung über Funktionen
- Schneller Insert
- Komprimierte Ablage
- Serving für Statistiken
- Kontinuierlicher Betrieb
- Offline konfigurierbar
- Online konfigurierbar

Protokollierung

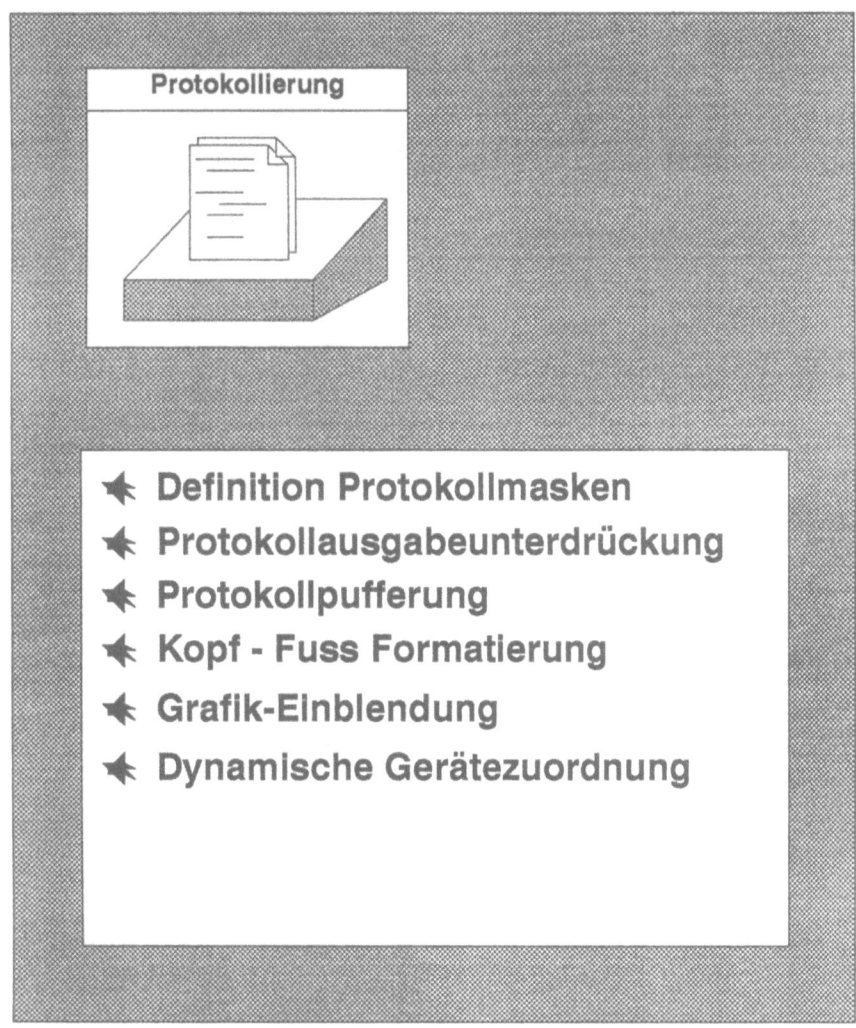

Ereignisprotokollierung

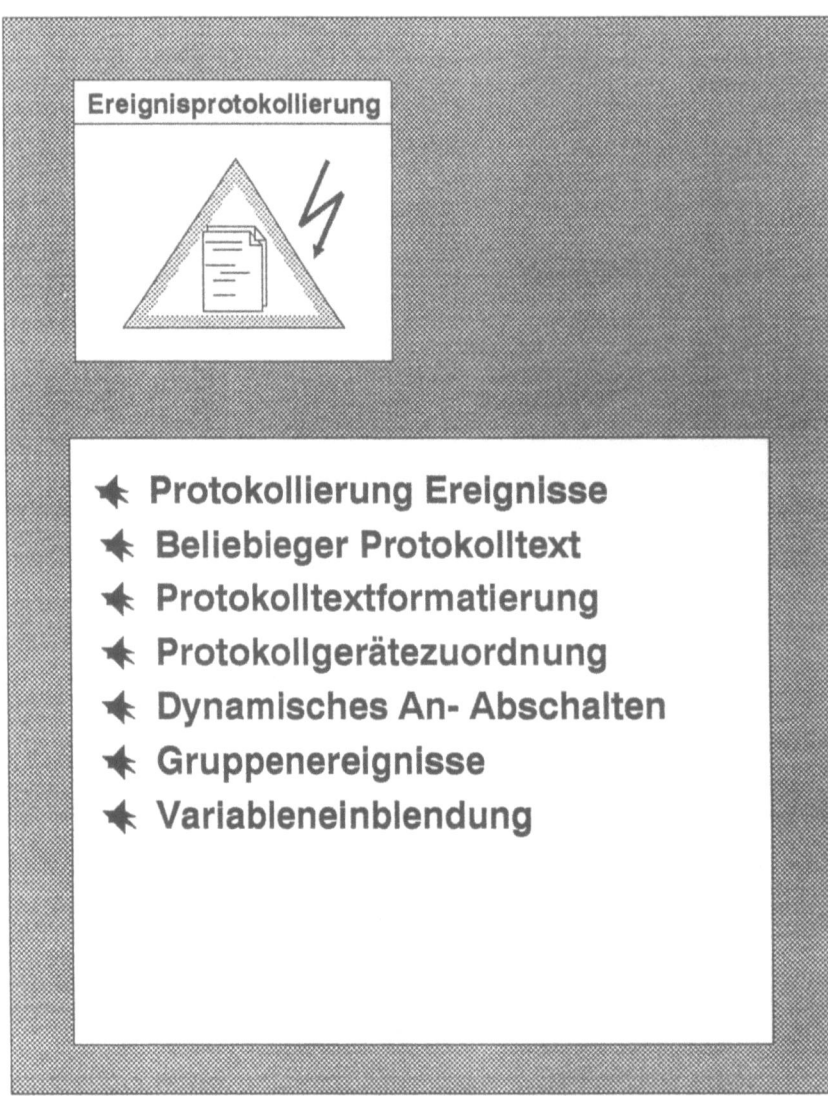

Visualisierung

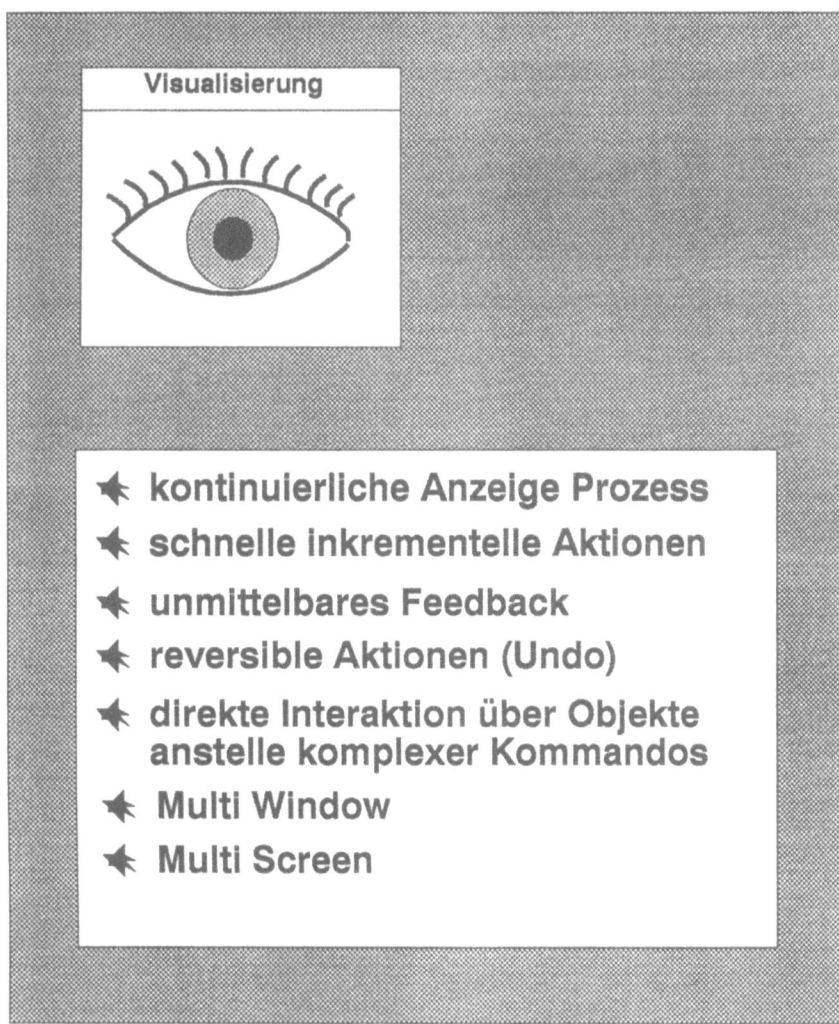

IAO-Forum
**Objektorientierte
Informationssysteme II**

**Technische Dokumentation
für den Engineeringprozeß**

J. Matthes, F. Marcial

J. Matthes, F. Marcial

Vorbemerkung

Produkte jeglicher Art unterliegen heute mehr denn je der Schnellebigkeit. Der Kunde verlangt immer weniger das kundenanonyme Standardprodukt in großen Stückzahlen, als vielmehr maßgeschneiderte, genau auf seine Anwendung angepaßte Lösungen.

Die Folgen für produzierende Unternehmen sind
- zunehmende Produktkomplexität,
- steigende Produktvielfalt,
- kleine Losgrößen,
- steigende Entwicklungsaufwände und -zeiten bei sinkenden Produktlebenszeiten.

Unter der Prämisse, schneller als der Wettbewerber seine Produkte in den Markt einzuführen, im Neudeutschen auch mit "Time to market" umschrieben, wurden in den direkten Bereichen umfangreiche Maßnahmen getroffen, um die Durchlaufzeit eines Auftrags bzw. Produkts im Unternehmen zu verkürzen. Die indirekten oder auch Engineering-Bereiche wie Entwicklung, Konstruktion oder Planung haben bislang mit dieser Entwicklung nicht Schritt gehalten /1/. Die anteilige Durchlaufzeit in diesen Bereichen an der gesamten Durchlaufzeit erreicht Größenordnungen von 60% und mehr. Und dies, obwohl in den letzten Jahren der Rechnereinsatz hier sehr stark angestiegen ist. Es ist verwunderlich, daß Systeme der technischen Informationsverarbeitung wie CAD, CAP, CAM und CAQ die erwarteten Ratio-Potentiale bisher nicht erfüllen.

Was sind nun die Hauptgründe für den unbefriedigenden Wirkungsgrad der technischen Informationssysteme? Für die Ursachenforschung ist ein Rückblick in der historischen Entwicklung des Rechnereinsatzes in den Unternehmen hilfreich.

Die Anfänge des Computerisierung waren in einem Unternehmensumfeld angesiedelt, das ablauforganisatorisch stark funktional gegliedert war, Bild 1. Über den Nutzen der Rechnerunterstützung in den Bereichen waren sich die

Verantwortlichen einig, man vergaß aber in der ersten Euphorie den integrativen Aspekt beim Einsatz der Datenverarbeitung mitzuberücksichtigen. Die Folge dieser Entwicklung waren CAE-Systeme, die nur für bereichsspezifische Fragestellungen optimierte Lösungen, also technische Insellösungen darstellten. Eine bereichsübergreifende DV-gestützte Nutzung von Daten und Ergebnissen war nicht möglich. Die Übertragung von Informationen in andere DV-Systeme mußte und muß auch heutzutage noch z.T. in Papierform erfolgen. Durch diese indirekte und zeitintensive Art der Datenübermittlung ergaben sich Probleme bezüglich Inkonsistenzen von Daten, von der Aktualität der Daten ganz zu schweigen.

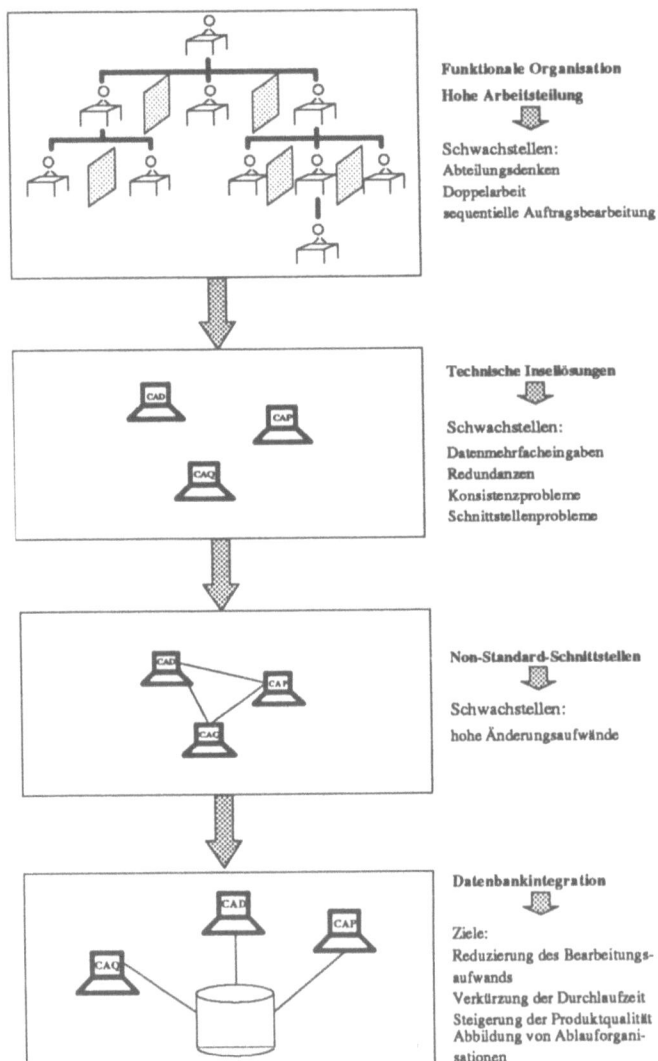

Bild 1: Historische Entwicklung des Rechnereinsatzes in den Unternehmen

Da dies nicht der Weisheit letzter Schluß sein konnte, gab es Überlegungen dahingehend, DV-Systeme über Non-Standard-Schnittstellen direkt zu koppeln. Nachteile dieser Non-Standard-Schnittstellen dokumentieren sich bei neuen Releases der DV-Systeme in hohen Aufwänden bezüglich deren Pflege und arbeitsintensiven Änderungen.

Als Integrationsmedium werden in jüngster Zeit zunehmend Datenbanken eingesetzt. Diese haben zudem den Vorteil, die Daten in aktueller und korrekter Form den Anwendungen zur Verfügung stellen zu können. Die Effizienz des gesamten Engineering-Prozesses hängt entscheidend davon ab, inwieweit das komplexe Zusammenspiel der beteiligten Fachgruppen sowohl auf organisatorischer als auch auf der Ebene der Datenverarbeitung funktioniert. Datenbanken sind u.a. für den Aufbau von technischen Informationssystemen ein wichtiges Medium, um den traditionellen Entwicklungsprozeß durch eine multidisziplinäre, synchronisierte Vorgehensweise auch in der Datenverarbeitung abzulösen.

Die klassischen Funktionen des Informationsmanagement, wie Speichern, Suchen oder Bereitstellen sind für abgegrenzte Unternehmensbereiche inselhaft gelöst. Durch das wachsende Verständnis um das Zusammenwirken unterschiedlicher Unternehmensbereiche und der daraus resultierenden Abhängigkeiten werden neue, erweiterte Funktionalitäten der Informationssysteme gefordert. Um beispielsweise Maßnahmen des Entwicklungsmanagement wie Simultaneous Engineering oder Concurrent Engineering realisieren zu können, bedarf es neben der Betrachtung organisatorischer Aspekte auch des DV-technischen Unterbaus für die konsequente Umsetzung dieser Philosophien.

Heutige Anforderungen im Engineeringbereich an die Produktdatenverwaltung

Bevor wir näher auf die Anwendung der objektorientierten Technologie eingehen, soll zunächst auf die vielfältigen Anforderungen der Engineering-Bereiche eingegangen werden, die sich an die Produktdatenverwaltung stellen.

Aus der Sicht der Konstruktion werden in zunehmenden Maße Informationssysteme benötigt, deren wesentliche Komponente eine geeignete Verwaltung von Produktdaten und -dokumenten darstellt. Neben diesem Aspekt werden

Anforderungen an die Abbildung organisatorischer Abläufe (z.B. Produktentwicklung mit Freigabewesen, Änderungsorganisation) gestellt. Systeme, die diesen Ansprüchen gerecht werden, tragen erheblich zur Realisierung der bekannten Unternehmensziele bei (Reduzierung der Durchlaufzeit in der Konstruktion, rationelle Auftragsabwicklung, integrierte Produktgestaltung, Möglichkeiten zum Simultaneous und Concurrent Engineering).

Aus Analysen von Engineering-Bereichen lassen sich folgende Anforderungen an ein Informationssystem formulieren:

o   Verwaltung und Archivierung von technischen Daten (Teilestamm, Konstruktionsstückliste), langlebige Produktdaten (bis ca. 20 Jahre) müssen berücksichtigt werden.

o   Verwaltung und Archivierung von unterschiedlichsten technischen Dokumenten (Zeichnung, Arbeitsplan, NC-Programm, etc.).

o   Historien- und Versionenverwaltung.

o   Abbildung von Ablauforganisationen (Freigabe, Änderungswesen).

o   Such und Selektionsfunktionen für Wiederhol-, Ähnlich- und Normteile.

o   Management der Zugriffsberechtigung von Benutzer auf Anwendung, Funktion, Daten.

o   Modellierung und Strukturierung von Produktdaten durch privilegierte Personen.

o   Offenheit, Mehrsprachigkeit der Benutzerschnittstelle.

o   Einsatz in heterogene und vernetzte Systemlandschaften (Anspruch an Hardwareunabhängigkeit, verteilte Datenbanken).

Aus diesen Anforderungen heraus wird deutlich, daß ein Übergang von reinen Dateiverwaltungs- und Dokumentensuchsystemen zu vollständigen Engineering-Data-Management-Systemen, kurz EDM-Systeme, erfolgen muß. Seit Beginn der 80-er Jahre werden von verschiedenen Herstellern (Eigner & Partner / CADIM-EDB;

Digital Equipment / EDCS, Procad / PROFILE, etc.) EDM-Systeme angeboten und
ständig weiterentwickelt. Die Anforderungen des Marktes drängen die
Systementwickler zur Verwendung einsatzfähiger Technologien (z.B. die anfängliche
ISAM-Dateiverwaltung wird durch Relationale Datenbanken abgelöst) und
Konzepten, die u.a. auch internationale Standardisierungsbestrebungen wie z.B.
STEP mitberücksichtigen müssen.

Im Rahmen seiner praxisorientierten Forschungsaktivitäten stellt sich das
Fraunhofer-Instituts für Arbeitswirtschaft und Organisation (IAO) die Aufgabe, neue
Technologien, wie z.B. objektorientierte Datenbanken, auf diesen Problembereich zu
projizieren und deren Potentiale für Systementwickler und Anwender
herauszuarbeiten. Es gilt somit die Vorteile der neuen Technologien mit den
klassischen Erfahrungen des Informationsmanagements in einem objektorientierten
EDM-System, kurz oo-EDM-System, zu vereinen.

Im folgenden werden einige generelle Datenbankaspekte beleuchtet, die im Hinblick
auf den Einsatz von objektorientierten Datenbanken eine neue Interpretation der
gestellten Anforderungen erlauben.

Eigenschaften von oo-EDM-Systemen

Gestützt auf objektorientierte Datenbanken lassen sich folgend Eigenschaften von
oo-EDM-Systemen formulieren.

o   Datentransparenz
    Der Benutzer muß nicht wissen, wo und wie die Daten physikalisch gespeichert
    sind. Über ein Client / Server- Modell muß eine umfassende und transparente
    Datenverteilung und -kontrolle angeboten werden. Da im Engineering-Bereich
    interdisziplinäre Arbeitsgruppen projektspezifisch unterstützt werden müssen,
    ist die verteilte Datenhaltung zu unterstützen. OO-EDM erlauben die freie
    Konfiguration von ablauforganisatorischen Aspekten wie z.B. die Bildung von
    Projektgruppen.

o   Reduzierung von Datenredundanzen
    Arbeiten bestimmte Systeme ohne Datenbankanbindung, speichert jeder
    Anwender seine eigenen Dateien ab. Dies führt häufig zur
    Mehrfachspeicherung von Daten. Diese Redundanzen gilt es auf ein sinnvolles

Maß zu reduzieren. Durch die Verwendung einer objektorientierten Datenbank ist die Redundanzfreiheit in einem hohen Maße gewährleistet, da jedes Datum genau einmal in der Datenbank abgespeichert wird.

o   Datenunabhängigkeit
Durch objektorientierte Datenbanken wird eine höhere Qualität bei der Trennung von Daten und Anwendung erreicht. D.h. bei einer Änderung des Datenmodells bleibt durch den Aspekt der logischen Unabhängigkeit zwischen Daten und Anwendung die Anwendung selbst davon unberührt.

o   Wahrung der Datenkonsistenz
Datenkonsistenz bedeutet die Widerspruchsfreiheit zweier Daten. Die Möglichkeit der Dateninkonsistenz ist nur bei Datenredundanz gegeben. D.h., um inkonsistente Daten zu vermeiden, müssen redundante Daten dieselbe Aussage liefern. Mechanismen wie Locking, Versionierung, Recovery, Löschen und Erstellen müssen spezifierbar sein, d.h. gemäß den speziellen Anforderungen einer Anwendung werden diese Datenbankoperationen bzgl. Funktionalität und Leistung unterschiedlich konfiguriert.

o   Wahrung der Datenintegrität
Bei Wahrung der Integrität hat der Benutzer die Sicherheit, daß ungültige Daten in der Datenbank keine Existenz besitzen. Ungültige Daten können durch Inkonsistenz auftreten oder durch die Verletzung vordefinierter Regeln verursacht werden, welche die tatsächlichen Verhältnisse abbilden. Eine solche Regel kann die Festlegung eines Wertebereichs sein. Durch die Eingabe von Daten, die außerhalb des festgesetzten Wertebereichs liegen, wird die Datenintegrität verletzt. Die hohe Ausdrucksmächtigkeit des objektorientierten Datenmodells gewährleistet die Widerspruchsfreiheit zwischen modellierter und realer Welt. Im oo-EDM-Systemen werden komplexe Datenstrukturen gehandelt. D.h. neben Integer- oder Realzahlen kann ein Feld mit Matrizen, Graphikinformationen etc. belegt sein. Hier werden neue Mechanismen gefordert sein, die eine Datenintegrität garantieren können.

Im folgenden werden die grundlegenden Eigenschaften dieser Technologie erkärt.

Warum objektorientierte Datenbanken?

Die Effizienz von Datenbanksystemen wird neben Merkmalen wie Transaktionsmanagment, Zugriffsschutz, Anfrageoptimierung und Datenintegrität auch durch die Eignung des Datenmodells zur Abbildung der aktuellen Unternehmensbelange in der Datenbank geprägt. Die heute marktüblichen Datenbanksysteme basieren im wesentlichen auf der hierarchischen, netzwerkorientierten, relationalen bzw. objektorientierten Technologie.

Der Einsatz von Datenbanken in den Unternehmen war in der Vergangenheit überwiegend durch hierarchische und Netzwerk-Datenbanken geprägt, deren Einsatz jedoch wegen der wenig benutzerfreundlichen Bedienung und der fehlenden Trennung und Unabhängigkeit der Anwendungsprogramme von der physikalischen Darstellung der Daten in der Datenbank problematisch ist. Änderungen des Datenmodells verursachen bei diesen Datenbanktypen fast immer große Aufwände.

Relationale Datenbanken beginnen sich seit wenigen Jahren Anwendungen auch den technischen Bereich zu erschließen. Sie bieten den Vorteil eines einfachen, flexiblen Datenmodells und sind wesentlich einfacher in der Handhabung als die zuvor genannten Datenbanktypen. Obwohl sie im betriebswirtschaftlich-administrativen Bereich für viele Anwendungen sehr gut geeignet sind, treten bei diesem Datenbanktyp bei vielen technischen Einsatzfällen Probleme auf.

So verlangen komplexe und anspruchsvolle Anwendungen im Engineering-Bereich oder in der Büroautomatisierung eine hohe Ausdrucksmächtigkeit des zugrundeliegenden Datenmodells. Damit sollen die anfallenden Informationen möglichst vollständig in der Datenbank repräsentiert werden. In einem relationalen Datenmodell müssen beispielsweise zur Vermeidung von Redundanzen komplexe Objekte in flache Datenstrukturen wie Relationen oder Tabellen zerlegt und somit normalisiert werden. Dies bedeutet bei vielen Datenbankanfragen, daß der logische Zusammenhang der Daten durch Abgleichen der Tabellen miteinander (Join-Operationen) zunächst zeitintensiv wieder hergestellt werden muß. Sehr lange Antwortzeiten können die Folge sein. Um dies zu vermeiden, kann die Datenbasis wieder denormalisiert werden. Die Schritte der Normalisierung bei der Datenmodellierung werden wieder umgekehrt und somit Redundanzen bewußt in Kauf genommen, um das Antwortzeitverhalten zu verbessern.

Für die angemessene Abbildung eines Sachverhalts in einem Datenmodell stehen in einem relationalen Datenbanksystem nur wenige Datentypen wie Integer oder Character sowie Tupel und Relationen zur Verfügung. Vor allem bietet dieses Datenmodell keine Datentypen zur Darstellung von Graphik. Diese offensichtliche Schwachstelle hat zu Weiterentwicklungen auf dem Gebiet der relationalen Datenbanken geführt, bei denen versucht wird, diesem Mangel durch größere Datenfelder zu begegnen. In sogenannten Binary Large Objects (Blobs) können graphische Daten abgelegt werden. Aber auch diese Erweiterungen bieten dem Anwender nicht die Möglichkeit, sich seinen Anforderungen entsprechend neue Datentypen zu erzeugen. Ebenso fehlen Mechanismen für die Verwaltung von verschiedenen Versionen eines Objekts sowie Methoden zur Behandlung von langandauernden Transaktionen wie sie etwa in der Konstruktion tagtäglich auftreten.

Zusammenfassend ist festzustellen, daß die heute im Einsatz befindlichen Datenmodelle für viele komplexe technische Anwendungen nur mit großem Zusatzaufwand in der Lage sind, die jeweils gestellten Anforderungen an die Datenmodellierung ausreichend zu erfüllen.

Für die oben aufgeführten Anforderungen stellen objektorientierte Datenbanken ein geeignetes Datenmodell zur Verfügung /3/. Vorhandene Datentypen können den Anforderungen der Anwendung entsprechend erweitert werden, um deren Komplexität möglichst realitätsgetreu im Datenmodell abzubilden.

Die objektorientierte Philosophie kommt dem Denken des Menschen in Objekten und seinem Bestreben, diese in ein Klassensystem einzuordnen, sehr stark entgegen. Wie in der Realität lassen sich Objekte mit gleichen Charakteristika in **Objektklassen** zusammenfassen, Bild 2. Diese Klassen werden in Ober- und Unterklassen gegliedert. Dies bedeutet, daß je weiter oben eine Klasse in der Klassenhierarchie eingestuft ist, desto allgemeiner sind ihre Eigenschaften. Umgekehrt, je tiefer eine Klasse in der Hierarchiestruktur angesiedelt ist, desto spezifischer ist ihr Eigenschaftsprofil. Die einzelnen **Objekte** einer Klasse unterscheiden sind in der Belegung der lokalen Daten. Zur vollständigen Beschreibung der Klassen werden ihre Eigenschaften als Attribute sowie ihr Verhalten, beschrieben durch **Methoden**, mit in der Datenbank abgelegt.

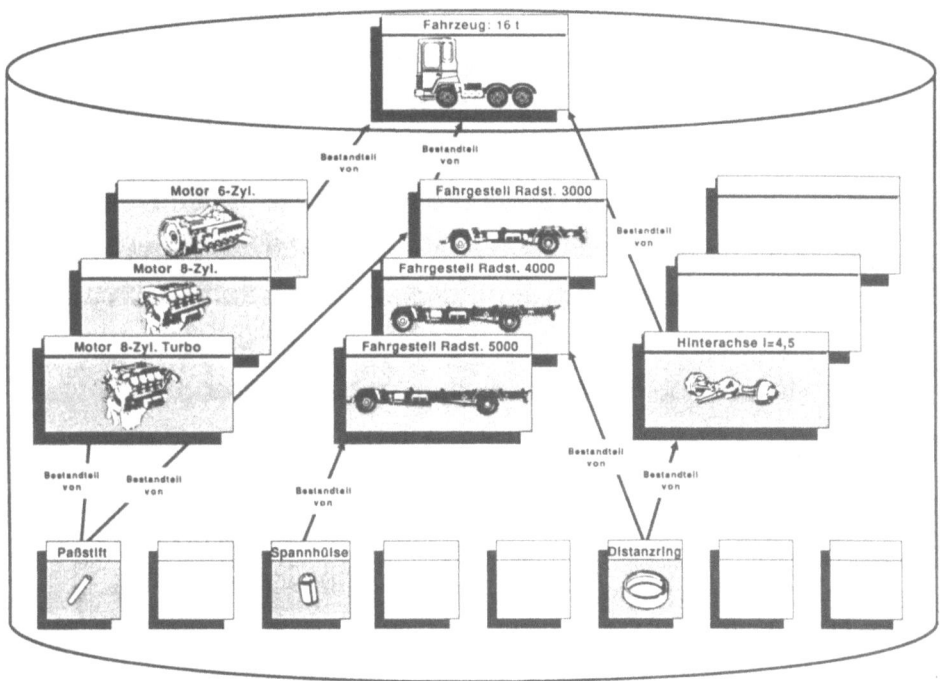

Bild 2: Zusammenfassung von Objekten gleicher Charakteristika in Objektklassen

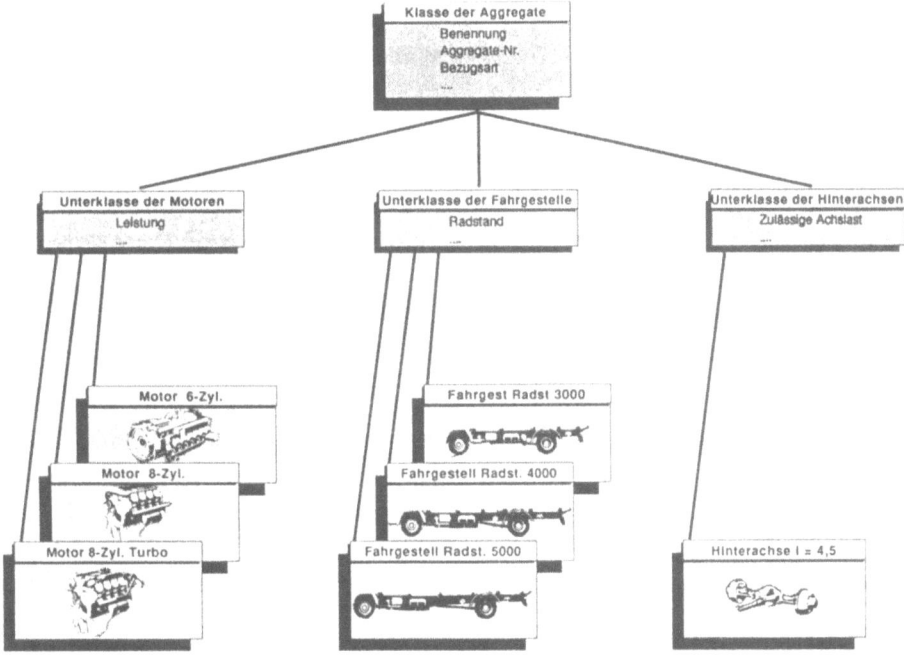

Bild 3: Vererbungsprinzip

Eng mit dem Begriff der Klasse verbunden ist das Konzept der **Vererbung**, Bild 3. Vererbung bedeutet, daß Eigenschaften, die für eine übergeordnete Klasse definiert wurden, zwangsläufig für alle Objekte aller untergeordneten Klassen gelten. Das Vererbungsprinzip ermöglicht die Wiederverwendung bereits existierender Strukturen, so daß durch die daraus entstehende Modularität die Entwicklungszeit von Datenbank-Anwendungen beträchtlich verringert werden kann. Durch die Nutzung und Erweiterung bestehender Objektklassen wird die Wartungsfreundlichkeit der Datenbank wesentlich erhöht. Notwendige Erweiterungen sind häufig ohne große Änderungen in der Klassenhierarchie realisierbar.

Die Klasseneinteilung und Hierarchiebildung bewirken einen modularen Systementwurf. Die Möglichkeit, gemeinsame Eigenschaften zu generalisieren und diese möglichst weit oben in der Klassenhierarchie zu definieren, bietet dem Anwender den Vorteil, Änderungen in der Eigenschaftsstruktur eines Objektes nur an einer Stelle durchführen zu müssen. Die Definition neuer Datentypen erlaubt dem Benutzer, das reale Objekt seinen Vorstellungen entsprechend datentechnisch abzubilden.

Objektorientierte Systeme bieten dem Anwender weiter die Möglichkeit, Objekte beliebig miteinander zu verschachteln, so daß die realen Objekte weitgehend 1:1 in der Datenbank abgebildet werden können. Dadurch sind bei der Betrachtung des Datenmodells die Beziehungen der einzelnen Objekte untereinander schnell ersichtlich. Aufgrund der Tatsache, daß in einer objektorientierten Datenbank die logischen Zusammenhänge der Daten mit abgelegt werden können, wird eine bessere Abbildung der Benutzerwelt im Datenmodell erreicht.

Datenobjekte können außer den gängigen Attributen wie Text oder Zahlen auch ihrerseits wieder andere Objekte enthalten. Es ist durchaus möglich, daß ein Objekt Bestandteil mehrerer anderer Objekte ist, ohne daß es deshalb mehrfach in der Datenbank gehalten werden muß. Bei Datenbankanfragen, die auf die gesamte Information eines Objekts zugreifen, werden keine zeitintensiven Join-Operationen benötigt, da die logischen Struktur des Objekts in der Datenbank abgelegt sind.

Polymorphismus befreit die Anwendungsprogrammierung von der Notwendigkeit des zeitintensiven Änderungsdienstes, falls neue Methoden dem System hinzugefügt werden. Objektorientierte Systeme unterstützen die **Datenkapselung**, das heißt, Implementation und Interface der Datentypen sind voneinander getrennt, was die Datensicherheit beim Entwickeln neuer Anwendungen erhöht. Zudem stellen die meisten objektorientierten Datenbanksysteme Mechanismen für lange Transaktionen und für die Versionenverwaltung bereit, die für den technischen Bereich besonders vorteilhaft sind.

Abschließend kann gesagt werden, daß objektorientierte Datenbanken eine Funktionalität bieten, die für Fragestellungen des technischen Bereichs besonders gut geeignet sind. Diese Erfahrungen konnten in einem Industrieprojekt zur technischen Dokumentation von Fahrzeugen am IAO gemacht werden.

Abbildung von Produktstrukturen mit Hilfe der objektorientierten Technologie

In dem oben genannten Industrieprojekt wurde zur Aufgabe gestellt, unterschiedliche Unternehmensbereiche mit Daten über das Produkt, speziell Produktstrukturdaten, zu versorgen. Der hier beschriebene Einsatzfall war aufgrund des hohen Komplexitätsgrades des Produktes "Fahrzeug" geradezu prädestiniert für den Einsatz einer objektorientierten Datenbank; vor allem aufgrund ihrer Eigenschaft, anwenderspezifische Datentypen wie Stücklisten, Zusammenbauten oder dergleichen definieren zu können.

Mit den Eigenschaften der objektorientierten Technologie war es möglich, jede existierende Teilstruktur datentechnisch einfach im Datenmodell abzubilden. Jeder Gegenstand des betrachteten Produkts, sei es das Fahrzeug als ganzes, ein Aggregat oder ein Einzelteil, wird in der Datenbank als Objekt behandelt. Z. B. beinhaltet das Objekt "16t" aus der Klasse der Fahrzeuge eine Liste von Verweisen auf Objekte der speziellen Aggregate-Klassen "Fahrgestell", "Motor", usw., Bild 4. Die in der Datenbank abgelegten Objekte sind mit ihren Beziehungen und Abhängigkeiten zum Fahrzeug entsprechend abgebildet. So ist beispielsweise auch die Bedingung für die Verwendung eines Aggregats in einem speziellen Fahrzeug mit im Datenmodell berücksichtigt. Das im Beispiel betrachtete Fahrzeug besteht also aus einer Menge von speziellen Aggregaten wie das Objekt "6-Zyl." aus der

Aggregate-Unterklasse "Motor", das Objekt "Radst. 4000" aus der Aggregate-Unterklasse "Fahrgestell", usw..

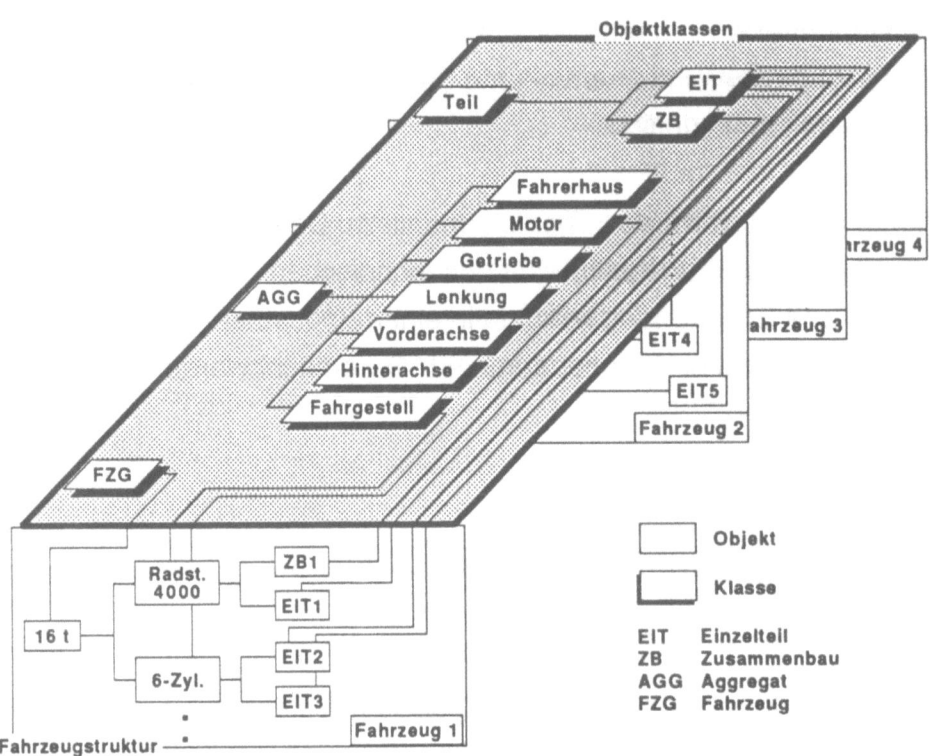

Bild 4: Abbildung der Objekte in der objektorientierten Datenbank

Diese Objekte vom Typ "Aggregat" weisen ihrerseits wieder bestimmte Attribute auf. Der Informationsgehalt aller Objekte der Klasse "Aggregat" umfaßt Eigenschaften wie dessen Benennung, dessen Stammdaten, die Verwendung des Aggregats in unterschiedlichen Fahrzeugen, sowie einer Teileliste, bestehend aus Zusammenbauten und Einzelteilen. Der Inhalt dieser Teile- bzw. Stückliste ist zu einem gegebenen Zeitpunkt abhängig von den Gültigkeiten der darin enthaltenen Teile.

Um einen direkten Vergleich zwischen relationaler und objektorientierter Datenbantechnologie ziehen zu können, wurden hierzu parallel zwei Prototypen entwickelt, die auf den oben genannten Datenbanktechnologien basieren und denselben Datenumfang beinhalten. Aus dem Vergleich beider Datenbankmodelle konnten folgende Erkenntnisse gezogen werden: Für bestimmte Anfragearten, wie z.B. den Verwendungsnachweis eines Teils in übergeordneten Strukturen, konnten beim objektorientierten Prototypen wesentlich kürzere Antwortzeiten festgestellt werden und somit Anfragen effizienter bearbeitet werden. Mit den Eigenschaften des objektorientierten Datenbankmodells war der Gegenstandsbereich der Anwendungen wesentlich schneller und einfacher zu beschreiben und abzubilden. Redundanzfreie Datenhaltung konnte ohne Beeinträchtigung der Leistung realisiert werden.

Erweiterung der Produktinformation um Dokumente

Stamm- und Strukturdaten eines Produkts, wie sie im vorangegangenen Abschnitt mit dem objektorientierten Datenmodell abgebildet wurden, stellen nur einen Bruchteil der gesamten Produktinformation dar. Während des gesamten Produktentstehungsprozesses kommen neue Informationen zur Gesamtbeschreibung eines Produkts hinzu. Jeder Prozeß, der in irgendeiner Art und Weise auf das Produkt einwirkt, produziert spezifische Produktdaten, angefangen in der Entwicklung, in der z.B. alternative Funktionsprinzipien für ein Produkt entwickelt

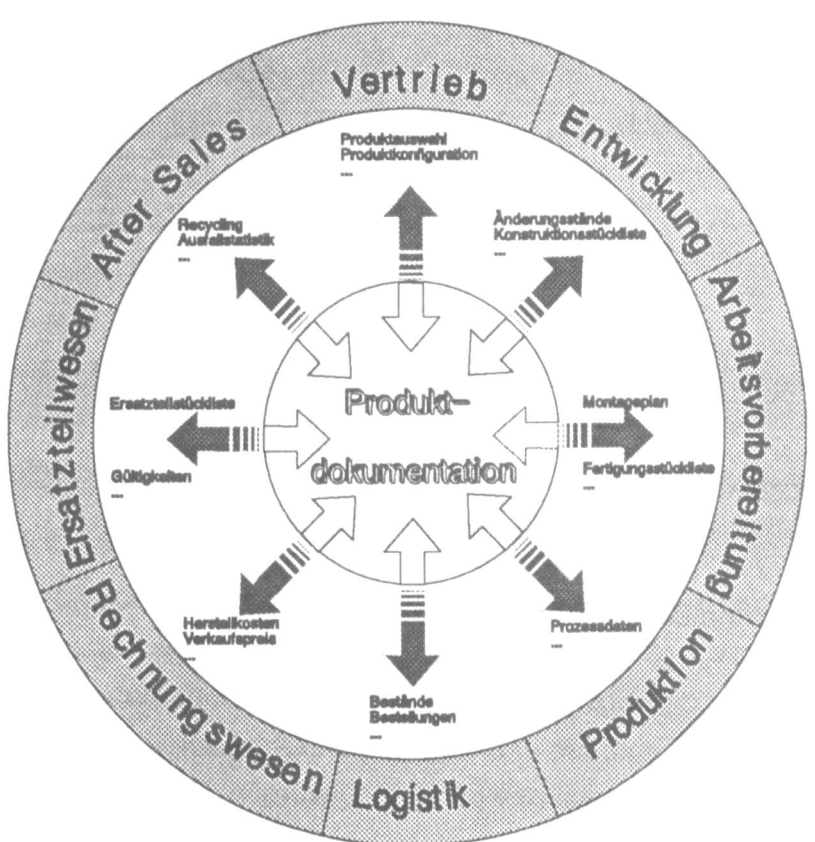

Bild 5: Arten von Produktdaten

werden, über die Arbeitsplanung, die unter anderem Montagepläne, Fertigungsstücklisten oder NC-/RC-Programme generiert, bis zum After-Sales-Bereich, in dem beispielsweise Statistiken über Produktausfälle erzeugt werden, Bild 5.

Die Verwaltung jeder Art von Dokument stellt ein weiteres großes Anwendungsfeld der objektorientierten Datenbanktechnologie dar. Die Abbildung von Dokumentenstrukturen mit Hilfe des objektorientierten Datenmodells wird ein künftiger Schwerpunkt sein in der Weiterentwicklung des vorgenannten Prototypen zu einem oo-EDM-System, Bild 6.

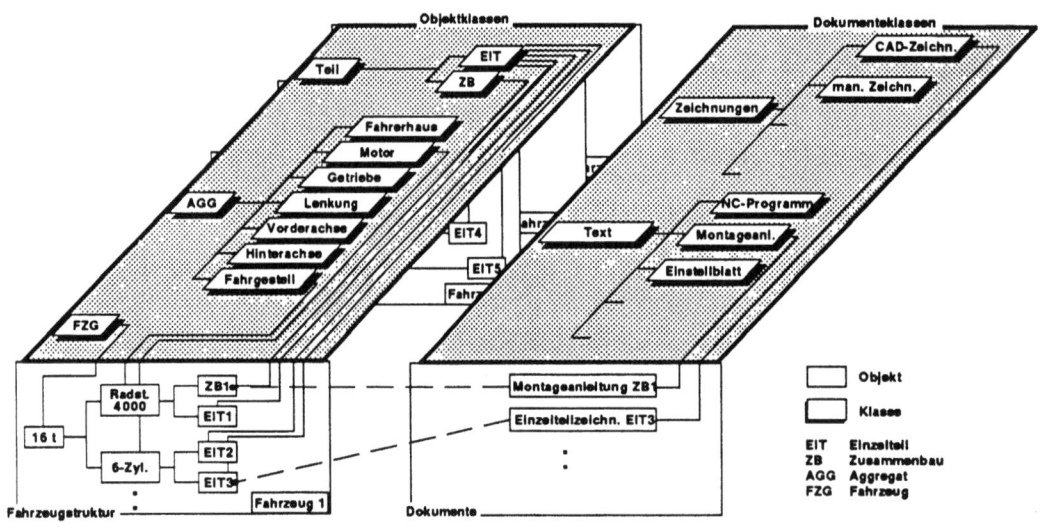

Bild 6: Abbildung von Dokumenten in der objektorientierten Datenbank

Weitere Einsatzpotentiale für die objektorientierte Datenbanktechnologie bieten folgende Funktionalitäten herkömmlicher EDM-Systeme.

o   Wiederholteilsuche über Sachmerkmalsleisten nach DIN 4000/4001
     Das Klassenkonzept sowie die Vererbungsmechanismen von objektorientierten Datenbanken sind geeignet für den Aufbau von Sachmerkmalsleisten nach DIN 4000/4001. Beim Einordnen und Suchen von Objekten muß der Anwender durch zusätzliche Informationen unterstützt werden. Das Navigieren innerhalb der Klassenstrukturen ermöglicht ein schnelles und gezieltes Auffinden von Informationen bzw. Objekten. Durch die Möglichkeit der Abbildung von

abstrakten Datentypen können zusätzliche Informationen bei der Suche mit ausgewertet werden.

o   Zeichnungsverwaltung
Bei einer Zeichnungsverwaltung sollte die Möglichkeit bestehen, alte Konstruktionen in Papierform zu scannen und dabei zu digitalisieren. Diese Form von Daten sollte ebenfalls das oo-EDM-System verwalten. Herkömmliche EDM-Systeme verwalten derzeit nur Metadaten (organisatorische Daten wie Zeichnungsnummer, Ersteller usw.). OO-EDM-Systeme können darüberhinaus komplexe Informationsbestände aufnehmen.

Literatur

/1/ Bullinger, H.-J.:
   IAO-Studie "F&E - heute"
   gfmt - Gesellschaft für Mangement und Technologie - Verlags KG, 1990

/2/ Eigner, M. u.a.:
   Engineering Database - strategische Komponente in CIM-Konzepten
   München; Wien: Hanser, 1991

/3/ Atkinson; Bancilhon, F.; DeWitt, D.; Dittrich, K.; Maier, D.; Zdonik, S.:
   The Object-Oriented Database System Manifesto
   Proceedings DOOD, Kyoto, Dec. 1989

IAO-Forum
**Objektorientierte
Informationssysteme II**

**Objektorientierte
Ingenieursysteme
in der Raumfahrt**

J. Eickhoff

Objektorientierte Ingenieursysteme in der Raumfahrt

1. Einleitung 3

2. Objektorientiertes Softwaredesign 4
    2.1. Definition objektorientierter Systeme 4
    2.2. Die Softwarefunktionen zur Implementierung objektorientierter
         Programmstrukturen 4

3. TINA-AIT, ein objektorientiertes Planungssystem für Satellitenintegration 5
    3.1. Die Programmarchitektur von TINA-AIT 5
    3.2. Die objektorientierte Benutzeroberfläche 6
    3.3. Die Funktionsbausteine des Systems 6
    3.4. Planungsfunktionalitäten 8
    3.5. Planung von Integrationsaktivitäten mit Verfolgung der
         Systemkonfiguration 8

4. TINA-CT, ein objektorientiertes Planungswerkzeug für Crew Training 10
    4.1. Angepaßtes Planungssystem für Crew Training Aktivitäten 10
    4.2. Objektorientierte Konzeption einer Multi-Timeline-Planungs-
         funktionalität 10
    4.3. Zukünftige Erweiterungen der objektorientierten Aktivitäten-
         beschreibung 11

5. SIMTAS - Objektorientierte Konzeption für eine thermo-/fluiddynamische
   Simulationssoftware 14
    5.1. Programmsystem SIMTAS 14
    5.2. Konzeption von SIMTAS 14
    5.3. Objektorientierte Konzeption zukünftiger SIMTAS Versionen 15
        5.3.1. Objektorientierte Benutzeroberfläche für Modelldefinition
               und Ergebnisaufbereitung 16
        5.3.2. Vorteile der objektorientierten Konzeption 16
        5.3.3. Implementierungswerkzeuge 19

6. Zusammenfassung 19

Literatur 20

Objektorientierte Ingenieursysteme in der Raumfahrt

1. Einleitung

Es scheint manchmal so, als ob die kreativsten und innovativsten Softwareentwicklungen von kleinen Teams, bestehend aus ein bis zwei Personen, zustande gebracht werden. Wenn die Softwareprojekte größer und anspruchsvoller werden, wachsen auch die Entwicklerteams, und zwar unproportional stärker als die Softwarefunktionalität, um die steigende Komplexität zu bewältigen und Entwicklungstermine einhalten zu können. Man kann beobachten, daß diesen gewachsenen Entwicklergruppen die Klarheit der Entwicklungsziele sukzessive verloren geht, und daß sie die Fähigkeit einbüßen das Projekt in einem gesteckten Zeitrahmen zu codieren.

Dieses Phänomen resultiert daraus, daß konventionell prozedural programmierte Systeme einen erheblichen Programmieraufwand für spätere Funktionserweiterungen bedingen. Insbesondere das Testen von prozedural programmierten Systemen auf alle möglichen Fehlerfälle erfordert mit zunehmender Programmkomplexität erheblichen Arbeitsaufwand, der bis zu einem mehrfachen des Kodierungsaufwandes reichen kann.

Um diese Probleme in den Griff zu bekommen, sind in den vergangenen Jahren in der Informatik grundlegend neue Programmierkonzepte erarbeitet worden, die darauf abzielen, Funktionalitäten in einem Programm nicht mehr durch ablaufende und sich gegenseitig evtl. unkontrolliert beeinflussende Prozeduren abzubilden, sondern durch die problemangepaßte Definition von interagierenden Objekten.

Diese Entwicklungen begannen schon in den 70'er Jahren mit der Entwicklung der Sprache SmallTalk und der zugehörigen Programmierumgebung /1/ und haben bis heute zu einer Fülle von Softwarewerkzeugen und Programmiersprachen geführt, die die Implementierung objektorientierter Programmsysteme unterstützen.

In diesem Vortrag sollen, nach einem kurzen Überblick über die Definition und die Vorteile objektorientierter Programmierung beispielhaft, einige objektorientierte Softwareprodukte aus dem Bereich der Raumfahrt vorgestellt werden. Um einen repräsentativen Querschnitt von Anwendungen abzudecken, werden drei Programmsysteme vorgestellt:

- Aus dem Bereich der industriellen Projektabwicklung:
  TINA - AIT, ein Planungssystem für die Satellitenintegration

- Aus dem operationellen Umfeld der bemannten Raumfahrt:
  TINA - CT, ein System für die Planung von Crew Training Aktivitäten

- Aus dem Bereich der Ingenieursysteme in Konstruktion und Entwicklung:
  Die objektorientierte Konzeption einer thermo-/fluiddynamischen Simulationssoftware

Objektorientierte Ingenieursysteme in der Raumfahrt

2. Objektorientiertes Softwaredesign

2.1. Definition objektorientierter Systeme

Objektorientierte Programmiertechniken zielen darauf ab, komplexe Abhängigkeiten im zu modellierenden System durch die Definition von Objekten und deren Interaktionen im Programmsystem abzubilden. Dabei wird Wissen um die Funktion und Beschreibung der Objekte im Objekt selbst verkapselt. Funktionalität **und** zugehörige Daten bilden zusammen die Definition eines Objekts.

Die Definition und Erzeugung von Objekten ist eine Sache der Strukturierung von

- Wissen und Aktivitäten anstatt von
- Daten und Prozeduren (Prozedurale Programmierung)

In der prozeduralen Programmierung berücksichtigt man normalerweise die Daten und die Funktionen, die diese Daten manipulieren als getrennte Einheiten. Fragen der Implementierung, die definieren, wie jede Funktion die unterschiedlichen Daten zu handhaben hat, stellen sich schon in sehr frühen Entwicklungsstadien des Programms.

Objektorienteirte Programmiertechniken beginnen mit einer sehr abstrakten Beschreibung der Funktionalitäten, die im Programm vereinigt werden müssen und der Informationen, die aus den Funktionalitäten entstehen.

Ein Objekt ist eine Einheit, die das Wissen beinhaltet, wie sie ihre eigenen Funktionalitäten auszuführen hat und wie sie mit ihren internen Daten umzugehen hat.

2.2. Die Softwarefunktionen zur Implementierung objektorientierter Programmstrukturen

Folgende Softwarefunktionen sind Voraussetzung für die objektorientierte Programmierung. Die Programmierung selber kann mit objektorientierten Sprachen oder auf der Basis sogenannter Entwicklungsumgebungen (Shells) erfolgen.

- Datenabstraktion
- Datenverkapselung (Ein Objekt hat keinen Zugriff auf interne Daten eines anderen)
- Layering (Definition hierarchischer Klassenstrukturen)
- Vererbungsmechanismen und Klassenbildung (Anthropomorphismus)
- Function overloading (Definition verschiedener Funktionen unter demselben Namen für verschiedenen Datentypen. Ein Objekt entscheidet erst zur Laufzeit, wie eine Meldung verarbeitet wird (Polymorphismus)).

3. TINA-AIT, ein objektorientiertes Planungssystem für Satellitenintegration

TINA-AIT ist ein objektorientiertes Softwarewerkzeug für die Planung von Satellitenintegration. TINA ist ein Acronym für "Timeline Assistant" und "AIT" steht für "Assembly, Integration and Test", also Zusammenbau, Integration und Test. Das TINA-AIT System besteht aus einem Programmkern, der noch in anderen Planungssystemen Verwendung findet, und zusätzlich aus einigen Adaptionen für die speziellen Probleme der Satellitenintegration.

3.1. Die Programmarchitektur von TINA-AIT

TINA-AIT basiert softwaretechnisch auf einer objektorientierten Entwicklungsumgebung und der Programmiersprache LISP. Diese Entwicklungsumgebung[1] bietet neben objektorientierten Funktionalitäten auch noch Expertensystemtechnikfunktionen an.

Die Funktionsbausteine von TINA-AIT sind

- Benutzerschnittstelle
- Controller
- Planner
- Processor
- Planungsdaten

Bild 1 gibt einen Überblick über die Systemarchitektur von TINA-AIT. Die einzelnen Systemkomponenten werden in den folgenden Abschnitten kurz skizziert.

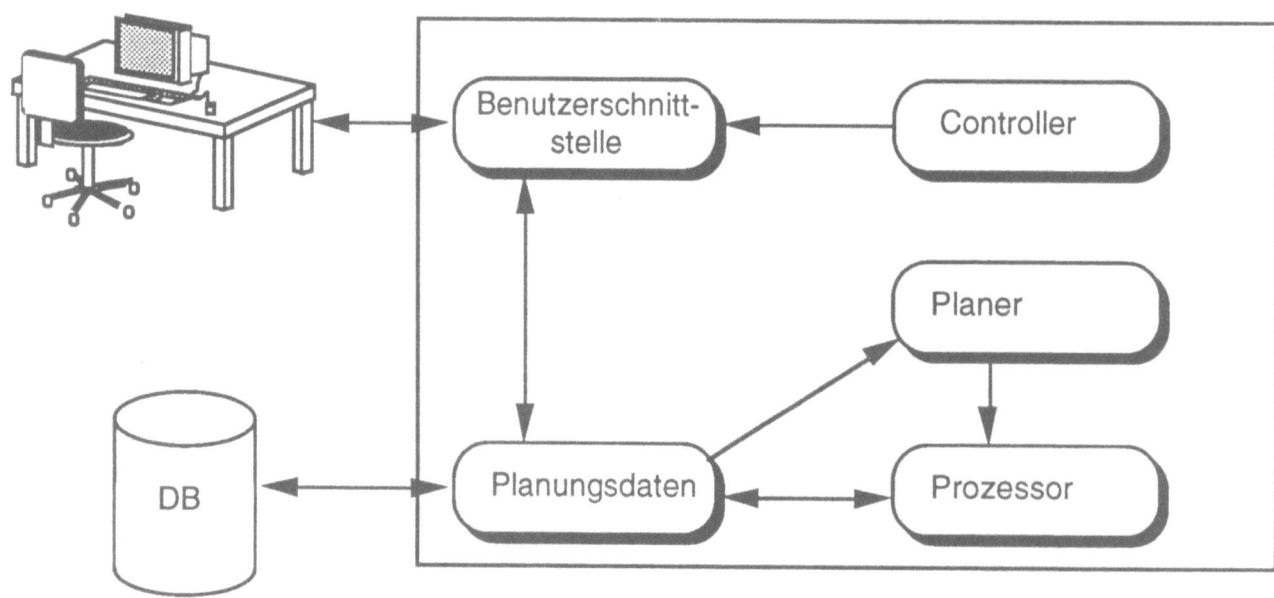

Bild 1: Systemarchitektur des Planungssystems TINA-AIT

---

[1] KEE der Firma IntelliCorp

3.2. Die objektorientierte Benutzeroberfläche

TINA-AIT verfügt über eine komfortable graphische Benutzeroberfläche, die vollständig aus interaktiven Softwareobjekten aufgebaut ist. Diese Oberfläche bietet Buttons, Pull-Down-Menüs und verschiedene andere Grafikbausteine an, um dem Anwender die Bedienung so einfach wie möglich zu gestalten. Sie ist aufgebaut aus Grafikobjekten, die die Entwicklungsumgebung KEE bereitstellt.

Die Benutzeroberfläche ist darüberhinaus kontextsensitiv, d.h. manche Funktionen sind unter bestimmten Bedingungen gesperrt oder verfügbar, so wie es eine konsistente Bedienung erfordert.

Bild 2 vermittelt einen Eindruck von der Benutzeroberfläche von TINA-AIT.

3.3. Die Funktionsbausteine des Systems

Der Controller[2] stellt die Steuerung für die Benutzeroberfläche dar. Er überwacht Dateneingabefunktionen und steuert ferner, in welchem Modus des Systems dem Anwender welche Menüfunktionen zur Verfügung stehen. Der Controller besteht aus einer Reihe von Objekten, die jeweils Teilfunktionalitäten des Gesamtcontrollers übernehmen.

Der Planer stellt den zentralen Arbeitsmechanismus des Systems dar. Er liest die Arbeitsdaten, also die zu planenden Aktivitäten und steuert den Prozessor, der die Positionierung der Aktivitäten im Zeitplan ausführt. Der Planer übernimmt desweiteren die Handhabung von Planungskonflikten und informiert den Anwender über eventuell beim Planen aufgetretene Probleme.

Der Prozessor übernimmt die Funktionalität der Positionierung einzelner Aktivitäten im Zeitplan. Er wird vom Planer gesteuert. Auch der Prozessor besteht aus einer ganzen Reihe von Objekten und beinhaltet darüberhinaus Expertensystemfunktionen, die die Entwicklungsumgebung KEE dem Anwender zur Verfügung stellt.

Die Planungsdaten bestehen zum einen aus den zu planenden Aktivitäten und ihren Randbedingungen und zum anderen aus den für die Durchführung der Aktivitäten notwendigen Resourcen, Also z.B. notwendiger Montagevorrichtungen, verfügbarer Arbeitsfläche im Reinraum etc. Sämtliche Aktivitäts- und Resourcenbeschreibungen sind in Form von Objekten dargestellt.

---

[2] vgl. Bild 1

Objektorientierte Ingenieursysteme in der Raumfahrt

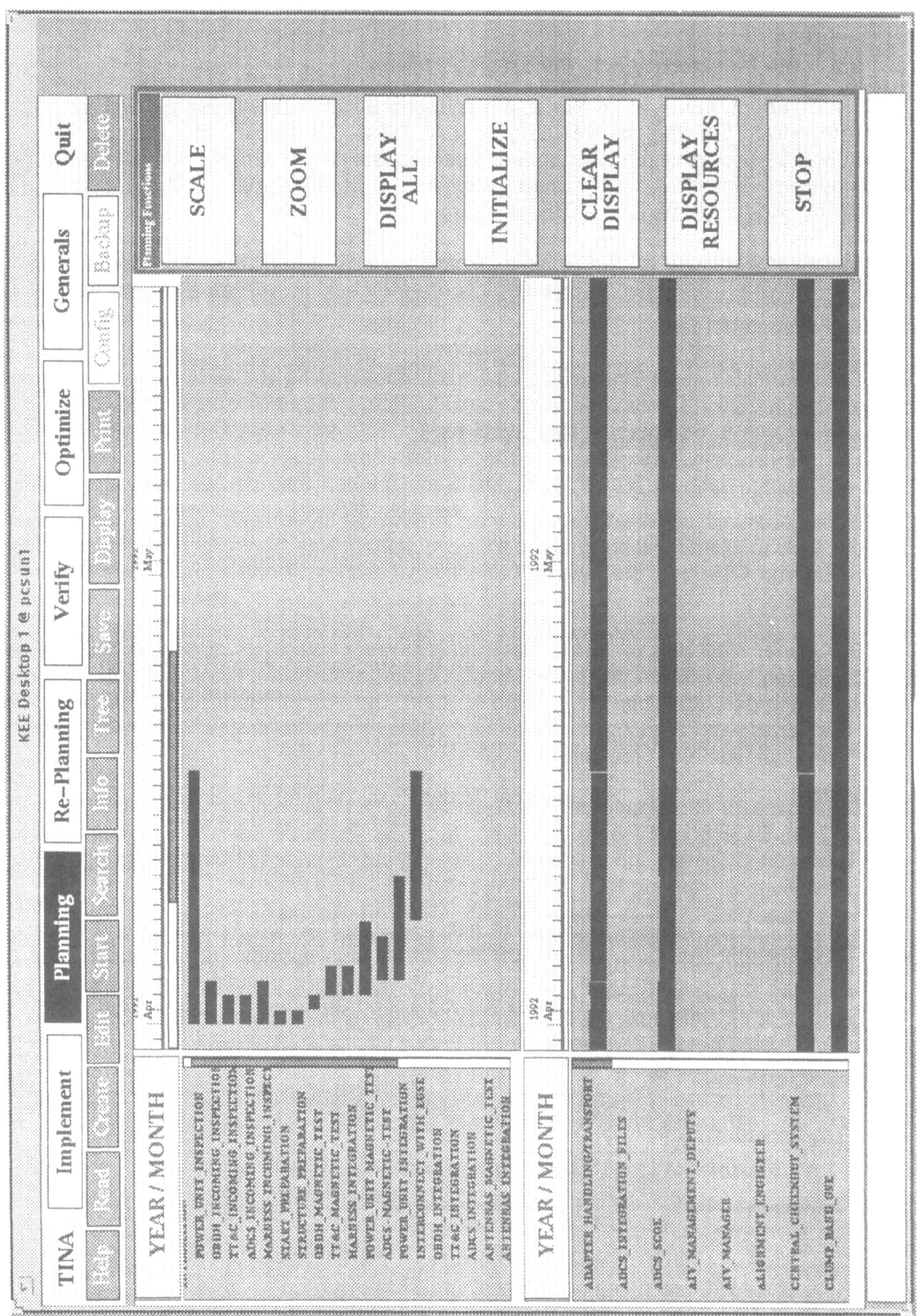

Bild 2: Ausschnitte aus der Benutzeroberfläche von TINA-AIT.

4. TINA-CT, ein objektorientiertes Planungswerkzeug für Crew Training

4.1. Angepaßtes Planungsystem für Crew Training Aktivitäten

TINA-CT [3] ist der Prototyp eines Planungswerkzeugs für die wissensbasierte Planung von Astronauten-Trainingsaktivitäten im Rahmen der europäischen bemannten Raumfahrt. Das System basiert auf dem gleichen Programmkern wie TINA-AIT und ist an die speziellen Bedürfnisse der Trainingsplanung angepaßt worden.

4.2. Objektorientierte Konzeption einer Multi-Timeline-Planungsfunktio-nalität

Für ein Crew Training Planungssystem ist von zentraler Wichtigkeit, daß einzelne Trainingskurse nur von einzelnen Besatzungsmitgliedern wahrgenommen werden müssen, andere Kurse aber in Gruppen bzw. als ganze Besatzung zu absolvieren sind.

Daraus läßt sich direkt ableiten, daß für jedes einzelne Besatzungsmitglied ein Zeitablauf geplant werden sollte, also sozusagen ein Stundenplan erstellt wird. Für die Einsatzplanung ganzer Besatzungen aber, für die Missionsplanung also, sind Trainingspläne einer gesamten Besatzung von Interesse.

Desweiteren ist für hochspezialisierte Trainingsaufgaben die Zeitplanung zu einem großen Teil von der Verfügbarkeit bestimmter Trainingsanlagen abhängig. Wenn z.B. Außenbordarbeiten unter Schwerelosigkeit geübt werden sollen, ist der Zeitplan des Trainings von der Verfügbarkeit geeigneter Tauchtanks abhängig.

Daraus ergibt sich, daß zumindest für die Berücksichtigung mehrerer Missionen bei der Planung außerdem ein Belegungsplan für die wichtigsten Trainingsanlagen erstellt werden muß. Aus diesen Gründen wurde als Basis für TINA-CT eine objektorientierte Softwarekonzeption gewählt.

Für eine optimale Abbildung des Planungsproblems in einem objektorientierten System müssen die folgenden Typen von Zeitplänen vorgesehen werden.

- Zeitpläne für jedes Besatzungsmitglied
- Zeitpläne für gesamte Besatzungen
- Anlagenauslastungspläne für die wichtigsten Trainingsanlagen.

In zukünftigen Versionen des Planungssystems TINA-CT werden diese Funktionalitäten implementiert sein.

---

[3] Timeline Assistant für Crew Training

Satellitenkonfiguration selbst abhängig ist. Vorraussetzung für eine Montageaktivität kann beispielsweise sein, daß bestimmte andere Baukomponenten im Satelliten bereits vorher montiert worden sind. Auch kann der Fall auftreten, daß eine Montage- oder Testaktivität es erfordert, daß bestimmte Baugruppen noch nicht montiert sind, da sie stören würden.

Aus diesem Grund wird bei TINA-AIT für jede zu planende Aktivität in ihrer objektorientierten Beschreibung genau festgelegt, welchen Montageausgangszustand sie erfordert (Kann- und Muß-Bestimmungen) und zu welchem Montageendzustand sie führt.

Eine Aktivität wird nur im Zeitplan plaziert, wenn alle Vorbedingungen erfüllt sind, insbesondere wenn die Konfiguration des zu montierenden Satelliten alle Vorraussetzungen für die Durchführung der Aktivität erfüllt. Desweiteren wird die Satellitenkonfiguration gegebenenfalls durch die Aktivität verändert (z.B. bei Einbau von Instrumenten).

Mit dieser problemangepaßten Beschreibung der zu planenden Aktivitäten kann eine nicht sinnvolle Planung von Aktivitätsfolgen wirkungsvoll vermieden werden. Außerdem ermöglicht diese objektorientierte Problembeschreibung eine Abfrage der Montagekonfiguration zu jedem Zeitpunkt innerhalb des Planungszeitraums.

Diese Konzeption eines Planungssystems, das die Montagekonfigurationen mit berücksichtigt, ist nur unter Zuhilfenahme von objektorientierten Programmiertechniken zu akzeptablen Kosten implementierbar.

Objektorientierte Ingenieursysteme in der Raumfahrt

3.4. Planungsfunktionalitäten

- Implement
  Hauptfunktion des Systems zur Eingabe der zu planenden Aktivitäten und der Planungsrandbedingungen.

- Planning
  Hauptfunktion für die automatische Planung von Aktivitäten.

- Re-Planning
  Hauptfunktion für die Neuplanung von Aktivitäten infolge geänderter Randbedingungen innerhalb frei definierter Zeitabschnitte.

- Verify
  Hauptfunktion für die interaktive Überprüfung erstellter Zeitpläne auf Konfliktfreiheit.

- Optimize
  Hauptfunktion für die Optimierung von Zeitplänen (Noch nicht implementiert).

3.5. Planung von Integrationsaktivitäten mit Verfolgung der Systemkonfiguration

TINA-AIT unterscheidet sich von anderen Planungswerkzeugen fundamental dadurch, daß nicht nur eine Reihe von Aktivitäten auf einem Zeitstrahl positioniert werden, sondern daß daneben eine konsistente Verfolgung der Systemkonfiguration erfolgt.

Dies bedeutet, daß für eine zu planende Aktivität zum einen notwendige externe Resourcen verfügbar sein müssen, aber zum anderen die Durchführung einer Montageaktivität auch von der

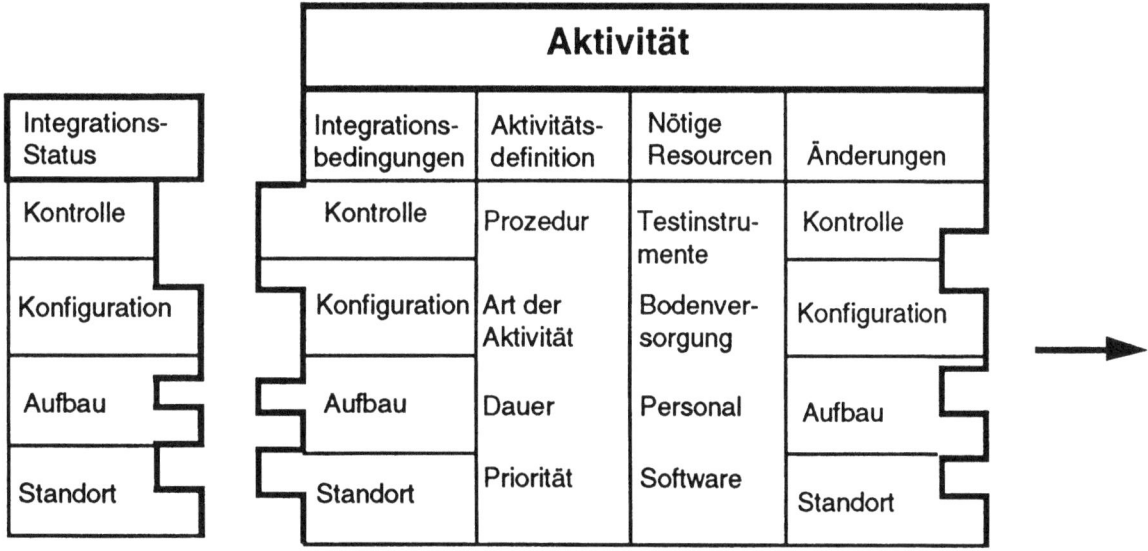

Bild 3:   Objektorientierte Beschreibung von zu planenden Aktivitäten entsprechend der notwendigen Montagebedingungen.

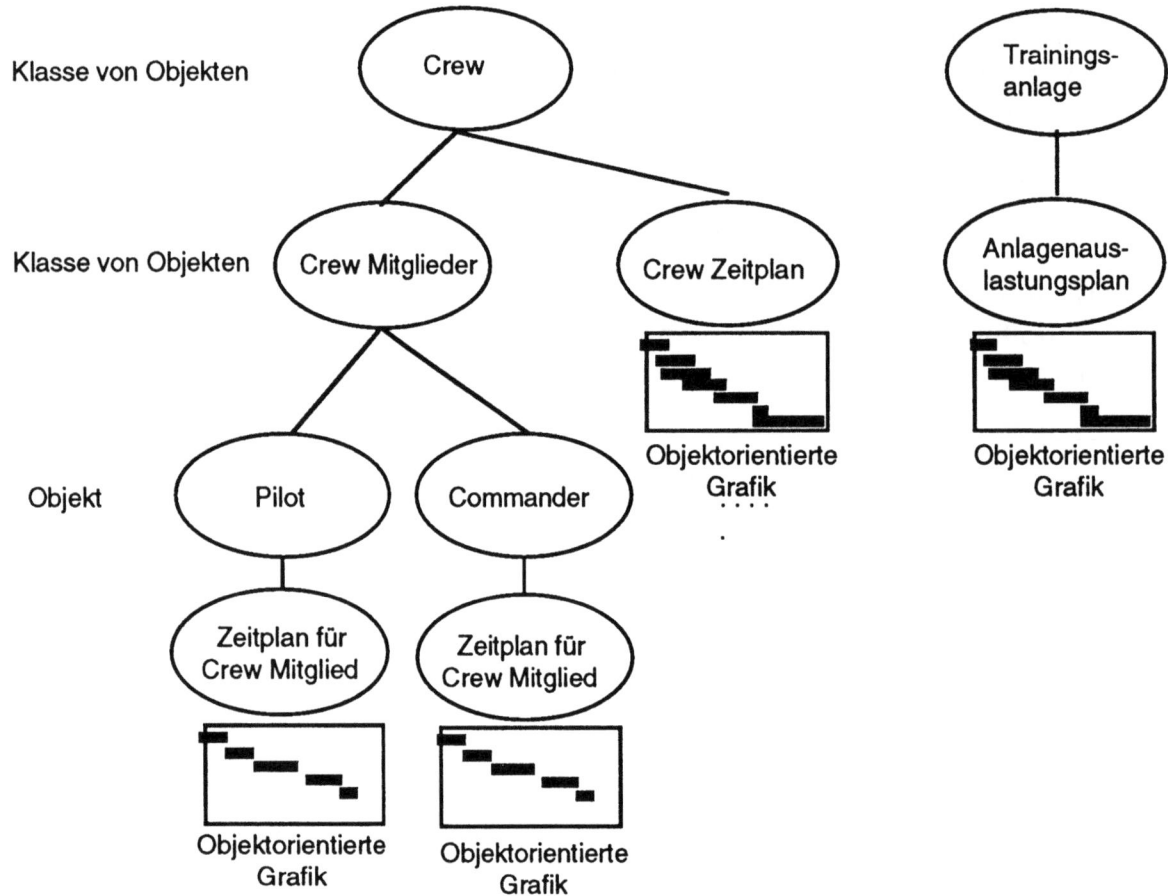

Bild 4: Objektorientierte Strukturierung von Zeitplänen und deren Grafikobjekten

4.3. Zukünftige Erweiterungen der objektorientierten Aktivitätenbeschreibung

Die starke hierarchische Gliederung von Crew Training Aktivitäten in Trainingsabschnitte, Unterabschnitte, Kurse und Lektionen erfordert eine entsprechende Abbildung dieser Hierarchien im zugehörigen Planungssystem (vgl. Bild 5).

Aufgrund der objektorientierten Programmkonzeption ist die Abbildung dieser hierarchischen Struktur, die ggf. noch durch Vererbungsmechanismen unterstützt werden kann, relativ einfach zu implementieren.

Objektorientierte Ingenieursysteme in der Raumfahrt

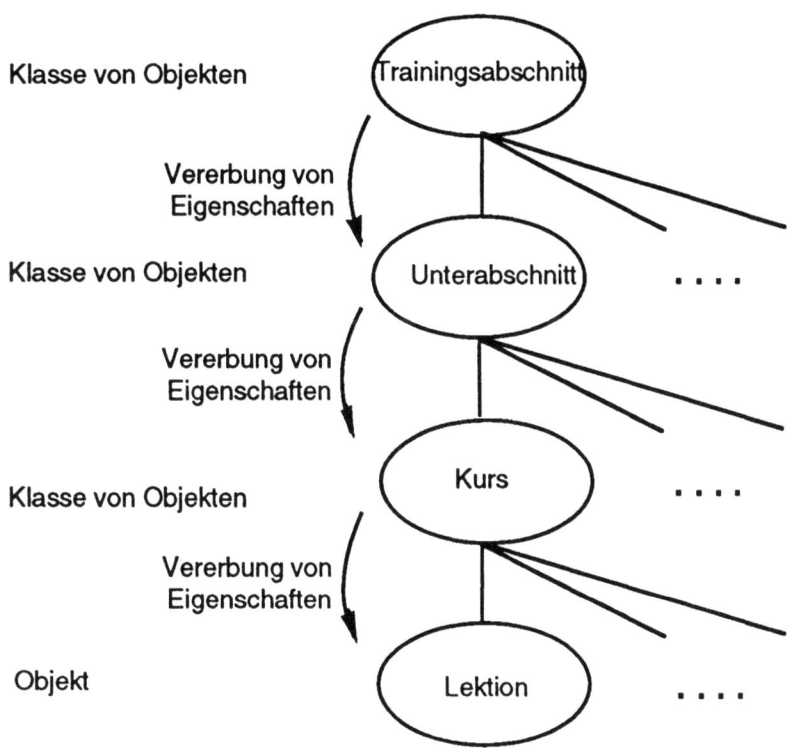

Bild 5:   Hierarchische Strukturierung von Crew Training Aktivitäten und Abbildung als Objekte

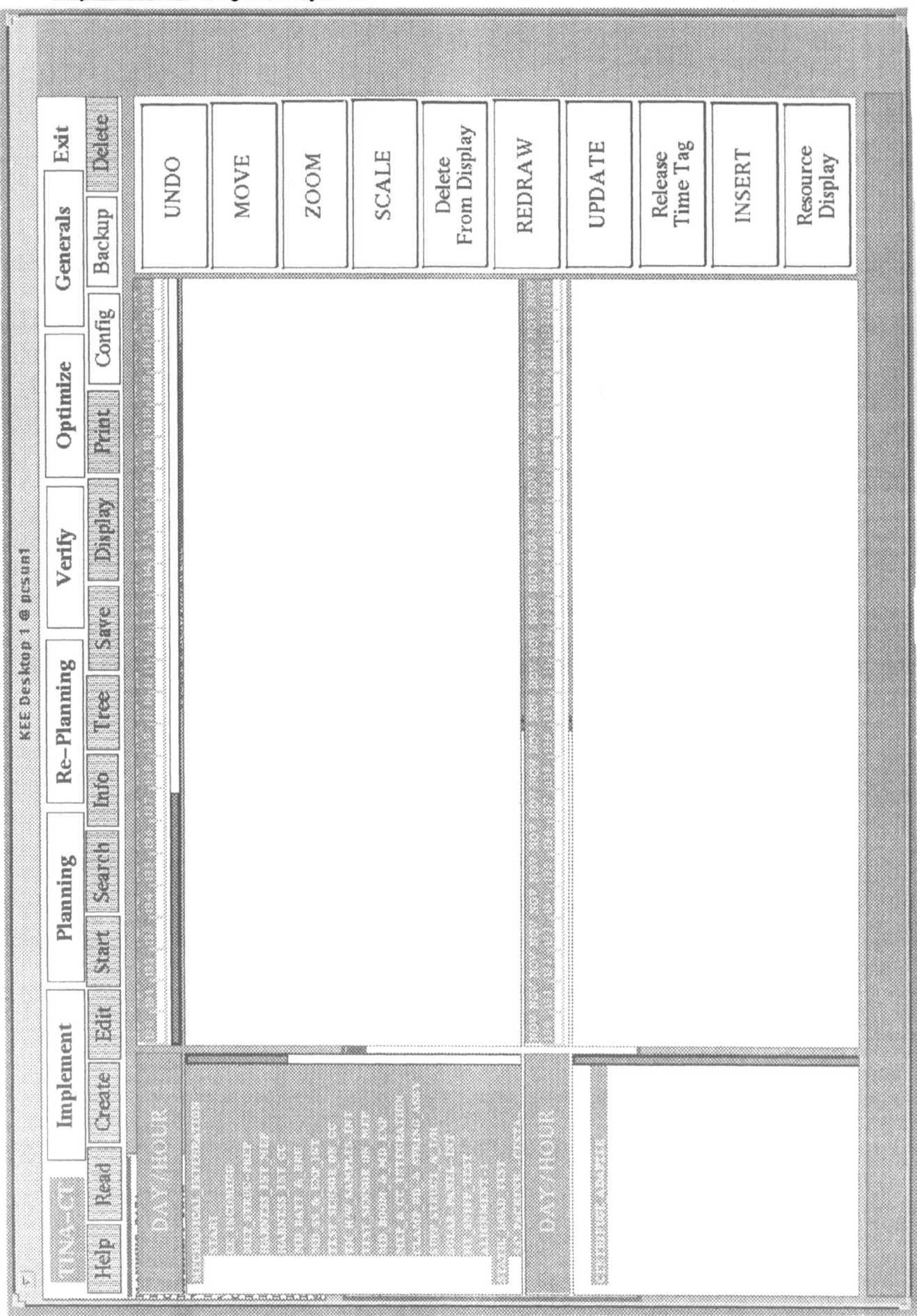

Bild 6: Ausschnitte aus der Benutzeroberfläche von TINA-CT.

Objektorientierte Ingenieursysteme in der Raumfahrt

5. SIMTAS - Objektorientierte Konzeption für eine thermo-/fluiddynamische Simulationssoftware

5.1. Programmsystem SIMTAS

SIMTAS[4] ist ein Programmpaket für die Simulation von physikalischen, chemischen und elektrochemischen Prozessen in komplexen Systemen. Es wurde entwickelt für die Analyse des stationären und instationären Verhaltens thermisch- / fluiddynamischer Systeme und ermöglicht die Untersuchung des Verhaltens unterschiedlicher Systemkonfigurationen bereits in der Auslegungsphase des Systems. SIMTAS bietet Hilfe bei der Auslegung und Dimensionierung einzelner Systemkomponenten /4/.

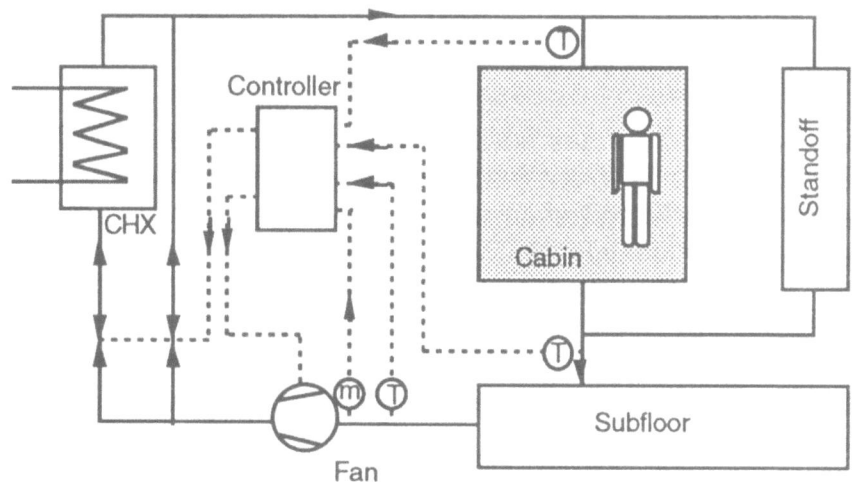

Bild 7:   Beispiel für Anwendungen - COLUMBUS Lebenserhaltunssystem

5.2. Konzeption von SIMTAS

Die Darstellung des zu simulierenden Systems erfolgt durch ein Netzwerk verschalteter Komponenten. Jeder physischen Baugruppe des Systems entspricht ein Komponenten-Unterprogramm. Ein Rahmenprogramm übernimmt die Steuerung der Simulationsrechnung und das Datenmanagement zwischen den Komponentenmodulen.

Ein zentrales Datenbanksystem (RSYST) wurde implementiert für die Verwaltung und Aufbereitung der Eingabedaten und der Rechenergebnisse.

Für die Übergabe der Rechenergebnisse einer Komponente an die nächste kommen standardisierte Schnittstellen, sogenannte Branches, zur Anwendung. Die Definition dieser Schnittstellen ist entsprechend den zwischen den Komponenten übertragenen Medien bzw. Signalen.

Ein Grafikmodul der Datenbank dient zur Visualisierung der Simulationsergebnisse.

---

[4] Simulation, Monitoring and Test Analysis Software

Objektorientierte Ingenieursysteme in der Raumfahrt

In den vergangenen Jahren wurde bei der Entwicklung von SIMTAS die Betonung auf die physikalisch korrekte Simulation der Vorgänge im zu simulierenden System gelegt. Die aktuelle Version der Software ist vollständig in FORTRAN77 programmiert. Eine graphische Funktionalität zur Definition des zu simulierenden Systems steht bisher nicht zur Verfügung.

Im Zuge zukünftiger Entwicklungen soll die Programmarchitektur von SIMTAS ein objektorientiertes Redesign erfahren und erweitert werden durch graphische Benutzerfunktionen.

5.3. Objektorientierte Konzeption zukünftiger SIMTAS Versionen

Die komponentenorientierte Konzeption der Simulationssoftware SIMTAS ist eine ideale Basis für eine Neukonzeption der Software in objektorientiertem Design. In Objektform optimal abbilden lassen sich die folgenden Teile eines thermo-/fluiddynamischen Simulationssystems:

- Die Komponenten, die das zu simulierende System bilden können durch Programmobjekte repräsentiert werden, die jeweils die Simulation einer Systemkomponente numerisch behan-deln. Diese Objekte enthalten in ihrer Definition sowohl die Funktionsimplementierung der Komponente als auch die Auslegungsparameter (z.B. Durchmesser eines Rohres).

- Mehrfach im zu simulierenden System auftretende Komponenten (etwa Rohre) können durch verschiedenen Instanzen eines Objekttyps abgebildet werden.

- Die Verbindungsleitungen im System sollten durch Objekte dargestellt werden. Je nach Leitungstyp kann auch hier pro Verbindung ein Instanzobjekt einer Branchklasse erzeugt werden (Branchklassen etwa Elektroleitungen, Leitungen für Zweiphasenströmungen etc.).

- Die Objekte, die die Branches darstellen, lesen die Daten vom Ausgang der stromauf liegenden Komponente und geben sie an den entsprechenden Eingang der stromab liegenden weiter. Dabei kennen die Branchobjekte die Anschlüsse der Komponenten mit denen sie verbunden sind.

- Die Komponenten- und Branchobjekte werden beim Programmstart entsprechend der Defi-nition des zu simulierenden Systems dynamisch im Arbeitsspeicher des Rechners generiert.

- Die Komponentenobjekte übernehmen auch die Ausgabe von Rechenergebnissen zu verschiedenen Zeitpunkten der Simulation in eine Ausgabedatei bzw. auf eine Datenbank.

- Als weitere Elemente der Software sollten noch die mathematischen Lösungsalgorithmen, die sogenannten Solver als Programmobjekte abgebildet werden. Diese Solver übernehmen die mathematische Berechnung der hydraulischen Systemzustände in mehrfach verzweigten Systemen. Sie ermitteln die Massenstromverteilungen in derartigen Systemen durch iterative Verfahren, wie sie

Objektorientierte Ingenieursysteme in der Raumfahrt

in der prozedural programmierten Version von SIMTAS bereits erfolgreich eingesetzt werden. Für diese iterativen Verfahren steuern die Solver die Komponentenobjekte an und veranlassen diese, in definierten Reihenfolgen bestimmte Rechenschritte durchzuführen.

- Desweiteren übernehmen Solver die numerische Integration, die das Verhalten des Systems über der Zeit beschreibt.

5.3.1. Objektorientierte Benutzeroberfläche für Modelldefinition und Ergebnisaufbereitung

Zukünftige objektorientierte Versionen von SIMTAS werden außerdem mit einer graphischen Benutzeroberfläche ausgestattet sein. Dabei lassen sich graphische Funktionalitäten direkt in die Komponenten und Branchobjekte integrieren. Die Komponenten- und Branchobjekte erhalten zusätzlich zu ihrer numerischen Funktionalität eine graphische. Basierend auf einem X-Window Fenstersystem kann dann eine direkte graphische Repräsentation des zu simulierenden Systems interaktiv definiert werden.

5.3.2. Vorteile der objektorientierten Konzeption

Die Vorteile einer derartigen objektorientierten Softwarekonzeption für eine thermo-/fluiddynamische Simulationssoftware sind:

- Optimal problemangepaßte Programmarchitektur
- Vereinfachung der numerischen Prozeduren, da die Solver ihre nötigen Informationen nicht umständlich aus verschiedenen Datenbereichen holen müssen, sondern direkt mit den Komponentenobjekten kommunizieren können.
- Automatische Generierung der Branchobjekte und Komponentenobjekte zur Laufzeit bei Programmstart Daher keine festgelegten Höchstgrenzen für die Anzahl von Komponenten und Branches aus Speichergründen.
- Integrale Abbildung der Komponentennumerik und der graphischen Repräsentation von Komponenten und der Branches möglich. Dies erleichtert die Programmierung graphischer Benutzeroberflächen für Modelldefinition und Ergebnisaufbereitung.

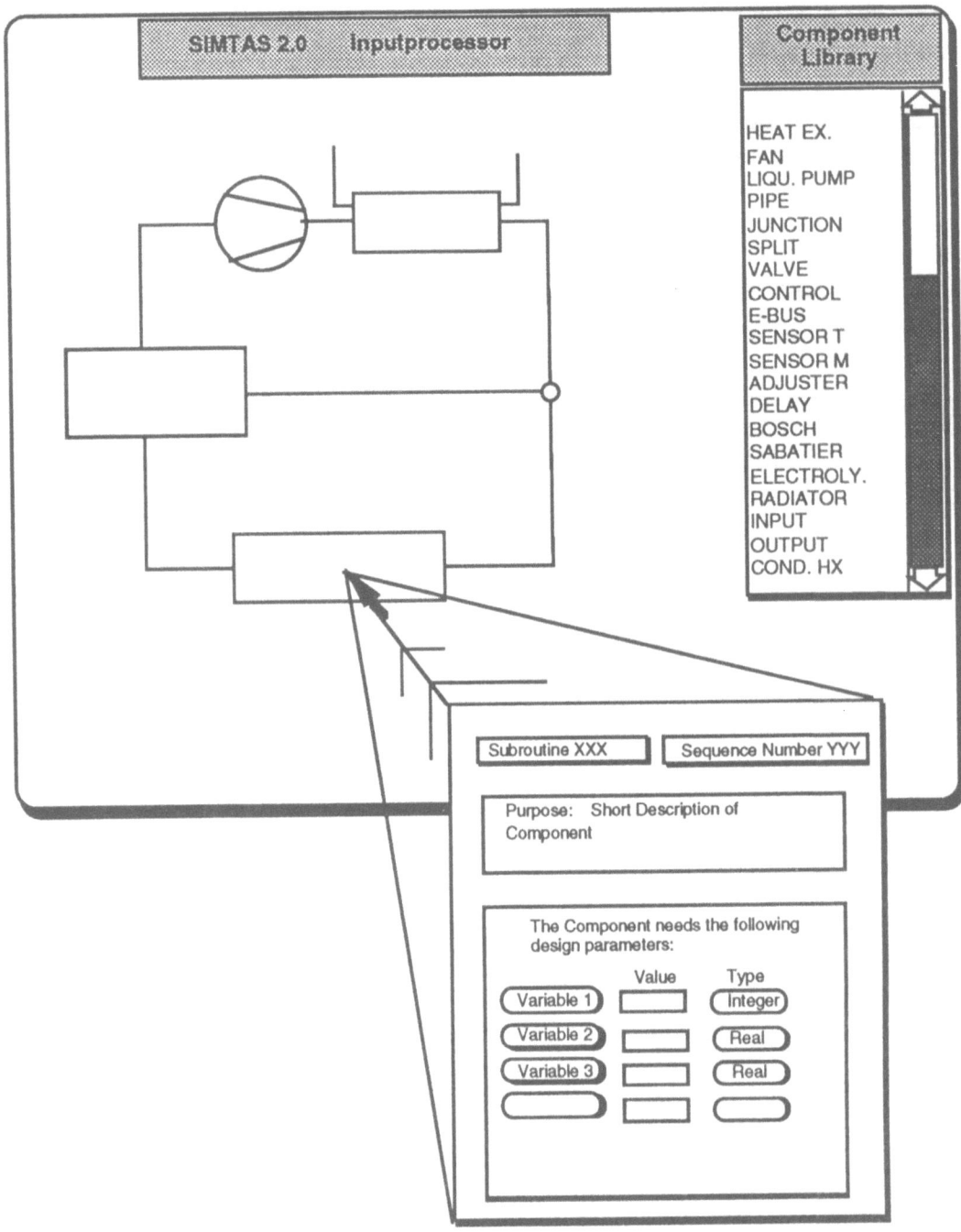

Bild 8: *Objektorientierte graphische Modelldefiniton*

Objektorientierte Ingenieursysteme in der Raumfahrt

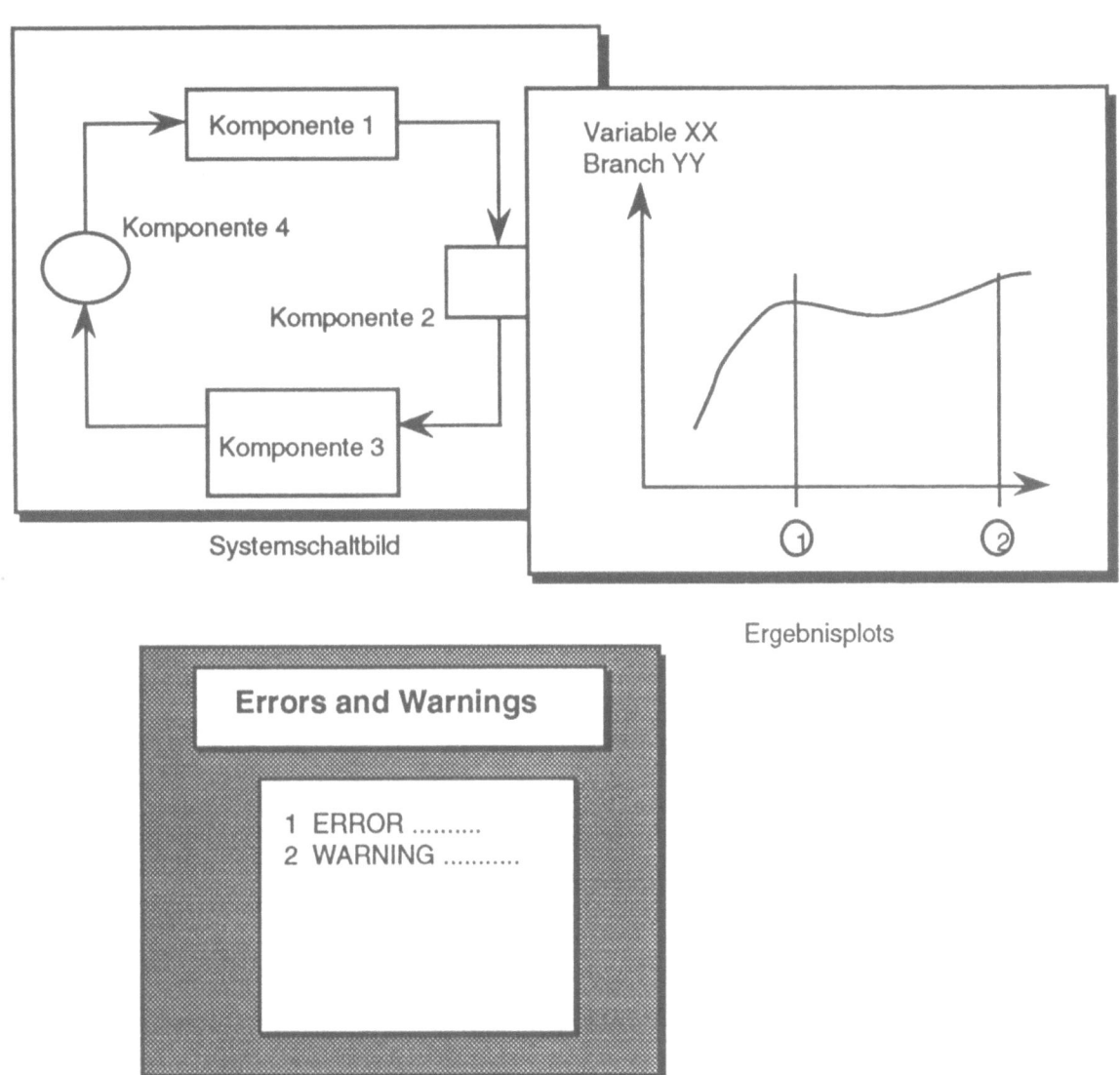

Bild 9: Objektorientierte graphische Ergebnisvisualisierung

5.3.3. Implementierungswerkzeuge

Für die Implementierung einer objektorientierten Version von SIMTAS ist eine Programmiersprache bzw. Entwicklungsumgebung erforderlich, die folgende Kriterien erfüllt:

- Erzeugung eines schnellen und kompakten Code
- Portabel auf verschiedene Rechnerplattformen von Mainframes bis zu PC's.
- Optimale Integrierbarkeit von X-Window Programmcode in das System
- Verfügbarkeit graphischer Softwarewerkzeuge für die Definition von X-Window Programmoberflächen.
- Volle Unterstützung objektorientierter Programmfunktionalitäten wie
    - Datenabstraktion
    - Datenverkaselung, Data Hiding
    - Layering (Definition hierarchischer Klassenstrukturen)
    - Klassenbildung
    - Vererbung incl. Mehrfachvererbung
    - Funtion Overloading

Von den bisher untersuchten Programmiersprachen wird für dieses Projekt derzeit C++ / 5/ favorisiert.

6. Zusammenfassung

Moderne Softwaresysteme für komplexe Ingenieuraufgaben lassen sich heute allein mit prozeduralen Programmiertechniken zu akzeptablen Kosten kaum noch erstellen. Durch die Implementierung moderner Programmsysteme mit objektorientierten Programmiertechniken und unter Zuhilfenahme heute verfügbarer leistungsfähiger Entwicklungsumgebungen für objektorientierte Systeme, können heute Softwaresysteme für komplexe Aufgaben zu minimalen Kosten und in optimal erweiterbaren und wartbaren Konzeptionen implementiert werden.

Objektorientierte Programmiertechniken und objektorientierte Systemkomponenten, wie z.B. objektorientierte Datenbanken, sollten daher beim Neuentwurf großer Systeme von vornherein vorgesehen werden. Aber auch bestehende Systeme lassen sich bei geeigneter Konzeption nachträglich zu objektorientierten Systemen umentwickeln.

Die Entwicklung objektorientierter Systeme für komplexe Anwendungen erfordert eine sorgfältige Konzipierung der dem System zugrundeliegenden Datenstrukturen und der Funktionsarchitektur um mit den richtigen Mechanismen objektorientierter Softwaretechnologien die richtigen Programmfunktionalitäten abzubilden.

Literatur

/1/ Goldberg, Adele: Smalltalk 80, The Interactive Programming Environment,
Addison-Wesley Series in Computer Sciences
Addison Wesley, Menlo Parc, California, 1984,
ISBN 0-201-11372-4

/2/ Gautier G.:: TINA - Timeline Assistant for Planning of Spacecraft Assembly, Integration and Verification
Workshop on Artificial Intelligence and Knowlege-Based Systems for Space Applications,
ESA/ESTEC Noordwijk, Holland,
22 - 24 Mai 1991

/3/ Eickhoff, J.: TINA-CT, Prototypimplementierung eines Planungssystems für Crew Training.
F&E Bericht 1991,
Dornier GmbH, Friedrichshafen

/4/ Simon, R.; Eickhoff J.: SIMTAS: Thermo- and Fluiddynamic Simulation of Complex Systems
4th European Symposium on Space Environmental Control Systems
Florence, Italy 21 - 24 October 1991

/5/ Eckel, B.: Using C++,
Osbourne Mc Graw Hill, Berkeley, 1989,
ISBN 0-07-88 1522-3

IAO-Forum
Objektorientierte Informationssysteme II

Siframe – Eine objektorientierte Umgebung für Concurrent Engineering

B. Schulz, H. G. Thonemann,
M. D. Irvine, S. Keßler

B. Schulz, H.G. Thonemann, M.D. Irvine, S. Keßler

1. Überblick

In vielen Branchen wie auch im Hause SIEMENS AG wachsen die Anforderungen an Effizienz und Effektivität in den Engineeringbereichen nach wie vor kontinuierlich weiter. Jeder dieser unterschiedlichen Bereiche hat seine spezifischen Verfahren für Design, Konstruktion, Engineering und Fertigung und steht mit seinen Ergebnissen im Wettbewerb des Marktes. Produkte und kundenspezifische Lösungen müssen unter Ausnutzung verfügbarer Ratio-Reserven mit erweiterten Leistungsmerkmalen hergestellt werden. Dabei sind Time-to-Market, Produktqualität, Kosten und wettbewerbsfähige Technologie miteinander komplementäre Prämissen, die es permanent zu optimieren gilt. Das erfordert den Einsatz dafür angepaßter Methoden und unterstützender Software-Werkzeuge.

Die SIFRAME$^{(R)}$ Framework-Technologie implementiert Methodik und Verfahren für Concurrent Engineering in einer homogenen, leicht zu bedienenden Plattform und integriert die Werkzeuge, die für die Lösung der manigfaltigen Engineeringaufgaben in verschiedenen Branchen eingesetzt werden.

2. Motivation

Die steigende Komplexität und Vielfalt von Produkten, Systemen und Projektlösungen stellt wachsende Anforderungen an die Systemqualität bei gleichzeitig niedrigeren Kosten und geringer Entwicklungszeit. Verfahren und Abläufe sind in der Regel festgelegt, Schnittstellen zwischen den unterschiedlichen Projektteilen und den an der Durchführung von Entwicklungsaufgaben Beteiligten zeigen jedoch häufig erhebliche Defizite. Dadurch werden oft notwendige, kontinuierliche Abstimmungsprozesse zwischen allen beteiligten Gruppen sowie entscheidende Rückmelde Flüsse behindert oder sogar unterbrochen.

Der aktuelle Stand von Entwicklungsergebnissen in Projekten mit hoher Variantenvielfalt (z. B. Telekommunikation, Automobiltechnik, Software, Elektronik,) unterliegt häufigen Reviewprozessen. Dabei treten regelmäßig Inkonsistenzen auf. Das kann dazu führen, daß Arbeitsabschnitte mehrfach ausgeführt werden müssen. Untersuchungen haben gezeigt, daß immer wieder Fälle auftreten, wo wesentliche Verfahrensschritte nicht durchgeführt wurden. Aus solchen Randbedingungen entstehen Probleme, die sowohl die Entwicklungszeit als auch die Produktqualität negativ beeinflussen. Hohe Anforderungen an Effizienz und Produktivität in Konstruktion und Fertigung erfordern den Einsatz von angepaßten Methoden und neuen Lösungsansätzen, die die Arbeitsabläufe und deren Steuerung in Projekten und bei Produktentwicklungen verbessern und sicherstellen, daß auch die betreibswitschaftlichen Anforderungen erfüllt werden können.. Dies ist nur zu erreichen, indem Projektstrukturen, Prozesse und Entwicklungsmethoden in einer Umgebung integriert werden mit dem Ziel der Optimierung von Zeit, Kosten und Qualität. Um eine Effektivitäts- und gleichzeitig eine Effizienzsteigerung zu erreichen, d.h. zu einem besseren Ergbenis zu kommen, ist es notwendig, die Methodik des Concurrent Engineering durch unterstützende Umgebungen und Werkzeuge in die Praxis umzusetzen. Wenn zusätzlich eine Anpassung der Organisation für den Einsatz von CE-Methoden durchgeführt wurde (lean production organisation) kann eine CE-gerechte Informationsinfrastruktur und ein prozeßorientiertes Projektmanagement in eine solche Organisation eingebettet werden..

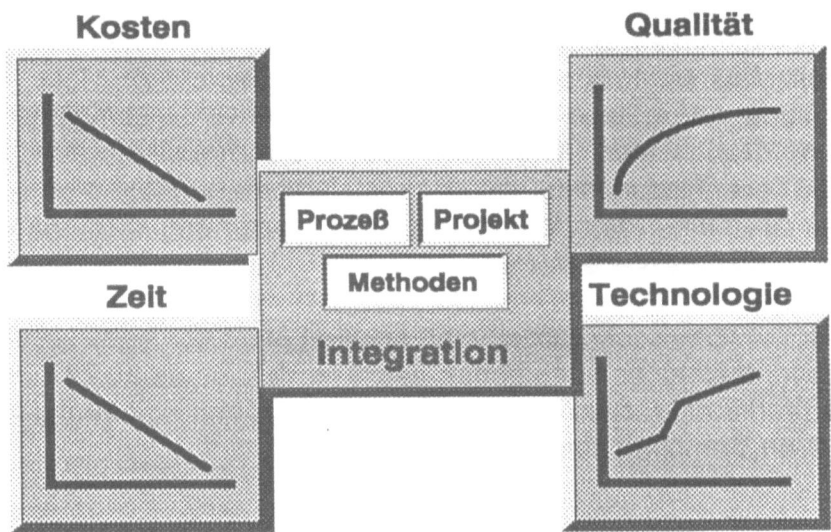

Abb. 1: Ganzheitliche Betrachtung durch Integration

3. Concurrent Engineering Methodik

Concurrent Engineering (CE) stellt also einen Methodenansatz dar, der zu einer permanenten Verbesserung der Geschäftsprozesse führt. Das organisationsübergreifende, auf Problemlösungen ausgerichtete Zusammenarbeiten von interdisziplinären Teams hat dabei einen hohen Stellenwert. CE enthält geeignete Abläufe und Strukturen, um Erkenntnis- und Informationsprozesse der Wertschöpfungskette möglichst früh, also in der Konzeptphase, zu verbreitern und zu fixieren.

Ein weiteres wesentliches Prinzip ist infolgedessen, Defizite in der Planungsqualität der Prozesse zu beseitigen, d.h. eine Verbesserung der Planungsbasis herbeizuführen. Der Aufbau der Ergebnisstruktur ist eine wichtige Zielgröße der Planungsbasis. Leitprozesse und Aktivitäten, mit denen konkrete Ergebnisse erzielt werden sollen, sind auf die Güte von Planungsparametern angewiesen.

Die Steuerung und Kontrolle von Aktivitäten, die zu einem Gesamtergebnis in möglichst kurzer Zeit führen sollen, bedeutet, die Durchführung in einem definierten Maße zu parallelisieren. CE stellt die Mechanismen bereit, um den Ablauf aller benötigten Prozesse und Methoden für den gesamten Produktlebenszyklus unter gleichzeitiger Betrachtung von Zeitplan, Kosten, und Qualität des Ergebnisses sowie den Anforderungen der Benutzer zu führen.

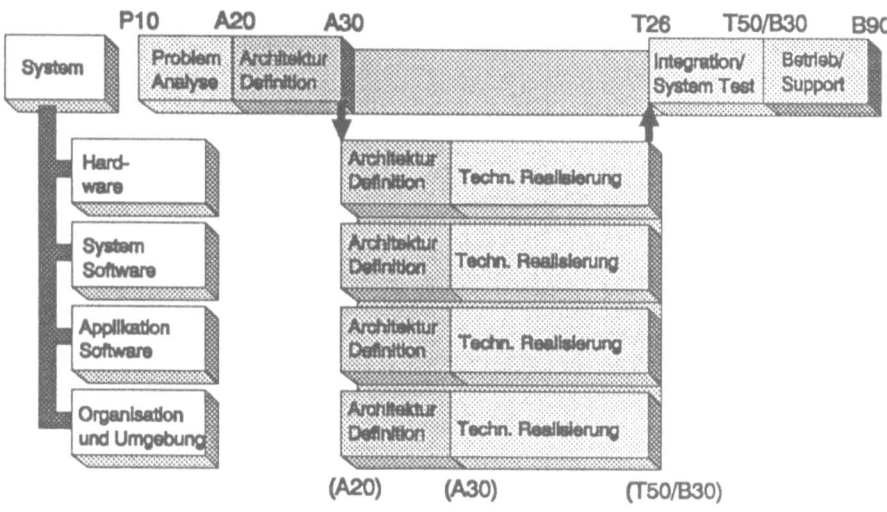

Abb. 2: Prinzipien des Concurrent Engineering

Insofern erfüllt Concurrent Engineering zentrale Aufgaben des technischen Controlling bei Produktentwicklungen und Projektlösungen. Bei konsequentem Einsatz der Methodik sind meßbare Verbesserungen des technischen Controlling von Engineeringprozessen zu erzielen. Zielgrößen wie geringere Kosten, kürzere Zeit bei höherer Qualität des Ergebnisses können dabei optimiert werden.

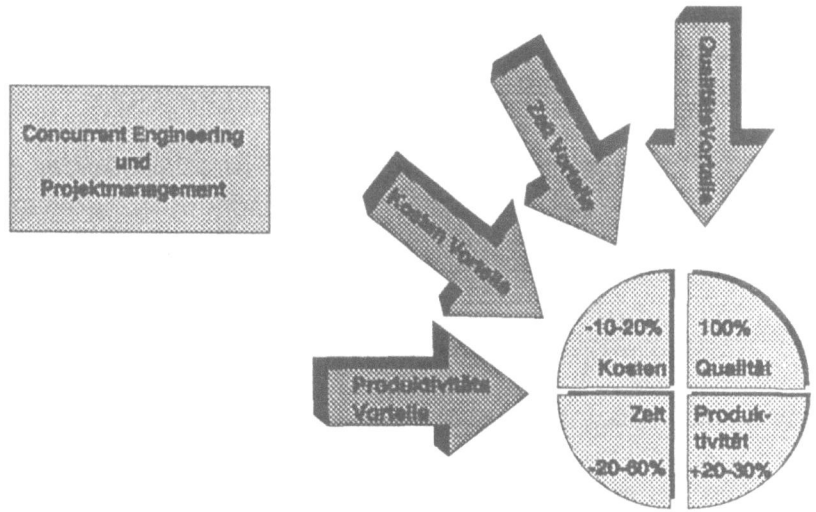

Abb. 3: Nutzen Concurrent Engineering

Besonders berücksichtigen wir dabei die eingeschränkten Möglichkeiten, das Ergebnis über die gesamte Prozeßkette zu beeinflußen. Da bei Abschluß der Produkt-/System-konzeption nach den Erfahrungen im Hause 90% der funktionalen

Eigenschaften, 80% der Termine, 70% der Qualität und 60% der Produktkosten bereits festgelegt sind (direkt bzw. indirekt), kann der größte Einfluß zur Optimierung in der Design-/Konzeptphase genommen werden.

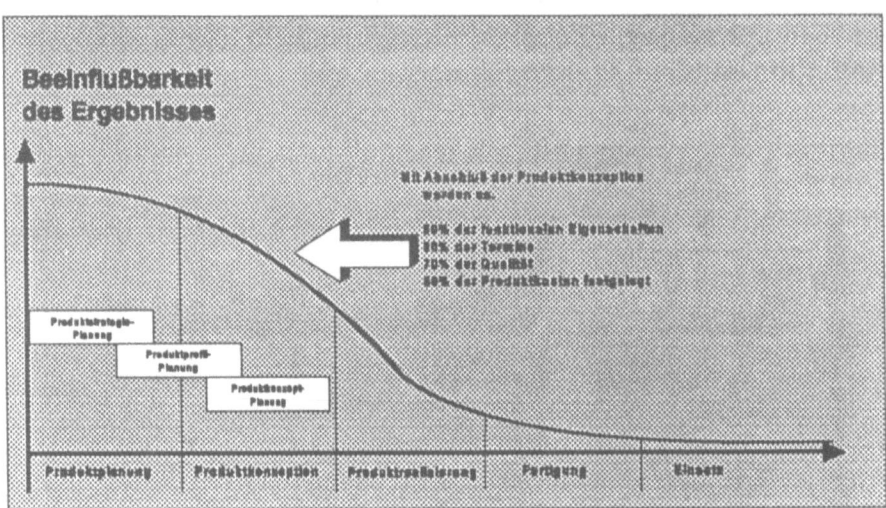

Abb.4: Beeinflußbarkeit des wirtschaftlichen Ergebnisses

Durch die Verbesserung der Engineeringprozesse und Optimierung in der Planungsphase, Konzentration auf die Qualität des technischen Ergebnisses und durch Anwendung von technischem Controlling ist es möglich, frühzeitig in den Konstruktionsprozeß korrigierend einzugreifen. Das Tuning von Geschäfts-/Engineeringprozessen ist nach unserer Erfahrung die Voraussetzung für die Vorverlagerung von Erkenntnisprozessen. Entscheidungsabläufe erhalten dadurch eine optimalere Struktur. Erst so wird ein höherer Qualitätsgrad des technischen Ergebnisses für die Fertigungsvorbereitung und gleichzeitig der gesamten Managementabläufe erreicht. Hier sehen wir die Unterschiede zum Ansatz des Simultaneous Engineering (SE), der sich darauf konzentriert, den Faktor Zeit als Schwerpunkt der betriebswirtschaftlichen Optimierung zu betrachten.

SNI versteht deshalb Concurrent Engineering als Vereinigung der Methoden Simultaneous Engineering, Projekt Management, Technischem Controlling von CAx-Prozessen und derer Nahtstellen sowie dem Management von Schnittstellen und Daten des Informationsflusses.

3.1. Ziele der Concurrent Engineering Methode

Konkrete Ziele sind also die Effizienzsteigerung und Beherrschbarkeit der technologischen Produkt- und Projektkomplexität über den gesamten Produktlebenszyklus bis zur Recycling-Fähigkeit durch wiederverwendbare Module und Komponenten.

Um diese Ziele zu erreichen, kann sowohl eine Optimierung der Organisationsstrukturen als auch der Engineeringprozesse erfolgen durch :

o die Analyse der Nahtstellen zwischen Org-Einheiten, die ein bestimmtes Ergebnis zu erzielen haben. Dabei werden die Geschäftsprozesse auf ihre Leistungsfähigkeit überprüft.

o ein prozeßorientiertes Projektmanagement, indem die Verantwortung personifiziert wird

o Modellbildung und Simulation, um die technische Risikoabschätzung soweit wie möglich an den Projektanfang zu verlegen.

o eine frühzeitige Parallelisierung von Aktivitäten bei gleichzeitiger finanzieller Risikoabschätzung.

o die Bildung einer Informationsinfrastruktur, um allen Beteiligten frühzeitig, situationsgerecht und ausführlich jede benötigte Information verfügbar zu machen.

Wenn eine quantifizierbare Verbesserung Kommunikation und Information im Entwicklungsprozess erreicht werden kann durch Integration von funktions- und bereichsübergreifenden Abläufen, dann können die Auswirkungen auf die Qualität der Zielgrößen gemessen werden und der Grad der Verbesserung von Geschäftsprozessen dargestellt werden.

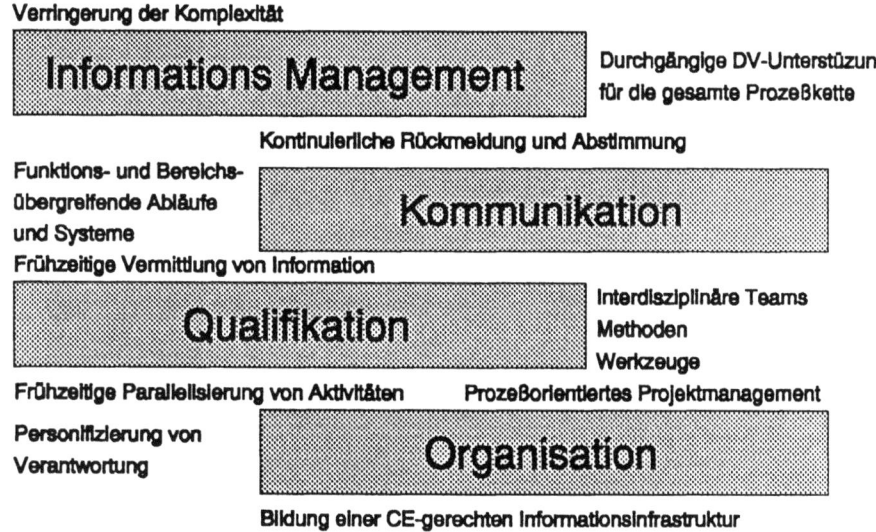

Abb. 5: Aufgaben und Problemlösungen

3.2. Umsetzung von Concurrent Engineering in die Praxis

Wer CE betreiben will, muß zwischen den einzelnen Teilaspekten Simultaneous Engineering, Projekt Management, Technisches Controlling sowie Schnittstellen- und Daten-Management Beziehungen herstellen. Um dies tun zu können, sind entsprechende Werkzeuge und eine Concurrent/Simulataneous Engineering Plattform notwendig.

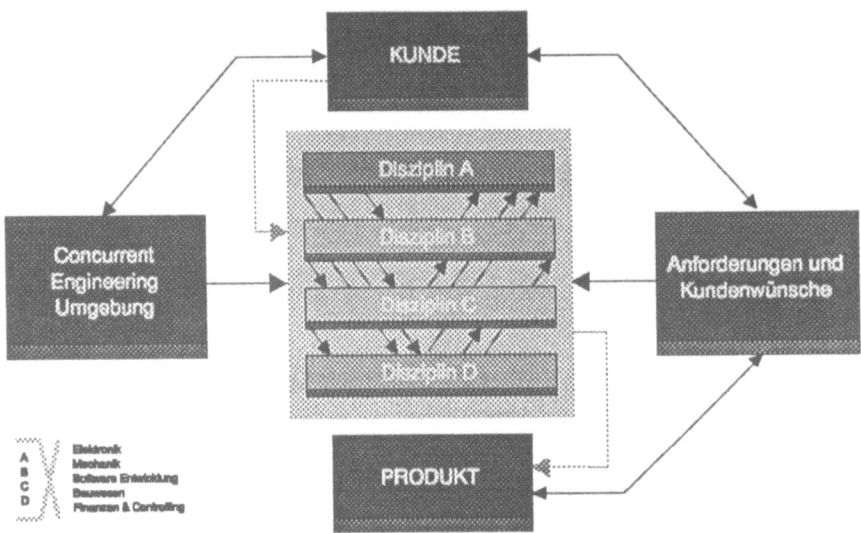

Abb.6: Wechselwirkungsmechanismen

Die Framework-Technologie bietet die Möglichkeit, eine solche Plattform aufzubauen. Sie bietet Integrationstechnologie für Design Automatisierung, Konstruktion, Produktionsvorbereitung und Projekt Manangement als Unterstützung des Entwicklungsprozesses von Produkten und die Abwicklung von Projekten unter variablen Bedingungen.

Dadurch besteht die Möglichkeit, vorhandene Automatisierungsinseln besser zu verbinden. Standards für Schnittstellen werden zwar kontinuierlich verbessert, aber es gibt immer noch eine große Anzahl von Prozes-sen, Methoden und Prozeduren, die bisher nicht integriert wurden. Die daraus bestehenden Kommunikationsprobleme führen nach wie vor zu längeren Entwicklungszeiten.

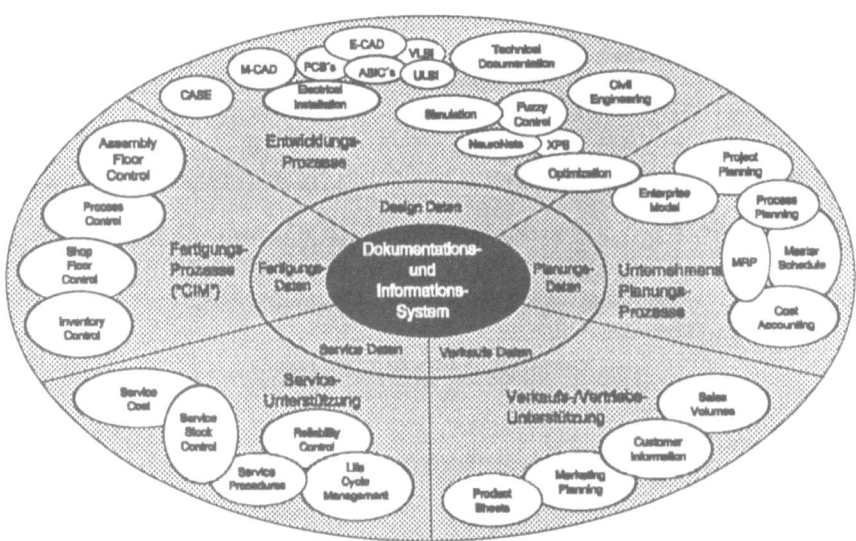

Abb. 7: Inseln der Automatisierung

Durch Integration und Einbettung von Werkzeugen für Planung und Design in ein Framework kann eine Arbeitsumgebung wesentlich optimiert werden. Verschiedene

Service-Komponenten leisten dabei zusätzliche Unterstützung wie zum Beispiel eine netzwerkweite einheitliche, graphische Benutzeroberfläche, Prozeß- und Flowmanagement-Subsysteme und Utilities für objekt-orientierte Datenhaltung.

Das Client-Server Prinzip bietet jedem Benutzer, die Module an seinem Arbeitsplatz zur Verfügung zu haben, die er auch wirklich benötigt. In dieser projektweiten, vernetzten Engineering-Umgebung kann jeder seine organisations-spezifische Umgebung aufbauen. Dabei können Werkzeuge verschiedenster Hersteller eingebettet oder integriert werden. In dieser Form entstehen projektspezifische, technische Informationssysteme, die jeder Zeit in Form eines organischen Wachstums neuen Anforderungen angepaßt werden können.

3.3. Concurrent Engineering als Voraussetzung für die Systemintegration

Planung und Systems Engineering sind die wesentlichen Elemente, um erfolgreich Teilsysteme integrieren zu können. Mit Concurrent Engineering steht die Methodik und IT-Infrastruktur bereit, um die Qualitätsanforderungen für die Systemintegration zu erfüllen bei gleichzeitiger Ausschöpfung unrealisierter Ratio-Potentiale. In dieser Form erfüllt die CE-Plattform die Funktion eines Leitsystems für Aufgaben in Planung, Design und Konstruktion, erfüllt also JIT-Anforderungen für F&E-Aufgaben. Andererseits ermöglicht die Frameworktechnologie eben auch die Integration von Verfahren für die Abwicklung unterschiedlicher Geschäfts-/Engineeringprozesse bis hin zur Fertigungsplanung. Es hat sich gezeigt, daß dabei letztendlich die Datenintegration einschließlich der Variantenproblematik der ausschlaggebende Faktor ist. Das Knowhow der Mitarbeiter sowie der Wert von Planungs-, Konstruktions- und Fertigungsinformation sind das eigentliche Kapital eines fertigenden Unternehmens. Die Nutzung der darin verborgenen Ratio-Potientale sind somit letztlich ausschlaggbebend für die Wettbewerbsfähigkeit am Markt.

4. SIFRAME: Die Concurrent Engineering Plattform

Heutige CAX Systeme liefern nicht den Grad von Unterstützung und die Funktionalität die benötigt werden, um wirklich komplexe Projekte adäquat durchführen zu können. Viele Werkzeuge besitzen nach wie vor eigene Kontrollfunktionen, die für seinen Stand-Alone Einsatz notwendig sind. Außerdem existieren eine Vielzahl von verschiedenen Applikationen, für deren Kommunikation jeweil eigene Umsetzer notwendig sind. Diese Automatisierungsinseln besser zu verbinden bzw. aufzulösen ist ein weiteres wichtiges Ziel von Concurrent Engineering.

Die Anforderungen der Benutzer an eine integrierte Software Umgebung sind in erster Linie die leicht erlernbare und einfache Bedienbarkeit des Systems, ein modularer Aufbau und die wiederverwendbaren Informationen, Prozeßabläufen, Aktivitätenfüssen, Anwendungsszenarien sowie die Möglichkeit im Client-Server Betrieb die verschiedensten Hardwareplattformen zu koppeln.

SIFRAME ist eine solche objekt-orientierte Umgebung in der die Framework-Komponenten als Baukastensystem zur Verfügung stehen, sie können an organisations-spezfische und projektspezifische Gegebenheiten angepaßt werden, ohne Gefahr zu laufen, einen Monolithen bzw. "IT-Dinosaurier" zu erzeugen. Es wird eine Integrationstechnologie für die Produkt-Entwicklung, System Design Automatisierung , Fabrikation und Administration angeboten. Der Informationsfluß für Entwicklungs- und administrative Prozesse und zugehörige Aktivitäten wird über den gesamten Produktlebenszyklus gesteuert und unterstützt. Die Integration von Dokumentations- und Informationssubsystemen für die verschiedenen Organisationsumgebungen wie Planung, Entwicklung, Produktion, Vertrieb, Service und Recycling sichern den universellen Einsatz. Die SIFRAME Technologie implementiert Methodik und Verfahren für Concurrent Engineering in einer homogenen, leicht zu bedienenden Plattform und integriert die Werkzeuge, die für die Lösung der manigfaltigen Engineeringaufgaben in verschiedenen Bereichen eingesetzt werden.

5. SIFRAME Framework Technologie

Aus der Sicht des Concurrent Engineering stellt SIFRAME eine völlig neue Generation von Systemumgebungen dar. Die Implementierung auf UNIX Basis stellt die völlige Hardwareunabhängigkeit sicher. Die ergonomisch gestaltete MOTIF Oberfläche erleichtert das Arbeiten mit dem System. Die Architektur ruht auf drei Säulen: Benutzeroberfläche, Design Management und objekt-orientiertes DBMS.

5.1. Benutzeroberfläche

Die netzwerkweite graphische Benutzeroberfläche präsentiert sich dem Benutzer in Form eines Desktops und ist leicht mit der Maus zu bedienen, bietet aber auch die Möglichkeit der alphnummerischen Eingabe über eine Kommandozeile. Die Oberfläche kann kundenspezifisch und individuell an die jeweiligen Bedürfnisse und Wünsche des Benutzers angepaßt werden.

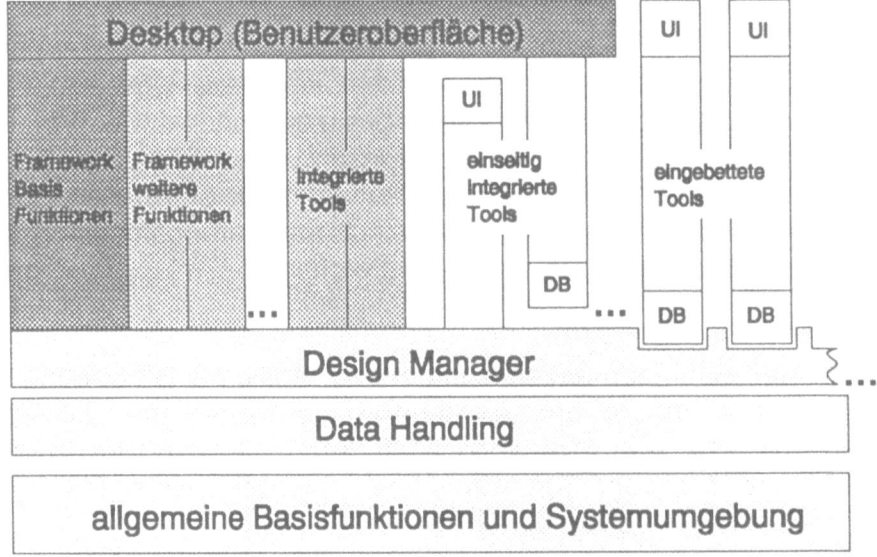

Abb. 8: FrameWork Architektur

5.2. Design Management

Über das Design Management wird die gesamte Kommunikation wie auch die Steuerung und Koordinierung von Projekten, Teams und Prozeßabläufen geregelt. Um die bestehenden Automatisierungsinseln besser verbinden zu können, ist es im SIFRAME möglich, Applikationen in unterschiedlichster Form einzubinden. Die Möglichkeiten reichen von der eher losen Kopplung über eine Anbindung an die Benutzeroberfläche oder Datenhaltung bis hin zur vollständigen Integration in das Framework. Vom Grad der Integration abhängig sind die Möglichkeiten der Steuerung und Kontrolle des Frameworks über die Tools. Eingebettete Tools haben natürlich ihre eigene Benutzeroberfläche und Datenhaltung. Der Datenfluß solcher Werkzeuge wird jedoch auch vom Framework gesteuert. Ein voll integriertes Tool kann selbstständig auf die Datenbank zugreifen da es ja komplett an die Funktionen des Frameworks angepaßt ist. Die Tiefe der jeweiligen Kopplung wird von der Notwendigkeit und Nützlichkeit im speziellen Anwenderfall bestimmt.

Gemäß der Projektmanagement-Methodik können Aktivitäten und Prozeßstrukturen und -abläufe definiert werden. Dem Benutzer wird die Möglichkeit geboten, seine spezifischen Prozeßabläufe in graphischer Form aufzubauen. Für die unterschiedlichen Teile eines Projektes können unterschiedliche Abläufe definiert werden. Diese sind durch den Benutzer veränderbar. Graphisch wird auch der Zustand der Aktivitäten in den Verfahrensabläufen dargestellt. Der Benutzer hat damit die Möglichkeit, mit einem Blick zu erfassen, welche Aktivitäten, in welcher Reihenfolge noch ausgeführt werden müßen, bzw. schon erledigt sind.

Die Definition von Projekten und Zuordnung von Teams, die die einzelnen Aktivitäten für eine Menge konkreter Ergebnisse ausführen, erfolgt graphisch.. Die Übersichtlichkeit des Projektes wird dadurch gesteigert und die Möglichkeit gegeben jederzeit den Zustand des Projektes abzurufen. Aber erst die Zuordnung von Verfahrensabläufen zu Arbeitspaketen vervollständigt die Entwicklungsumgebung. Die jeweils einem Arbeitspaket zugeordnete Aktivität (als kleineste Einheit von Prozessabläufen), repräsentiert den jeweiligen Entwicklungszustand. Der jeweilige Benutzer muß sich nun nur noch um die Ausführung der jeweiligen Aktivitäten zu kümmern und ist von dem ganzen Wissen, um Aufbau, Datenhaltung und Versionierung im Projekt befreit. Er kann sich voll und ganz auf seine Aufgabe konzentrieren. Dazu steht jedem Benutzer ein eigener Workspace zur Verfügung in den er auszuführende Arbeitspakete reservieren kann. Diese sind für die Zeit der Bearbeitung vom Zugriff durch andere Benutzer ausgeschlossen. Damit wird ein Multi-user Konzept realisiert, daß es ermöglicht in einer Client-Server Architektur gleichzeitig verschiedene Benutzer zu bedienen.

Das Controlling all dieser Prozesse wird von den einzelnen Komponenten des Framework durchgeführt, wobei gleichzeitig eine hohe Flexibilität des Systems sicherstellt, daß jeder Benutzer seine individuellen organisatorischen Infrastrukturen und Abläufe abbilden kann. Dabei wird er unterstützt durch das objekt-orientierte Steuerungssystem, das die Einarbeitungszeit in das System minimiert und dem Benutzer im Umgang mit dem System bei komplexen Abläufen eine größtmögliche Unterstützung bietet.

5.3. Objekt-orientiertes Datenbank Management

Die 3te Säule im Framework ist die objekt-orientierte Datenbank Management Komponente (OMS). Sie sorgt für die Konsistenz, Sicherheit und Redundanzfreiheit aller Daten. Der Datentransfer zwischen Framework und gekoppelten Applikationen wird vom OMS sichergestellt. Bei der Integration von Tools spielt das OMS eine zentrale Rolle.

5.4. Projekt Mangement in SIFRAME

Um komplexe Projekte und Produktentwicklungen erfolgreich durchführen und abwickeln zu können unter den Randbedingungen des Concurrent Engineering, d.h. das gewünschte Ergebnis qualitäts-,termin- und kosten-gerecht bereitzustellen, sind wirkungsvolle Methoden und Mechanismen sowohl für die technischen Verfahren als auch für das Projekt Management wünchenswert und notwendig.

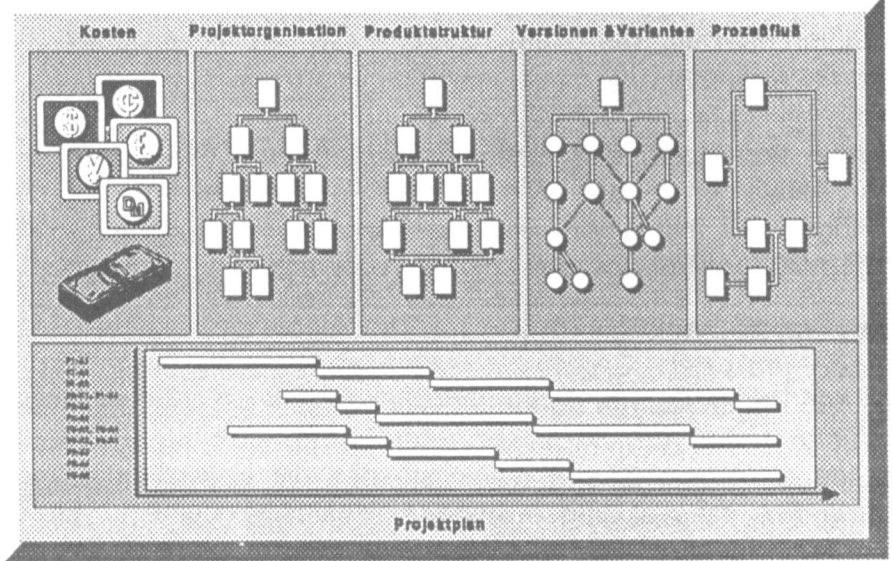

Abb. 9: Projektfortschritt, Kostenkontrolle, Konfigurationsmanagement: Integration

Die Abwicklung kundenspezifischer, komplexer Projekte, also Planung, Steuerung, Controlling und Berichterstattung erfordert eine organisationsweite Projektmanagement-Methodik, die folgende wesentliche Merkmale besitzt:

o   Strukturierung des zu erzielenden Ergebnisses (System-/Produktstruktur)

o   Erzeugung einer komplementäten und konsistenten Projektstruktur

o   Unterstützung beim Aufbau und Arbeiten von Teams

o   IT-Unterstützung und Modularität der Entwicklungsumgebung mit Anpassbarkeit an projekt-spezifische Gegebenheiten o   Integrierbarkeit in Plattformen, bzw. leichte Einbettung in unterschiedliche Verfahrenslandschaften

Für eine effiziente Projektabwicklung wurden im Hause Grundsätze und eine Basisterminologie festgelegt und die unterschiedlichen Abhängigkeiten zwischen Methodik und Begriffen zu definieren mit dem Ziel, bestehende Abhängigkeiten transparent zu machen. Diese Abhängigkeiten werden für die jeweilige technische Prozeßstruktur, den Leitprozeß, beschrieben. Projektmanagement-Grundsätze sind deshalb unabhängig von der Implementierungstechnologie definiert.

Die einzelnen Schritte und Teilergbnisse, wie auch das Gesamtergebnis des Projektes, sind als kontrollier- und bewertbare Einheiten strukturiert hinsichtlich Aufwand, Zeit und Kosten. Die typischen Werte für spezifische Ergebnisse können vor Beginn des Projektes festgelegt werden

Jeder Prozeßabschnitt wird in mehrere Prozeßschritte unterteilt, die von Meilensteinen begrenzt werden. Zu den Meilensteinen müßen definierte Ergebnisse vorliegen, die während des jeweiligen Vorgänger-Prozeßschrittes zu erarbeiten sind. Hierdurch wird ein integriertes Beobachten des Prozeß-Fortschrittes ermöglicht, und zwar sowohl im Ergebnis als auch auf der Zeitachse.

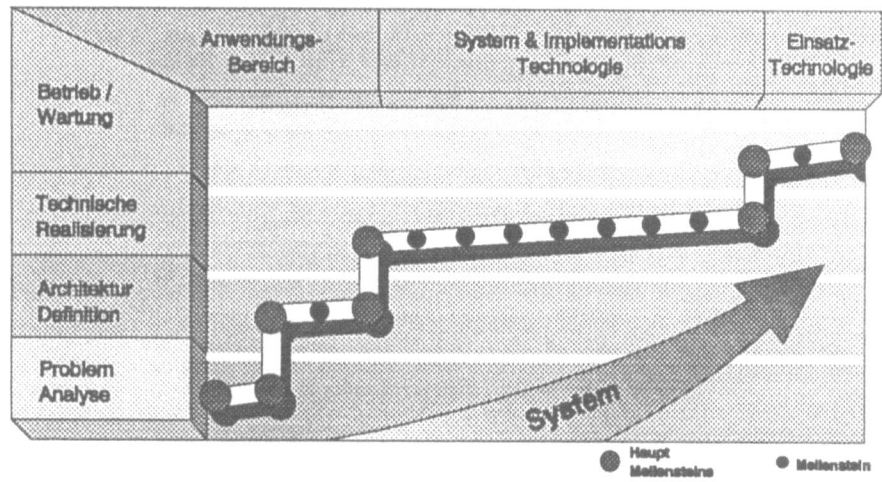

Abb. 10: Integriertes Beobachten des Prozeß-Fortschritts

Sämtliche Mechanismen für Steuerung und Kontrolle in SIFRAME wurden unter der Maßgabe konzipiert, einen möglichst hohen Grad an Standardschnittstellen zu verwenden. Dieses wird zusätzlich unterstützt durch die Mitarbeit der SIFRAME Systemarchitekten in der internationalen Standardisierung. In Europa haben die Ergebnisse aus JESSI Common Framework (ESPRIT Projekt Nr. 7364) einen wesentlichen Einfluß auf die SIFRAME Architektur gehabt. Weltweit partizipieren wir an der CFI (Common Framework Initiative), die zum Ziel hat, Harmonisierungsbestrebungen zwischen allen heute bekannten Frameworkansätzen zu koordinieren. Andererseits ist das Interesse von industriellen Anwendern seit einiger Zeit erheblich an der Art der Integrationstechnologie wie sie Frameworks bieten und den Concurrent Engineering Methoden die sie integrieren erheblich gestiegen. Daraus ergeben sich wiederum erneut Anforderungen an Architektur, projektspezifische Anpassbarkeit und netzwerkweites Engineering.

IAO-Forum
**Objektorientierte
Informationssysteme II**

Objektorientiertes Klassensystem zum Bau von anwendungsspezifischen Leitständen

Th. Otterbein

Inhaltsverzeichnis

1	Werkstattorientierte Produktionsunterstützung (WOP)	1
1.1	Werkstatt-CIM	1
1.2	Zielsetzung werkstattorientierter Produktionsunterstützung	3
1.3	Anforderungen an ein FIKS	4
2	Informationssysteme heute	5
2.1	Die Softwarekrise	5
2.2	Zustand heutiger CIM-Softwaresysteme	10
3	Der Bau von FIKS mittels Objektorientierung	11
3.1	Werkstattmodell und objektorientierte Klassen	11
3.2	Stand der Implementierung	15
3.3	Implementierungserfahrungen	16
4	Einsatzgebiete für FIKS	19
5	Zusammenfassung und Ausblick	20
6	Literatur	21

1 Werkstattorientierte Produktionsunterstützung (WOP)

1.1 Werkstatt-CIM

Heutige CIM-Konzepte werden im wesentlichen von zwei verschiedenen Ausgangspunkten gestartet: Zum einen aus einer betriebswirtschaftlich administrativen Sicht, zum anderen aus einer technologische Sicht.

Die betriebswirtschaftlich administrative Sicht ist vor allem durch mächtige, teilweise bis ins kleinste Detail planende PPS-Systeme vertreten. Diese PPS-Systeme verplanen nicht nur die Vorgänge in der Produktion (Werkstatt), sondern vom Einkauf bis zum Vertrieb hin das gesamte Unternehmen. Für die Werkstatt hat dies zur Folge, daß sie sich an die Vorgaben, die "von oben" kommen, zu halten hat und die so vorgegebenen Ziele erfüllen muß. Dabei war auch der Weg bis ins kleinste Detail vorgeschrieben.

Die technologische Sicht hat ihren Ursprung in den CAx Technologien: CAE, CAD, CAP und CAM gilt es, zu einer Integration zu führen.

Für die Werkstatt haben beide Sichtweisen zur Folge, daß die Mehrzahl der vorbereitenden und steuernden Funktionen aus der Werkstatt ausgelagert werden. Die Werkstatt ist stark abhängig von anderen Bereichen, die Regelkreise werden sehr lang. Dies führt dazu, daß die Werkstatt, die sich traditionell durch eine hohe Flexibilität auszeichnet, gerade diese Flexibilität verliert.

Werkstattorientierte Produktionsunterstützung hat ihre Wurzeln in der Werkstatt selbst. Basierend auf den dort vorhandenen Vorgängen, Kenntnissen und Objekten haben Informationssysteme die Aufgabe, diese Vorgänge werkstattgerecht zu verwalten, dem Benutzer die Möglichkeit zu geben, seine individuellen Kenntnisse in entsprechende Entscheidungen umzusetzen und die in der Werkstatt vorhandenen Objekte zu integrieren.

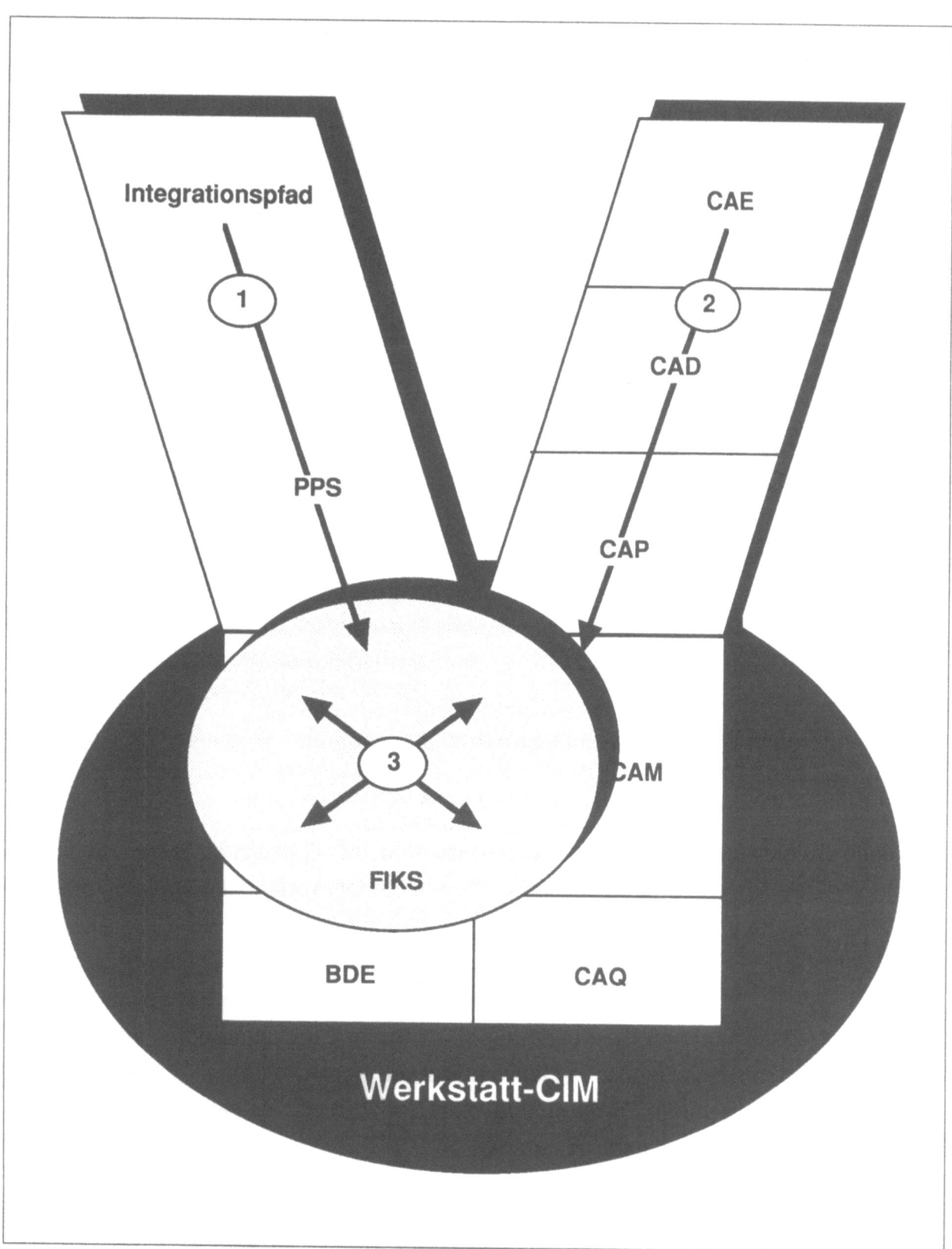

Abb. 1: Werkstatt-CIM mit Kristallisationskeim FIKS

Werkstattorientierte Produktionsunterstützung führt dadurch zu einer neuen Sichtweise für die Integration - Werkstatt-CIM /1/. Ausgangspunkt der Integration sind nicht mehr die traditionell stark rechnergestützten CAx-Technologien, ebensowenig sind es die stark top-down orientierten Planungssysteme wie PPS. Vielmehr startet die Integration bei den Objekten und Vorgängen der Werkstatt selbst.

Ein möglicher Kristallisationskeim für Werkstatt-CIM ist ein Fertigungs-Informations- und Kommunikations-System (FIKS, vgl. Abb. 1), daß auch die Funktionalität eines Leitstandes.enthält.

1.2 Zielsetzung werkstattorientierter Produktionsunterstützung

Ziel ist es, die notwendige Flexibilität wieder zurückzugewinnen. Hierzu ist es nötig, in der Werkstatt alle notwendigen Informationen zur Verfügung zu stellen, damit kurzfristige Entscheidungen, wie sie permanent erforderlich sind, basierend auf einem ausreichenden Kenntnisstand wieder in der Werkstatt getroffen werden können. Hierzu gehören neben den bisher schon bekannten Objekten wie Fertigungsaufträge, Arbeitsgänge auch Informationen über externe Ursachen und Vorgaben: Arbeitspläne, Zeichnungen usw. sind erforderlich.

Alle diese Objekte - oder besser gesagt die informationstechnischen Beschreibungen dieser Objekte - müssen an den richtigen Orten in der Werkstatt zur Verfügung stehen, z.B. eine Zeichnung an einer Werkzeugmaschine, um ein NC-Programm zu überprüfen.

Eine weitere Zielsetzung ist die Schaffung einheitlicher Benutzeroberflächen, um den Einlernaufwand in unterschiedliche Software zu verringern und dem Mitarbeiter auch die Möglichkeit zu geben, unterschiedliche Softwarepakete von verschiedenen Herstellern gleichzeitig bedienen zu können.

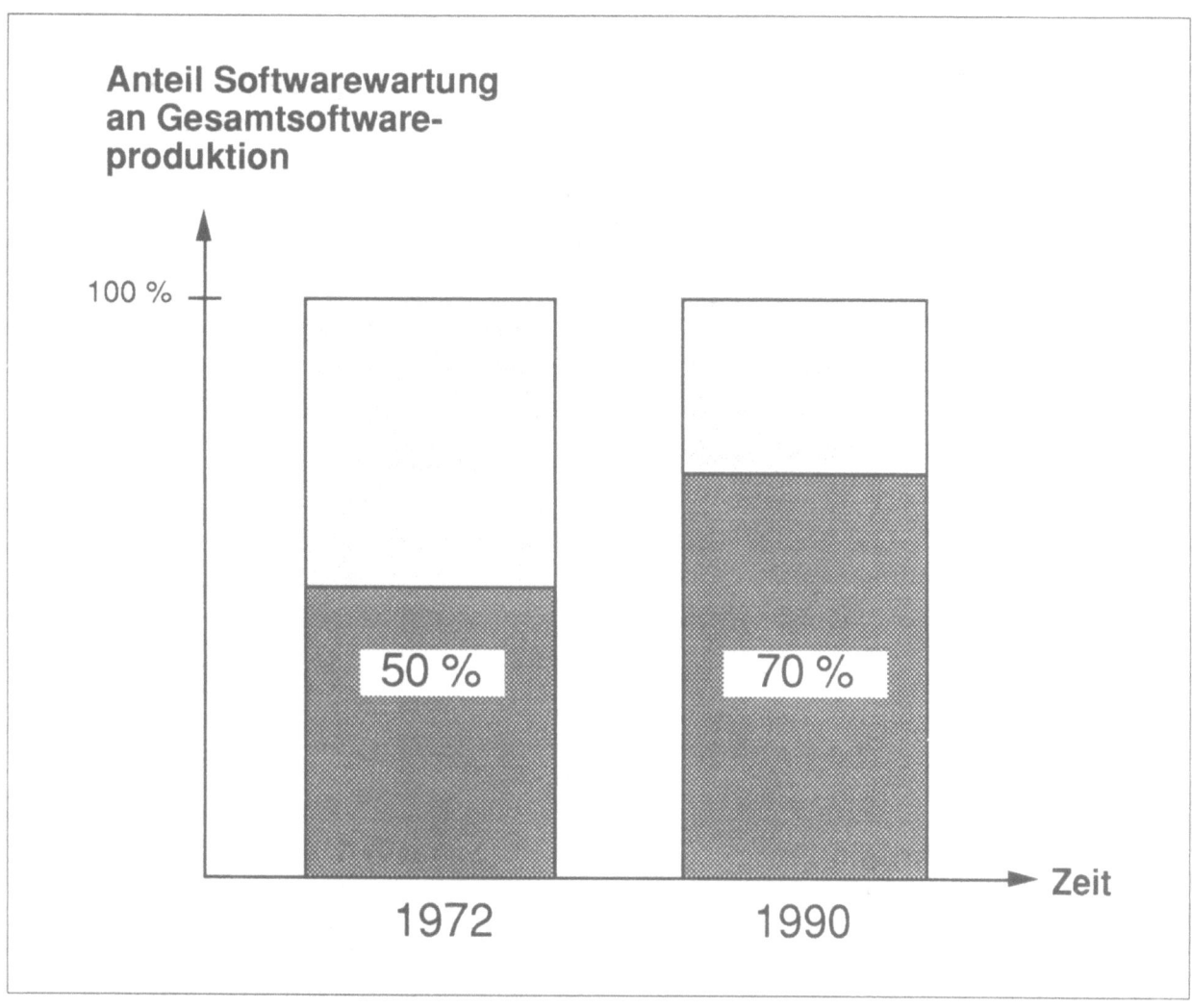

Abb. 3: **Anteil Wartung an Gesamtsoftwareproduktion**

Das Bewußtsein für diesen Zustand hat sich geschärft. Nach einer Studie über die Rangordnung verschiedener Softwareeigenschaften aus dem Jahr 1987 wird Wartbarkeit inzwischen als die wichtigste Eigenschaft von Software angesehen. Interessanterweise wird von Mitarbeitern eines großen Softwarehauses die Wiederverwendung von Design als auch Code als der beste Ansatzpunkt gesehen, um die geforderten Ziele bei der Softwareproduktion erreichen zu können /12/.

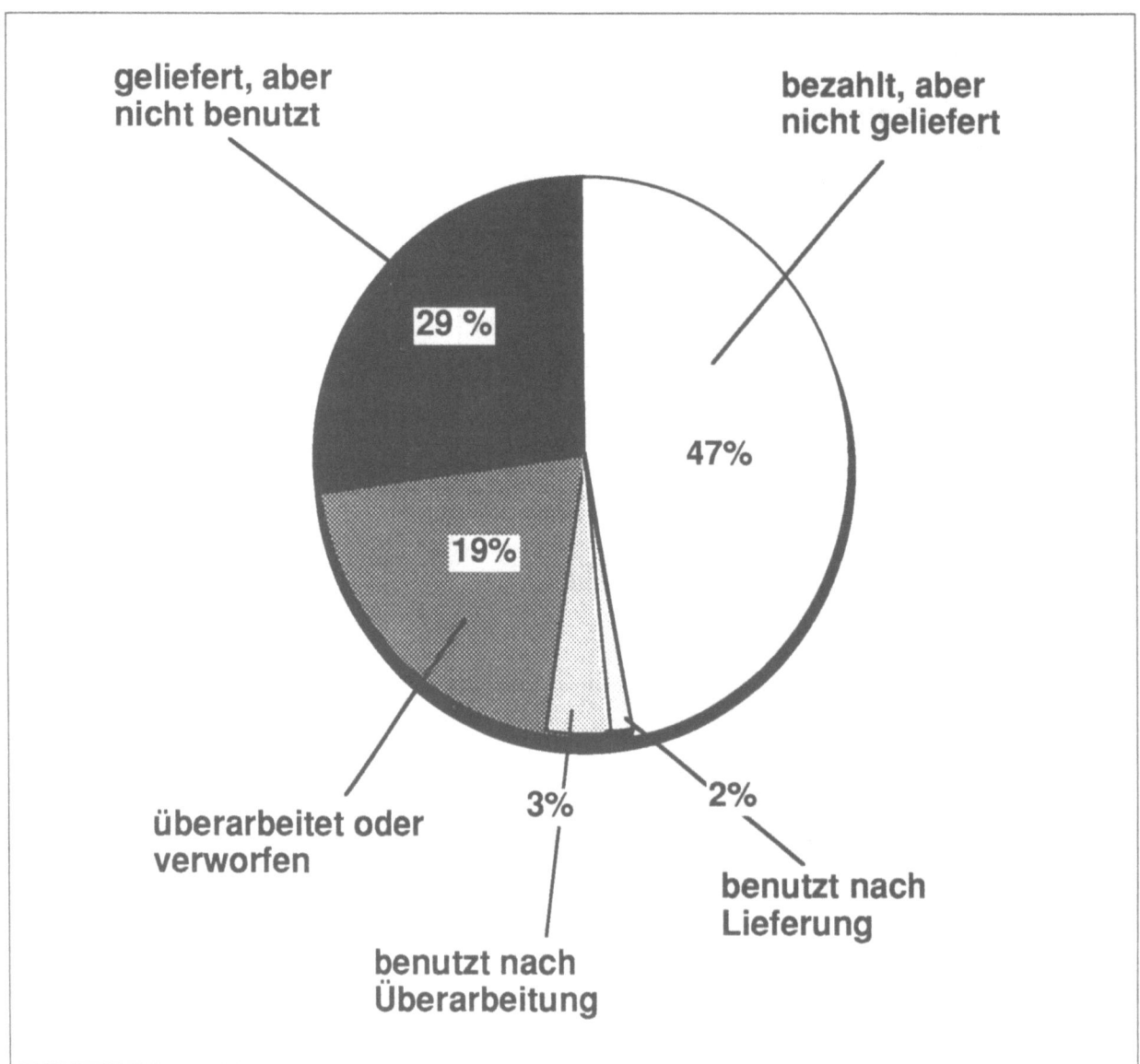

Abb. 2: Erfolgsquote von Softwareprojekten (nach Cox /4/)

Ein weiteres Indiz für die Probleme in der Softwareerstellung ist, daß heute 70% der Programmierkapazität an die Wartung von Software gebunden ist. Wartung heißt hier, daß alte, unstrukturierte Software an neue Aufgabenstellungen angepaßt werden muß /5/. 1972 lag dieser Wert noch bei 50%, doch wurde schon in den 60er Jahren der hohe Wartungsanteil für kritisch gehalten. Damals wurde der Begriff der Softwarekrise geprägt. Nach der Interpretation dieser Werte ist davon auszugehen, daß diese Krise nach wie vor nicht behoben ist /11/, sondern sie sich im Gegenteil beständig verschärft hat.

2 Informationssysteme heute

2.1 Die Softwarekrise

Es ist allgemein anerkannt, daß dem großen technologischen Fortschritt auf Seiten der Hardware eine Stagnation auf Seiten der Software gegenübersteht. Während sich Rechnerleistungen exponentiell verbesserten, wird Software nach wie vor mit demselben Aufwand produziert: Die Kosten pro Zeile geschriebener und getesteter Code blieben in den vergangenen Jahren im Durchschnitt weitgehend konstant /8/.

Zwar erzielen unterschiedliche Programmierer unterschiedlich gute Ergebnisse, wobei der Unterschied durchaus einen Faktor 10 ausmachen kann. Interessanterweise spielt es dabei keine Rolle, in welcher Programmiersprache der betreffende Code geschrieben ist. Der Maßstab "lines of Code" erweist sich als weitgehend unabhängig von der speziellen Sprache: Derselbe Programmierer produziert, abgesehen von gewissen Einlernaufwänden, in unterschiedlichen Sprachen immer in etwa dieselbe Menge Code-Zeilen pro Zeit /6/.

Dieser Effekt ist nachvollziehbar, wenn man berücksichtigt, daß Programmieren eine weitgehend geistige Tätigkeit ist und die Resourcen für diese Tätigkeit bei einem Menschen eben beschränkt sind.

Hinzu kommt die schlechte Erfolgsquote von Softwareprojekten. Nach einer Studie aus dem Jahre 1985 /4/ werden

- 47% aller Software-Entwicklungen bezahlt, aber nie geliefert.
- 29% ausgeliefert, aber nie benutzt.
- 19% aufgegeben oder neu erstellt.
- 3% benutzt nach Änderungen.
- 2% ohne Änderungen benutzt.

Dies bedeutet, daß 95% aller Softwareprojekte nie ein verwendbares Ergebnis produziert haben.

1.3 Anforderungen an ein FIKS

Hauptschwierigkeit beim Bau von FIKS-Systemen sind die unterschiedlichen Anforderungen, die aus den einzelnen Werkstätten kommen. Diese Anforderungen beziehen sich auf sehr unterschiedliche und teilweise widersprüchliche Eigenschaften, die ein FIKS haben soll. Generelle Anforderungen sind z.B.:

- Dezentraler Einsatz
- Integrationsfähigkeit, Interoperabilität und Offenheit
- Eigenständigkeit
- Flexibilität/Anpaßbarkeit
- Preis-/Leistungsverhältnis

Neben diesen eher allgemeinen Anforderungen sind auch spezifische Anforderungen an die Funtionalität vorzufinden:

- Mehrressourcenplanung
- Auftragsnetze
- Alternative Planentwürfe
- Spezifische Planungsalgorithmen
- Aufteilen und Zusammenlegen (Split/Join)
- Flexible Arbeitspläne

Jede dieser Anforderungen wird in einer Werkstatt individuell ausgefüllt, je nach Art der zu steuernden Fertigung, dem EDV-Umfeld etc. Um diesen Anforderungen gerecht werden zu können, sind werkstattspezifische Systeme notwendig. Werkstattspezifisch heißt hier, daß für jede Werkstatt ein eigenes System benötigt wird, daß sich von den Systemen in anderen Werkstätten unterscheidet.

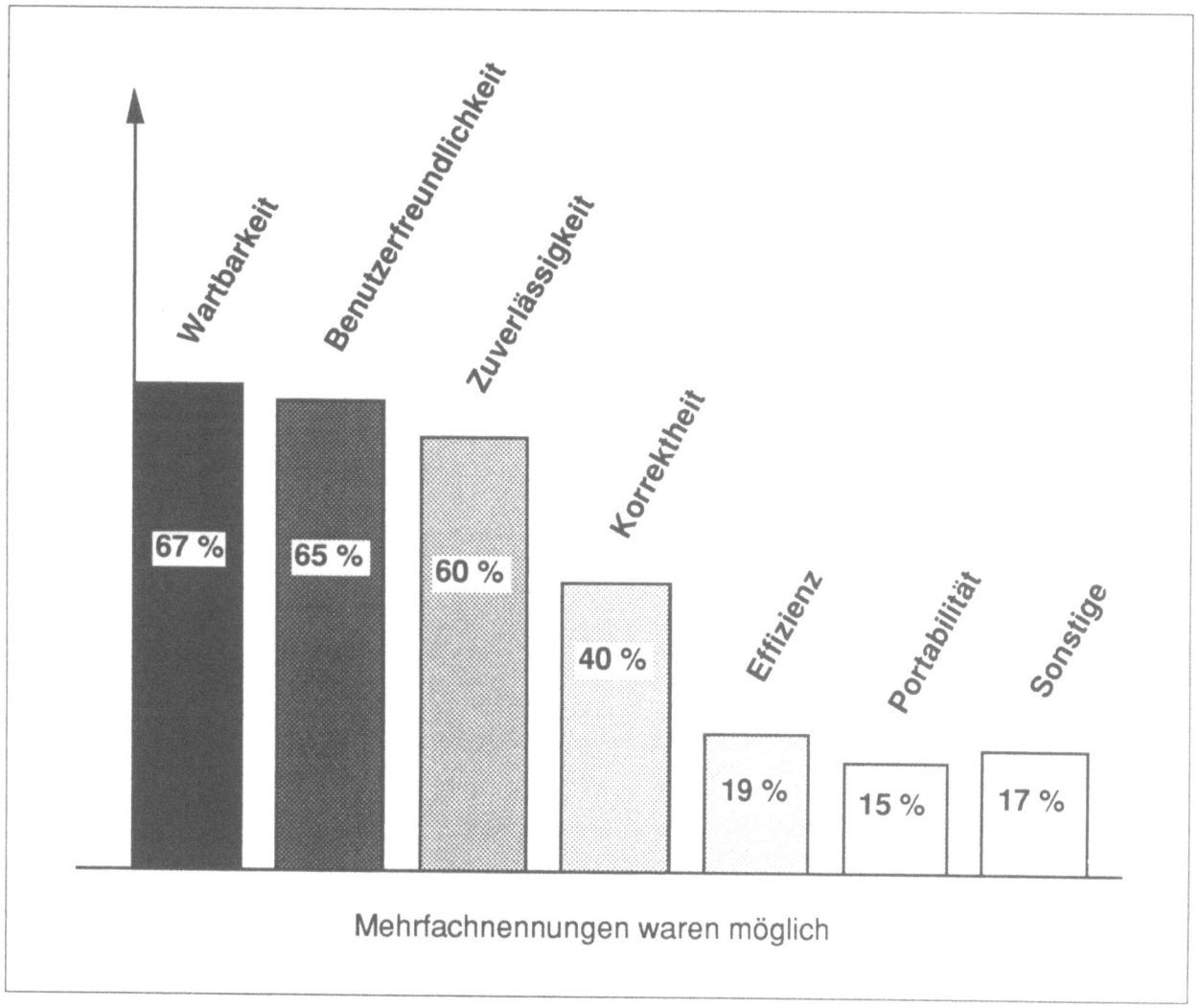

Abb. 4: Rangordnung von Zieleigenschaften von Software

Die Forderung nach wiederverwendbarem Code, insbesondere aber wiederverwendbaren Designs, führen zu der Frage nach generellen Strukturen von Software - Der Software-Architektur, und dem zugrundeliegenden Programmierparadigma.

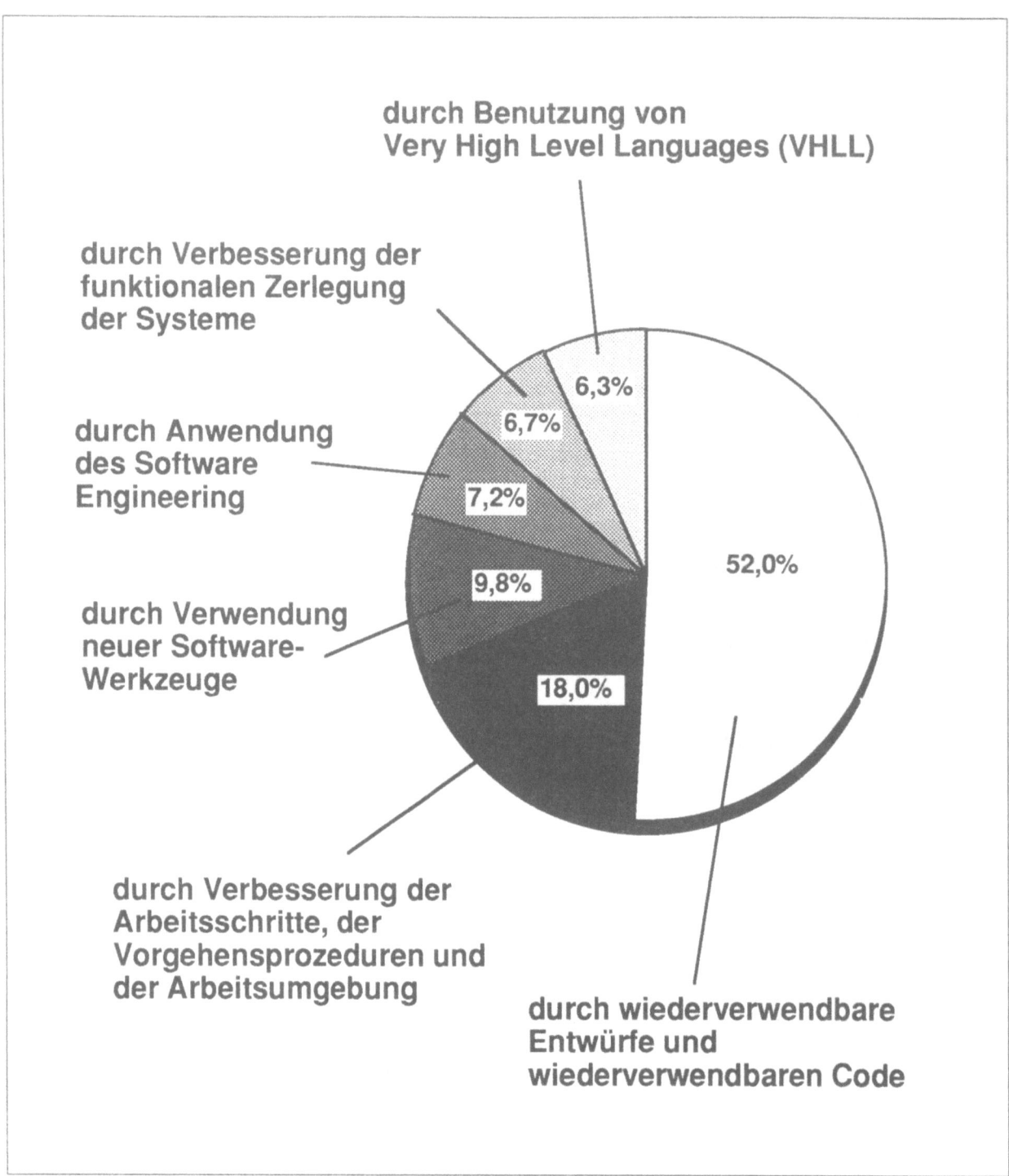

Abb. 5: Beurteilung von Ansätzen zur Lösung der Softwarekrise

2.2 Zustand heutiger CIM-Softwaresysteme

Seit Beginn der 80er Jahre manifestierte sich der Gedanke einer voll computergesteuerten Fabrik in Form des CIM-Begriffes (Computer Integrated Manufacturing). Eine große Menge sogenannter "CIM-Komponenten" kam auf den Markt, die alle den Anspruch hatten, als Bestandteil einer Gesamt-CIM-Strategie verwendbar zu sein.

Diese Systeme erzielten in der Anwendung nur Teilerfolge: Zwar konnten sie bestimmte Funktionen der Unternehmung sehr gut unterstützten (z.B. PPS-Systeme, Leitstände, Vertriebsunterstützungssysteme etc.), doch hatten sie große Schwächen, sobald es an den Einsatz in Nachbarbereichen ging. Auch eine Integration mehrerer dieser Systeme war nur sehr schwer zu erreichen /13/. Es zeigten sich hier also ähnliche Schwächen wie bei tayloristischen Organisationsformen: Zwar konnten lokale Erfolge erzielt werden, doch wurde eine ganzheitliche Sicht stark vernachlässigt.

Die so entstandenen Systeme waren nur schwer wartbar und änderbar, so daß fortan bei großer Inflexibilität gleichzeitig hohe Kosten bei der Änderung dieser Systeme entstanden. Schon bevor Integrationsarbeiten richtig angegangen werden konnten, war die Mehrzahl dieser Systeme an die Grenzen ihrer Erweiterbarkeit gelangt /6/.

3 Der Bau von FIKS mittels Objektorientierung

3.1 Werkstattmodell und objektorientierte Klassen

Objektorientierung gilt als diejenige Softwaretechnologie, mit welcher die obengenannten Anforderungen am weitestgehendsten erfüllt werden können /2/ /10/. Neben der informationstechnischen Methode Objektorientierung muß in Bezug auf ein FIKS auch ein geeignetes Modell erstellt sein, welches die in einem FIKS vorhandenen Objekte samt ihrer gegenseitigen Beziehungen beschreibt. Dieses Modell kann sodann in entsprechende Klassen umgesetzt und implementiert werden.

Das Entity Relationsship Modell /3/ ist eine Methode, die grundlegenden Objekte samt ihrer Beziehungen graphisch darzustellen. Deshalb wurde ein erster Entwurf für das FIKS mit Hilfe dieser Methode gemacht. Eine stark vereinfachte Version ist in Abb. 6 wiedergegeben

Leider hat sich im Verlauf der weiteren Modellierung gezeigt, daß die so entstehenden Bilder zu komplex und unübersichtlich werden. Hauptursache hierfür war, daß für die spätere Erstellung des Klassensystems die IS_A Beziehung in einem Maße benötigt wird, wie sie in konventionellen ERM-Schaubildern nicht eingesetzt bzw. mangels weiterer Verwendbarkeit nicht modelliert wird.

Dies ist an folgendem einfachen Beispiel in Abb. 7 zu sehen: Die selbstverständliche Beziehung, daß die Arbeit durch einen abstrakten.Typ dargestellt wird, wird normalerweise weggelassen und nur in der späteren Implementierung wieder implizit durch Code hergestellt. In der Abb. 7 ist sie explizit dargestellt.

Bei der Umsetzung der Objekte der Werkstatt in einen Klassenbaum müssen aber auch solche Zusammenhänge unbedingt bekannt sein und explizit in den Klassen ausformuliert werden. Dies wurde auch so durchgeführt: Die Objekte der Werkstatt werden unmittelbar in Klassen umgesetzt, Zusammenhänge zwischen Objekten (z.B. der Bedarf) wurden durch entsprechende Zusamenhangsklassen implementiert. Das zugrundeliegende Modell der Werkstatt ist also unmittelbar durch die Klassen repräsentiert.

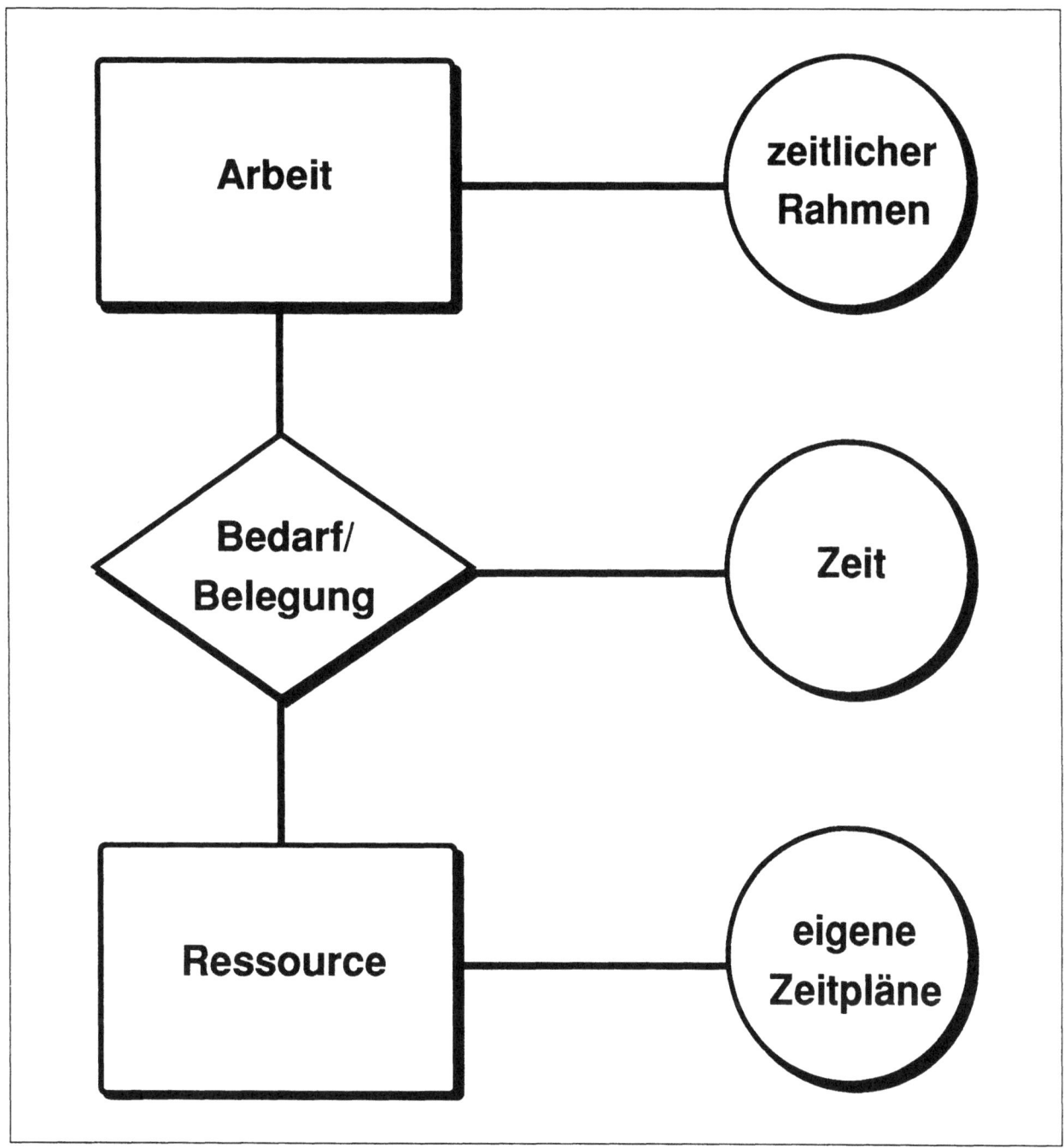

Abb. 6: Grunddatenmodell von FIKS (stark vereinfachtes Schema)

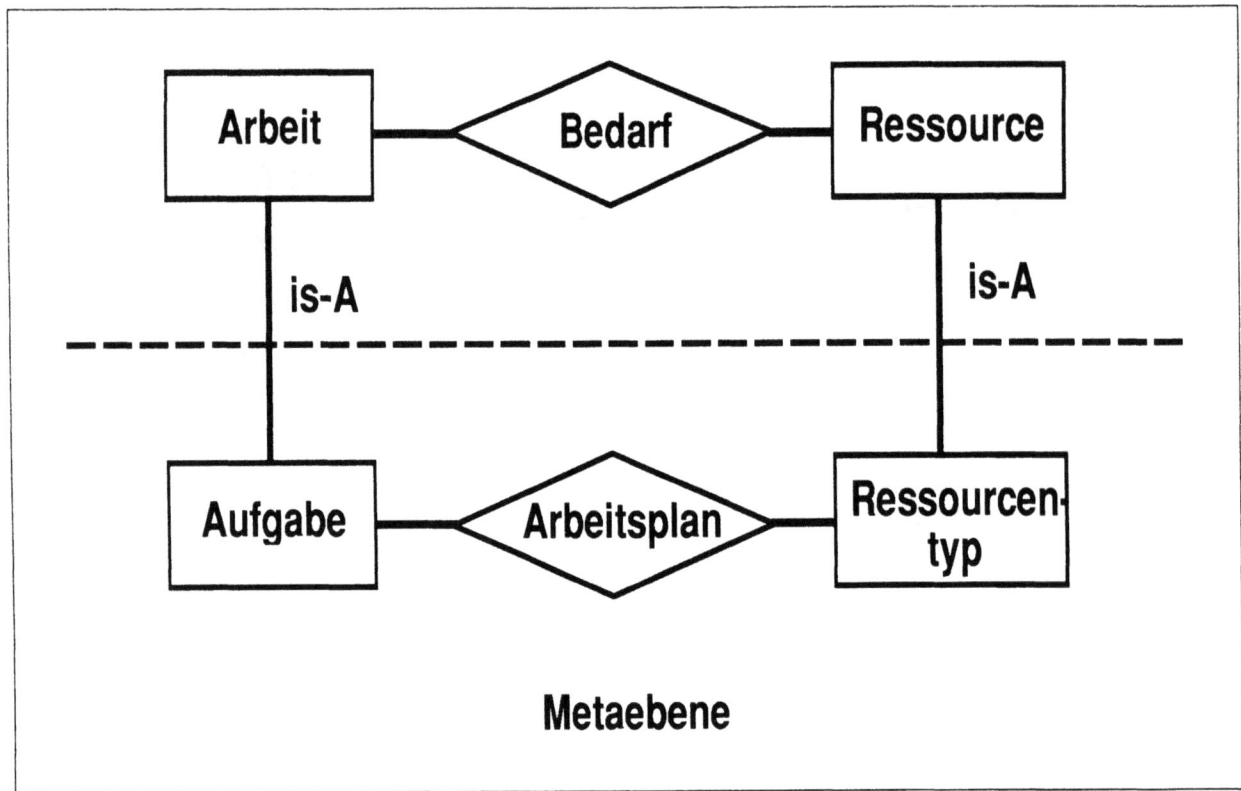

Abb. 7: **Bedarf als konkrete Ausführung des Arbeitsplans - Wirklichkeit und Metaebene**

Dabei wurden gemeinsame Eigenschaften verschiedener Klassen in abstrakten Klassen zusamengeführt, z.B. ist die Klasse Arbeit die Abstraktion aus Fertigungsaufträgen und Arbeitsvorgängen, die Ressource ist die Abstraktion aus Maschinen, Werkzeugen, Menschen, Material u.a.

Der so entstandene und implementierte Klassenbaum ist sehr komplex, er ist in Abb. 8 wiedergegeben.

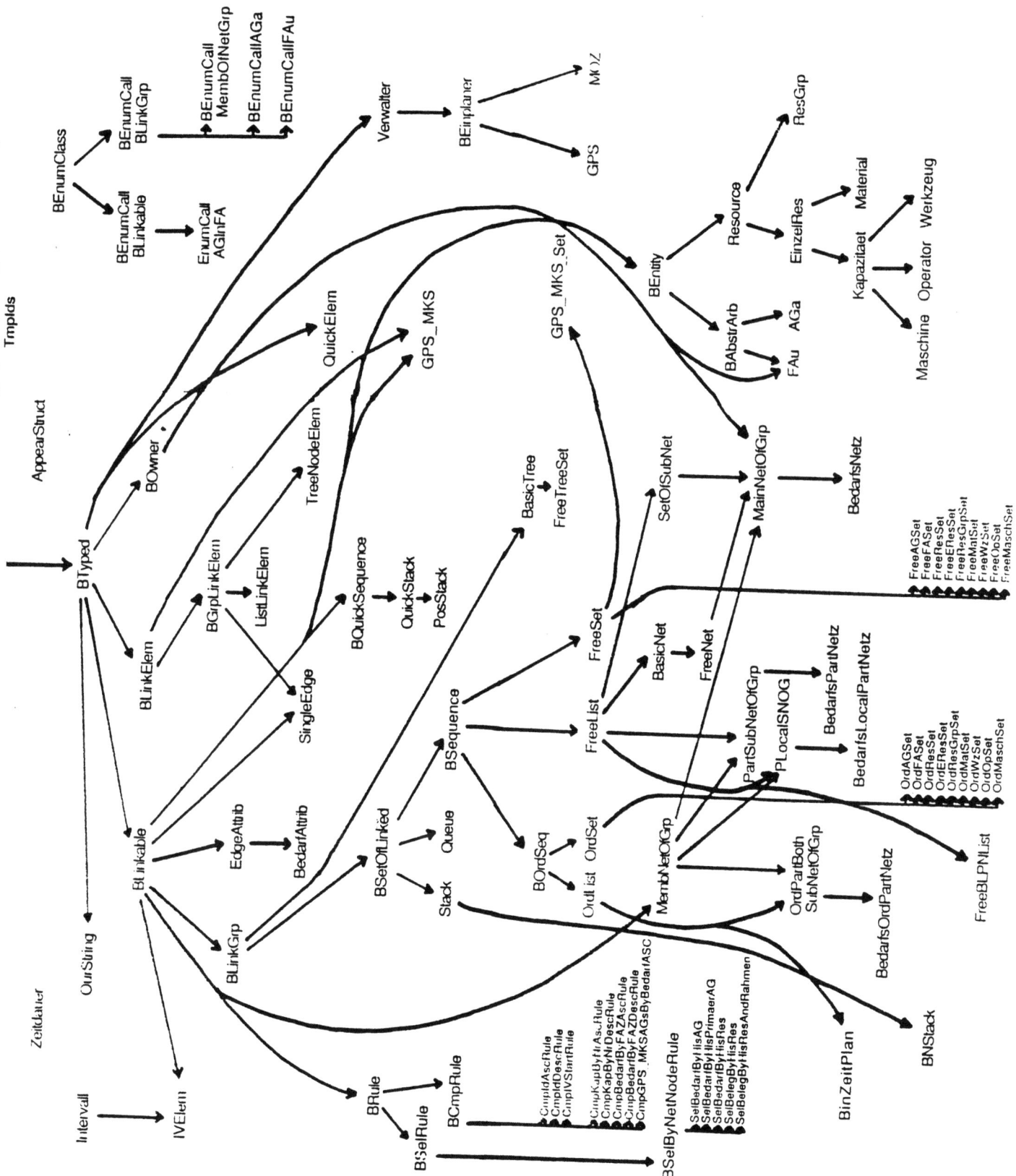

3.2 Stand der Implementierung

Das Klassensystem wurde mit der Programmiersprache C++ erstellt. Derzeitige Entwicklungsumgebung sind SUN SPARC-Stations mit 24 MB Hauptspeicher unter UNIX. Ein Transfer auf eine andere UNIX-Umgebung ist problemlos möglich. Als graphisches Fenstersystem wird XWindows R11 in Verbindung mit OSF-MOTIF verwendet. Zur Datenhaltung wird bisher eine ORACLE Datenbank eingesetzt, ein späterer Einsatz einer objektorientierten Datenbank mit C++ Interface ist leicht möglich.

Aufgrund des Einsatzes eines Dialog-Management-Werkzeuges (ISA-Dialog-Manager) kann die gesamte Oberfläche mit geringem Aufwand in eine andere Umgebung portiert werden. Als mögliche Zielumgebungen für ein zukünftiges Produkt stehen somit alle Möglichkeiten offen. Eine Portierung nach MS-Windows oder OS/2 Presentation Manager ist leicht möglich.

Die Grundarchitektur von FIKS ist in Abb. 9 wiedergegeben.

Der Schwerpunkt der Entwicklung lag bisher auf der inneren Struktur des Systemes. Die graphischen Elemente wie eine Plantafel sind aber schon prototypenhaft verfügbar. Insbesondere beim Aufbau der User-Interface Elemente wurde darauf geachtet, diese wie auch den inneren Aufbau des Systemes leicht anpaßbar und portierbar zu gestalten.

Zur leichteren Erstellung des Sourcecodes wurden eine Reihe von Macros geschrieben, die große Teile des Codes automatisch generieren.

Das Klassensystem selbst setzt sich derzeit aus ca. 150 Klassen zusammen, der Umfang des Sourcecodes beträgt ca. 90.000 Lines of Code. Der Code ist sehr umfangreich dokumentiert, so daß eine Einarbeitung in das Klassensystem leicht möglich ist.

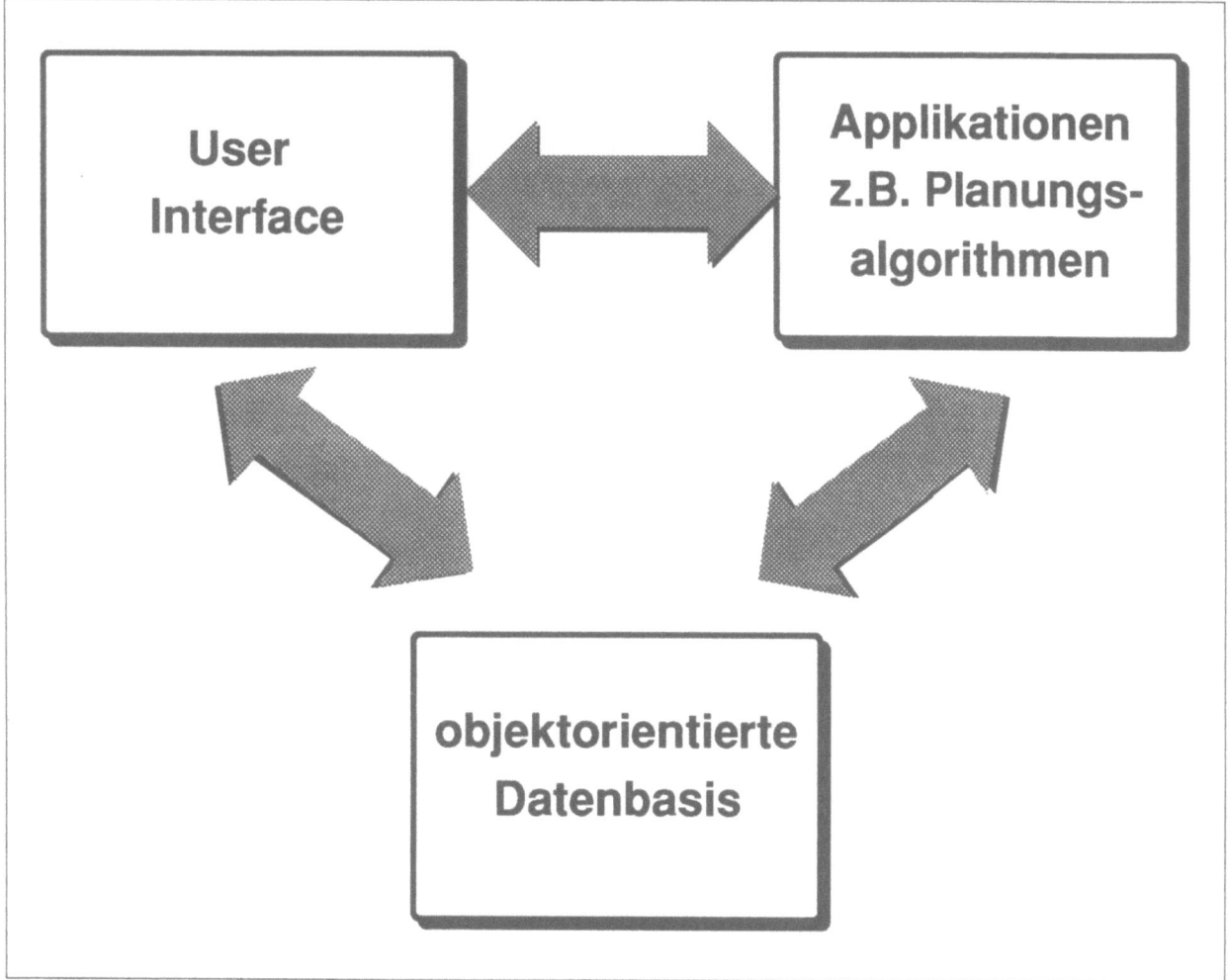

Abb. 9: Grundarchitektur des Systems

3.3 Implementierungserfahrungen

Während der Entwicklunge des Klassensystems wurden eine Reihe von Erfahrungen gemacht, die auch für andere Software-Projekte auf objektorientierter Basis von Bedeutung sind. Herrausragend hierbei war der unterschiedliche Verlauf gegenüber konventionellen Software-Projkten:

- Die Mehrzahl der Klassen wurden mehrmals geschrieben, d.h. einmal geschrieben und anschl. mehrmals geändert, bis sie in einer stabilen Version vorlagen. Dies deckt sich mit Beobachtungen aus anderen objektorientierten Projekten.

- Es mußte ein hoher Aufwand getrieben werden, um sichtbare Ergebnisse, d.h. mehr als ein paar Zeilen Code mehr, zu erhalten. Dies führte insbesondere in der Mitte des Projektes zu Überlegungen, das Projekt ganz abzubrechen. Allerdings wurden die Ergebnisse dann sehr schnell erreicht (vgl. Abb. 10).

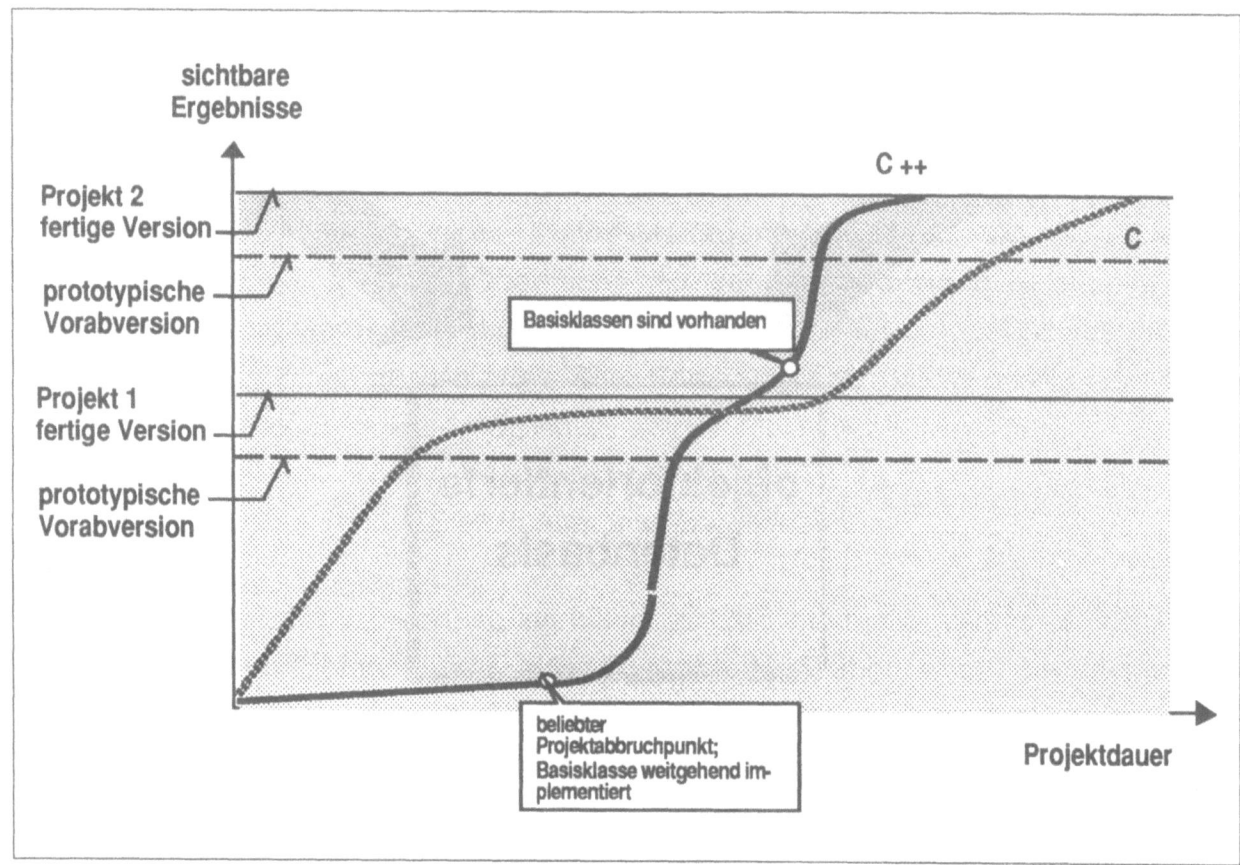

Abb. 10: Verhältnis von Projektdauer und sichtbaren Ergebnissen

- Auch in einer späten Projektphase war es verhältnismäßig leicht möglich, einzelne Klassen zu ändern, ohne daß dies Einfluß auf die anderen Klassen gehabt hätte.
- Selbst grundlegenden neue Erkenntnisse konnten während der Implementierung noch leicht umgesetzt werden. Eine Ursache hierfür: Die reale Welt wird unmittelbar in Klassen modelliert, es existieren keine Zwischenschritte wie bei anderen Methoden (z.B. Structured Analysis /9/ u.a.).

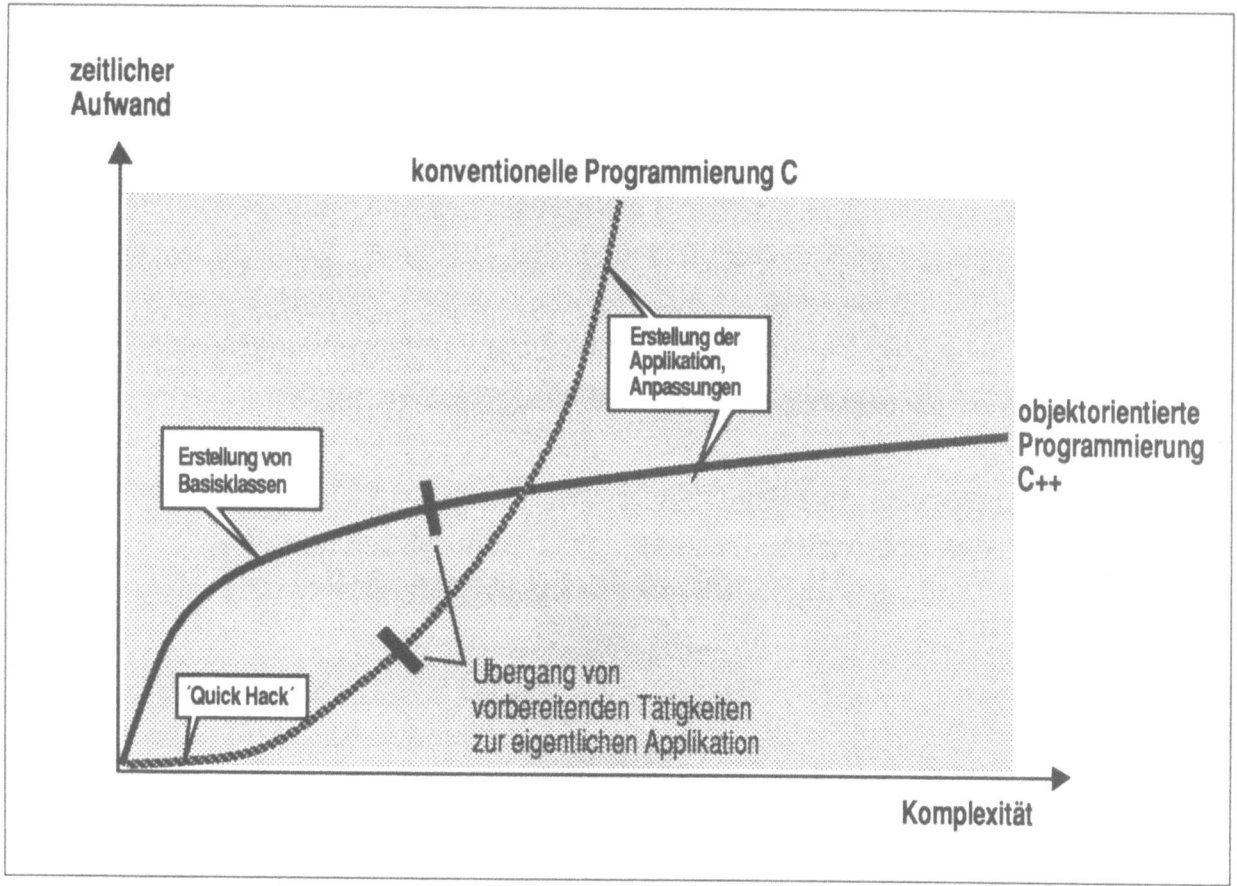

Abb. 11: Verhältnis Auwand und Komplexität bei konventioneller und objektorientierter Programmierung

Insbesondere die Erfahrung der langen Wartezeit bis zu sichtbaren Ergebnissen ist für das Management von objektorientierten Softwareprojekten von großer Bedeutung, da hierdurch eines der wesentlichen Beurteilungskriterien für den Fortschritt von Projekten verlorengeht. Die Ursache hierfür ist darin zu sehen, daß zunächst eine geeignete Menge von Basisklassen geschaffen werden muß (vgl. Abb. 11).

Hat ein Projekt die Gelegenheit, auf einem bereits vorhandenen Klassensystem aufzusetzen (was bei Verwendung des FIKS-Klassensystems mit Sicherheit der Fall wäre), so ist hier natürlich die Anlaufzeit wesentlich geringer. Umgekehrt gilt für konventionelle Projekte, daß gegen Ende die Fortschritte immer langsamer und nur noch zu immer höheren Kosten erreicht werden.

4 Einsatzgebiete für FIKS

Die verschiedenen Klassen wurden so ausgelegt, daß sie leicht an die spezifischen Eigenschaften einer Fertigung angepaßt werden können. Dies wird erreicht durch

- eine Allgemeingültigkeit des zugrundeliegenden abstrakten Modelles der Werkstatt
- Die leichte Ableitung spezifischer Ausprägungen einer konkreten Werkstatt durch den Mechanismus der Vererbung, d.h., Ableitung von anwendungsspezifischen Klassen, die um die spezifischen Eigenschaften erweitert wurden.

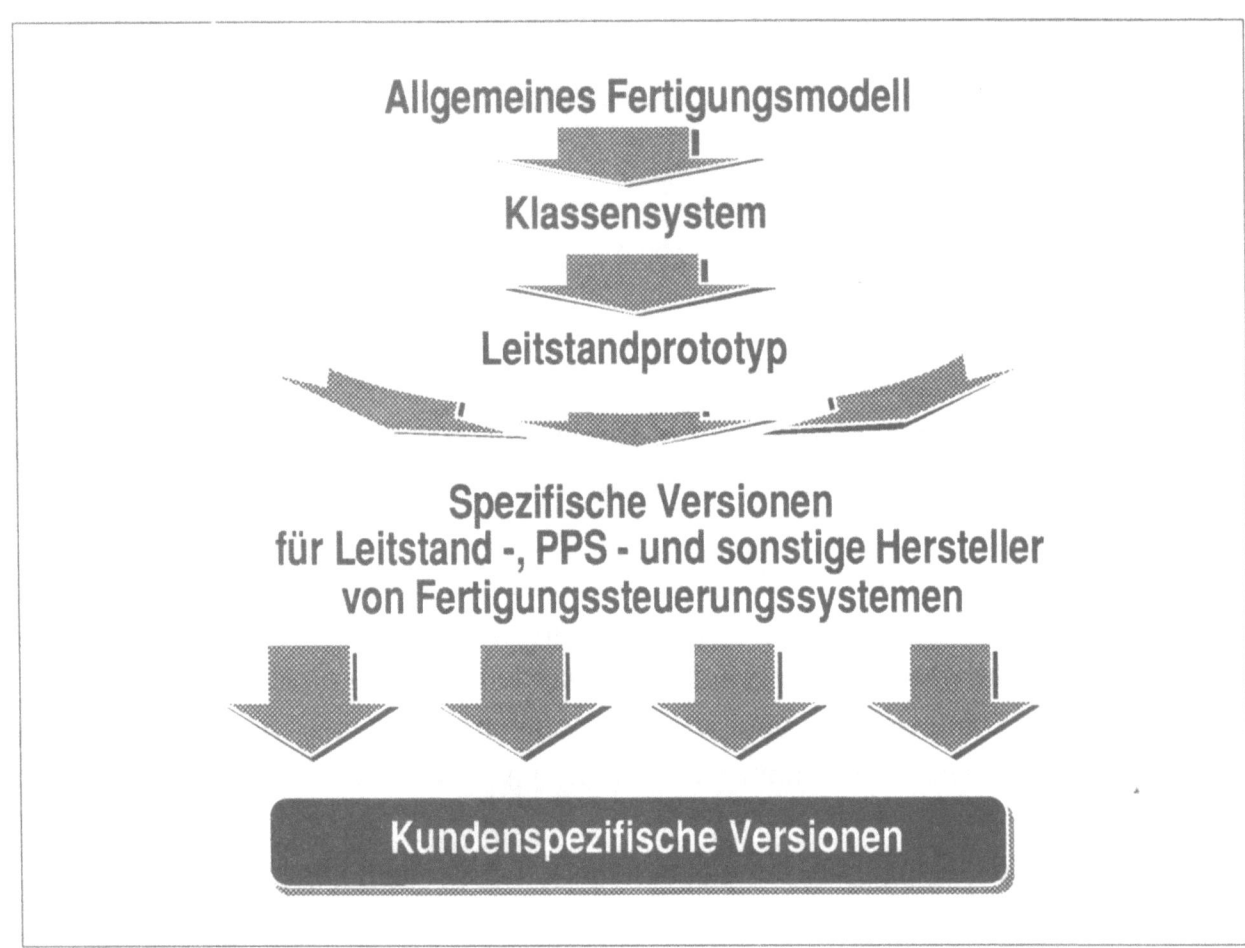

Bild 5: Entwicklung FIKS und weiterer Weg

Somit ergeben sich verschiedene Einsatzpunkte für das Klassensystem:

- Als anwendungsspezifischer angepaßter Leitstand in verschiedenen Werkstätten, also als kundenspezifische Version
- Als herstellereigener Leitstand als Add-On Produkt, z.B. für PPS- oder auch BDE-Systeme

Der mögliche weitere Entwicklungspfad ist in Abb. 12 dargestellt.

Neben diesen eher leitstandsorientierten Einsatzbereichen existieren aufgrund der in dem Klassensystem erreichten Abstraktion andere Bereiche, z.B. wird das System zur Koordination von mehreren in Europa verteilten Fabriken eingesetzt.

5 Zusammenfassung und Ausblick

Mit dem oben beschriebenen FIKS-Klassensystem steht ein umfangreiches Leitstands-Kernsystem zur Verfügung, um hersteller- und kundenspezifische Leitstände auf objektorientierter Basis bauen zu können. Die Benutzungsoberfläche wird durch das Konzept von Benutzerwerkzeugen /7/ so gestaltet, daß sowohl eine leichte Anpaßbarkeit als auch eine hohe Benutzerfreundlichkeit möglich ist.

Durch die Anpaßbarkeit des Systemes ist ein potentielles Einsatzgebiet gegeben, das über die eigentliche Werkstattsteuerung noch weit hinaus geht. Kundenspezifische Anforderungen können mit dem System leicht in eine Implementierung umgesetzt werden.

Das Klassensystem ist aufgrund seiner Breite und Flexibilität insbesondere auch zum Einsatz als Add-On-Leitstands-Komponente bei Herstellern anderer Produktions- und Fertigungssteuerungssysteme geeignet.

6 Literatur

/1/ Adler, G.:
Informationsmanagement - planvoller Einsatz zum Wohl des Unternehmens.
In: Bullinger, H.J.: Handbuch des Informationsmanagements.
München: Beck 1991

/2/ Booch, Grady:
Object oriented design.
Redwood City, California; Fort Collins, Colorado; Menlo Park, California; Reading, Masschusetts; New York; Don Mills, Ontario; Wokingham, U.K.; Amsterdam; Bonn; Sydney; Singapore; Tokyo; Madrid; San Juan: The Benjamin/Cummings Publishing Company, Inc.

/3/ Chen, P:
The Entity-Relationsship Model - Towards a Unified View Of Data.
ACM Transactions on Database Systems, Vol. 1, No 1 (März 1976), Seiten 9 - 36.

/4/ Cox, B.J.:
Object-Oriented Programming: An Evolutionary Approach.
Addison Wesley, Reading, Mass., 1986.

/5/ Curth, M.A.; Giebel, M.L.:
Management der Softwarewartung.
Stuttgart: B.G. Teubner, 1989

/6/ Elzer, P.F.:
Management von Softwareprojekten. Informatik-Spektrum 12 (1989) 4, S. 181 - 197.

/7/ Fähnrich, K., Kroneberg, M.:
Benutzungsgerechte Gestaltung von Leitständen. In: IAO-Forum Werkstattorientierte Produktionsunterstützung, Stuttgart, 5/6 September 1990.

/8/ Ludewig, Jochen:
Software Engineering und CASE - Begriffserklärung und Standortbestimmung.
it 33 (1991) 3.

/9/ McMenamin, Stephen M.; Palmer, John F.:
Strukturierte Systemanalyse.
München, Wien: Hanser, London: Prentice Hall International, 1988

/10/ Meyer, Bertrand:
Objektorientierte Software-Entwicklung.
Wien: Verlag Carl Hanser 1990.

/11/ Nagl, Manfred:
Softwaretechnik: Methodisches Programmieren im Großen.
Berlin, Heidelberg, New York, London, Paris, Tokyo, HongKong, Barcelona: Springer Verlag 1990.

/12/ Wallmüller, Ernest:
Software-Qualitätssicherung in der Praxis.
München, Wien: Carl Hanser Verlag, 1990.

/13/ Willenbacher, K.:
Funktions- statt Datenintegration.
In: Produktionsforum ´91 Produktionsmanagement.
10. IAO-Jahrestagung
Berlin, Heidelberg, New York London, Paris, Tokyo, HongKong, Barcelona: Springer Verlag 1991

IAO-Forum
**Objektorientierte
Informationssysteme II**

**Methoden und Werkzeuge
zur Analyse und Auslegung
objektorientierter Systeme**

F. Wagner, U. Fischer

Methoden und Werkzeuge zur Analyse und Auslegung objektorientierter Systeme

Von der Informationsanalyse zum objektorientierten Informationssystem

Frank Wagner und Uwe Fischer,
Fraunhofer-Institut für Arbeitswirtschaft und Organisation, Stuttgart

Gliederung:

1. Einleitung
2. Motivation
3. Vorgehensweise
4. Das Werkzeug SIM-CSE
5. Fallbeispiel Unternehmensmodell
6. Zusammenfassung
7. Ausblick
8. Literatur

1 Einleitung

Zeit- und Kostenpotentiale zur Effizienz- und Effektivitätssteigerung werden bereits in der Fertigung erfolgreich genutzt. Auch im Engineering sowie in organisatorischen Abläufen des technischen Bereichs sind diese Potentiale vorhanden, können erkannt und gewinnbringend umgesetzt werden. Zunehmend setzt sich die Erkenntnis durch, daß für den geordneten Planungsprozeß von Ingenieurtätigkeiten eine Analyse der Auswirkungen organisatorischer Abläufe auf die informations- und kommunikationstechnische Infrastruktur erforderlich ist. Der Bedarf an umfassenden Analyse- und Planungsmethoden für den technischen Bereich fordert die intensive Betrachtung organisatorischer und informationstechnischer Fragen. Die Forderung aus dem Concurrent/Simultaneous Engineering nach Parallelisierung und engerer Verzahnung von Abläufen und Tätigkeiten darf nicht nur auf technische Entwicklungsprozesse beschränkt bleiben, sondern muß zur Sicherstellung der Wettbewerbsfähigkeit auch auf organisatorische, kommunikative und informationstechnische Fragestellungen übertragen werden.

Der Einsatz moderner Informationssysteme erfordert eine umfassende Betrachtung und Analyse des betrieblichen Umfeldes. In den Unternehmen sind häufig organisch gewachsene und teilweise isolierte Informationssysteme zu finden. Dabei stehen Informationen und deren durchgängige Verarbeitung im Unternehmen als zentraler Produktionsfaktor (Bild 1) im Mittelpunkt zahlreicher Aufgaben. Eine ganzheitliche Sicht der Organisationsstruktur sowie des strategischen und operativen Informationsmanagements ist hier notwendig.

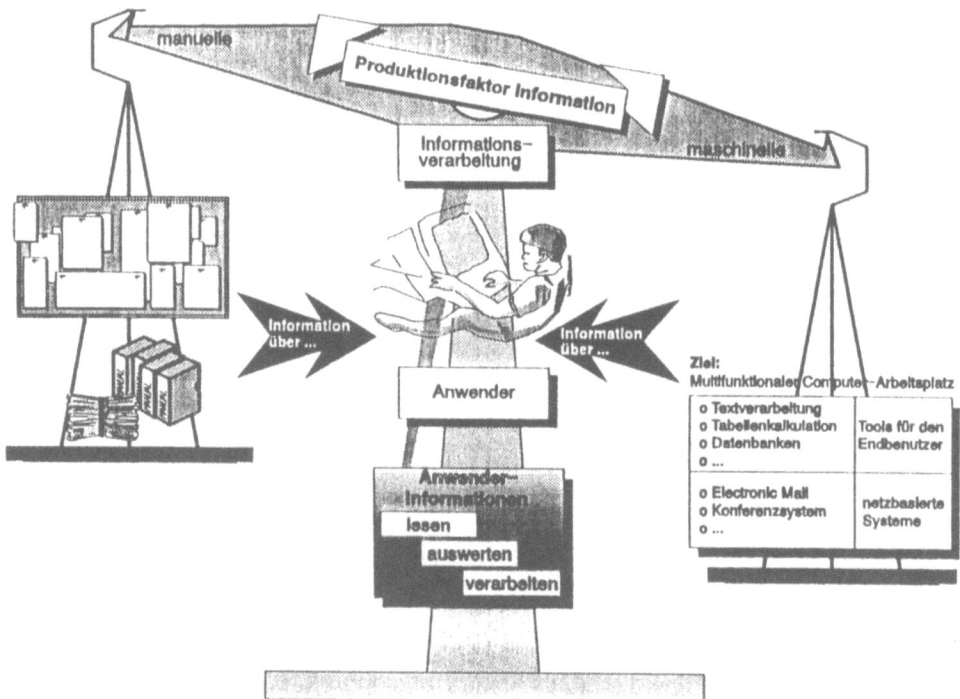

Bild 1: Information als Produktionsfaktor

2 Motivation

Bei der Konzeption und Einführung von Informationssystemen im Engineering steht eine detaillierte Informationsflußanalyse am Beginn der Methodik. Informationen, Funktionen und Organisationsstrukturen sind dabei in unterschiedlicher Form verknüpft. In Analogie zur Materialflußanalyse müssen dabei unterschiedliche Systeme bereits in der Planungsphase verglichen und bewertet werden. Die Motivation der Informationsflußanalyse besteht in der Beantwortung von Fragen folgender Art:

- Wie können sequentielle Abläufe parallelisiert oder enger verzahnt werden?
- Wo sind Engpässe?
- Wo und in welcher Größe sind Potentiale vorhanden?
- Sind alternative Organisationsformen und Informationsflüsse sinnvoll und effektiv?
- Wo müssen welche Informationen, in welcher Form, für wen und wann angeboten werden?
- Wie können Informationen schneller, zuverlässiger und aktueller gegenüber bisherigen Abläufen bereitgestellt werden?
- Welche Informationssysteme mit welchem Leistungsumfang müssen hierzu zur Verfügung stehen?

Aus den Antworten auf diese Fragen läßt sich die Konzeption einer einheitlichen Informations- und Kommunikationsbasis ableiten. Eine ausführliche Analyse und Spezifikation von Geschäftsfällen und die Bestimmung des Informationsbedarf der Abteilungen und Arbeitsgruppen ermöglicht erst das Erkennen von Integrationspotentialen im Engineering-Bereich.

Der Aufbau eines abteilungs- oder unternehmensweiten Informationsmanagements mit strategischer Planung der Informationssysteme und ihrer Handhabung ist erst auf dieser Basis möglich. Je besser die Strukturen der Informationssysteme der Strukturen und der Vorgehensweise der Anwender angepaßt werden können, um so effektiver und effizienter können diese Systeme eingesetzt werden. Als sehr wichtiges Kriterium erhöht sich dabei die Akzeptanz durch die Anwender entscheidend.

Die Konzeption, Implementierung, Installation und Integration von modernen, objektorientierten Informationssystemen muß aus der anthropozentrischen Sichtweise der Anwender geplant und durchgeführt werden. Durch eine frühzeitige Einbindung der Benutzer mit Hilfe der grafischen und animierten Modelle der aktuellen und zukünftigen Informationsflüsse wird eine problemfreie Einführung unterstützt.

3 Vorgehensweise

Informationsflüsse im Unternehmen können mit unterschiedlichen Methoden und Verfahren bestimmt werden. Ein interessanter Ansatz, der auf einem "Informationsmodell der CIM Architektur" aufbaut, wird von GERELLE und STARK [GeSt88] präsentiert. Dabei werden die statischen und dynamischen Interaktionen in einem Unternehmen durch vier Komponenten beschrieben:

- Kontrollfluß
- Kontrollstruktur
- Datenfluß
- Datenstruktur

Von diesen vier Beschreibungen werden die ersten drei durch ein Modell mit dem unten beschriebenen Werkzeug SIM-CSE abgedeckt. Zusätzlich zu dem SIM-CSE-Modell ist noch ein Entity-Relationship-Modell sinnvoll, um komplexe Datenstrukturen komplett zu beschreiben. Das Bild 2 zeigt beispielhaft das vereinfachte Modell einer Datenstruktur aus dem CAD-Bereich. Das mit SIM-CSE erstellte Modell ist eine dynamische (d.h. zeitabhängige und simulierbare) Beschreibung von Kontrollstruktur und -fluß sowie Datenfluß und großen Teilen der Datenstrukturen. In der Realität vorhandene Parallelen und Nebenläufigkeiten werden korrekt abgebildet und bei Analyse und Simulation beachtet.

Die eigentliche Vorgehensweise beim Einsatz des Werkzeugs SIM-CSE bei der Auslegung objektorientierter Informationssysteme gliedert sich in sechs Hauptstufen (Bild 3):

1. Aufnahme der Ist-Situation
   Der Ist-Zustand wird abgebildet und das Modell in Diskussionen mit Beteiligten verifiziert und validiert.

2. Ermittlung von Potentialen
   Bei der Analyse und Simulation des Modell können vorhandene Potentiale an Zeit und Ressourcen ermittelt und quantifiziert werden.

3. Entwicklung eines neuen Prozeßmodells
   Aus dem Ist-Zustand und den ermittelten Potentialen kann ein neues Prozeß- oder Vorgangskettenmodell für die neue Soll-Situation entwickelt werden.

4. Definition des Informationsflusses
   Für das in Stufe 3 definierte neue Prozeßmodell wird nun der neue Informationsfluß genau definiert und in dem hierarchischen Modell entsprechend der erforderlichen Genauigkeit abgebildet.

5. Konzeption und Implementierung von Informationssystemen
   Aus der Definition und Spezifikation des Informationflusses läßt sich die Konzeption des Leistungsumfangs und der Funktionalität von (objektorientierten) Informationssystemen ableiten. Eine objektorientierte Implementierung wird direkt unterstützt.

6. Einführung und Validierung der Informationsysteme im neuen Umfeld
   Als abschließender Schritt steht die Einführung und Validierung im Unternehmen. Die Schulung und das Training der Mitarbeiter im Umgang mit den neuen Strukturen und Werkzeugen sichert eine erfolgreiche Umsetzung.

Diese generische Vorgehensweise beinhaltet in den einzelnen Abschnitten eine iterative Methodik. Im Rahmen der individuellen Projektarbeit wird dieser Ablauf an die vorhandene Aufgabe adaptiert und, falls notwendig, individuell modifiziert.

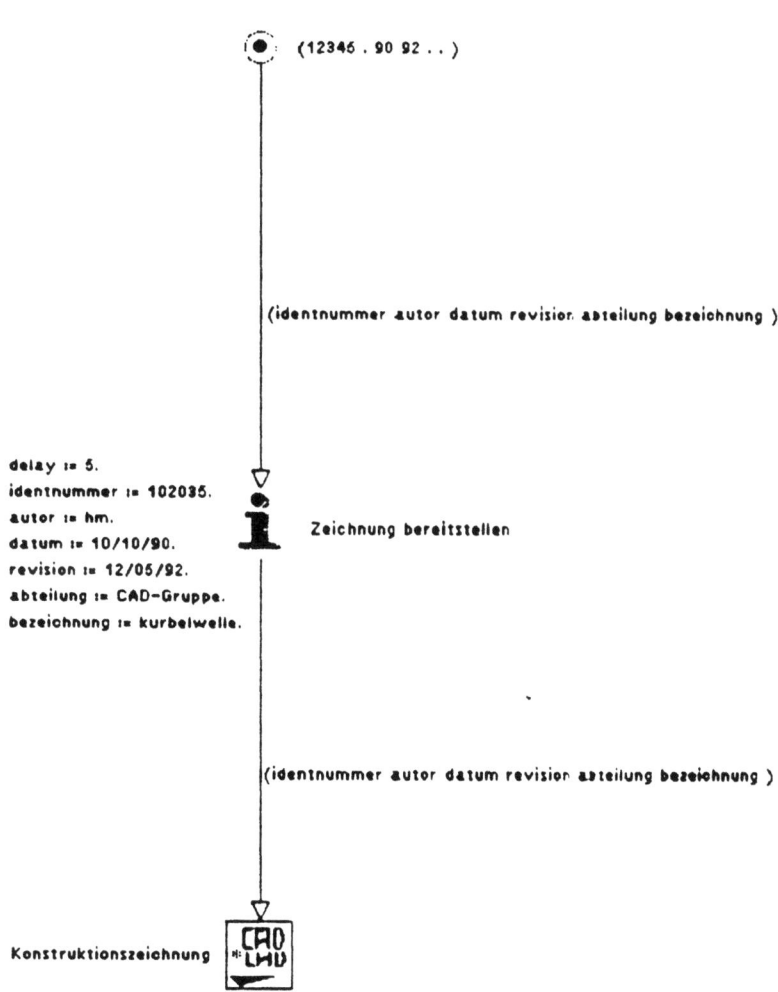

Bild 2: Das vereinfachte Modell einer Datenstruktur aus dem CAD-Bereich

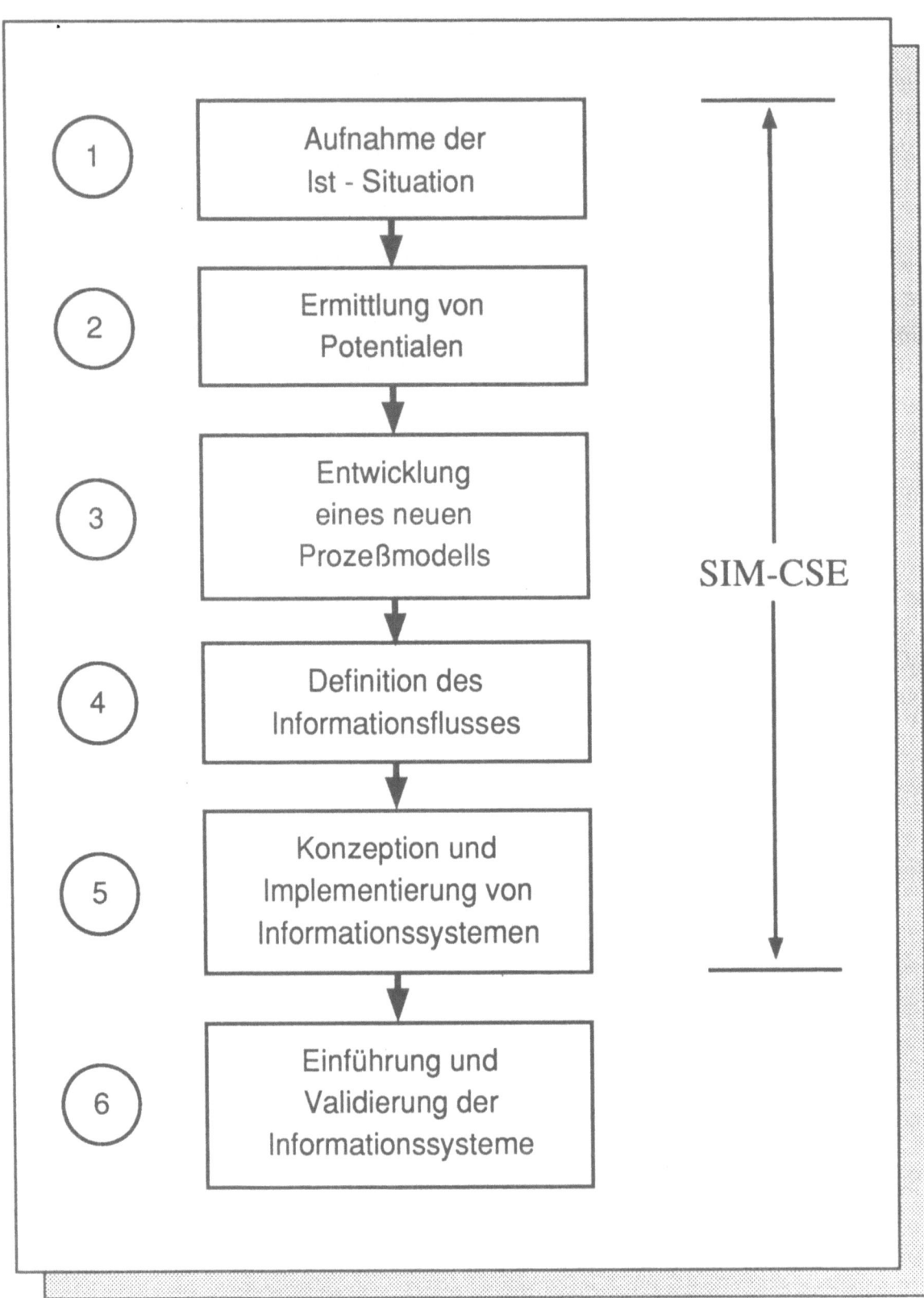

Bild 3: Methodik bei der Arbeit mit SIM-CSE

4 Das Werkzeug SIM-CSE

SIM-CSE ist ein interaktives, rechnergestütztes und einfach zu bedienendes Werkzeug. Es kann bereits in der Anfangsphase der Ist-Analyse direkt vor Ort eingesetzt werden. Als Ergänzung oder Ersatz von Methoden wie beispielsweise Strukturiertes Interview, Metaplan-Technik oder Mind-Mapping können sofort Organisationsstrukturen und Informationsflüsse aufgenommen und visualisiert werden. Dabei ergibt sich eine hohe Transparenz der betrieblichen Abläufe im gesamten betrachteten Unternehmensteil.

Bei der Analyse und Simulation der Organisationsstrukturen und Informationsflüsse werden diese als Objekte modelliert. Diese Modellierung kann beliebig hierarchisiert werden: Strukturen können in tiefer liegenden Ebenen weiter detailliert oder auf höheren Ebenen zusammengefaßt werden. Ein wesentlicher Vorteil dieses Werkzeuges ist, daß die Systemgrenzen nicht von Anfang an definiert, sondern im Laufe der Modellierung dynamisch geändert werden können.

Die interaktive Benutzungsoberfläche erlaubt dabei den beliebigen Wechsel zwischen dem Modellierungs- und Simulationsmodus. Mit dieser Möglichkeit und der Visualisierung der Organisationsmodelle durch aussagekräftige grafische Symbole (Icons) ergibt sich eine hohe Akzeptanz bei den Anwendern und Projektpartnern. Bild 4 zeigt eine Kopie der Benutzeroberfläche von SIM-CSE.

SIM-CSE basiert auf dem Petri-Netz-Werkzeug PACE [PACE90]. Dem Werkzeug liegen als beschreibende Struktur erweiterte, zeitbehaftete und farbige Petri-Netze zu Grunde. Diese Netze bestehen aus nur vier prinzipiellen Elementen:

- Stellen als Zustände oder passive Elemente,
- Transitionen als Zustandsübergänge oder aktive Elemente,
- Pfeile oder Kanten, welche jeweils unterschiedliche Elemente verbinden und
- Marken auf Stellen, die den aktuellen Zustand des Systems darstellen.

Petri-Netze haben sich bei der Modellierung und Analyse von Rechnersystemen und anderen parallelen Systemen seit Jahrzehnten in der Praxis bewährt. (Als Einführung in ihre Theorie und Anwendung sei das Buch von REISIG [Rei82] empfohlen.)

Durch die Simulationen und ihre entsprechende Auswertung lassen sich qualitative Aussagen in den Grenzen der Abbildungsgenauigkeit der verwendeten Modelle quantifizieren. Diese Ergebnisse bilden eine gute Grundlage für anstehende organisatorische und informationstechnische Entscheidungen.

Bei der Modellierung werden die analysierten Informationsfluß-Entitäten als Objekte im Sinne der/des objektorientierten Analyse/Designs abgebildet. Dabei werden diese Entitäten detailliert spezifiziert und in Smalltalk-80-Syntax notiert. Mit dieser Beschreibungsform können diese analysierten und modellierten Informationsobjekte direkt für die Konzeption und Implementierung von Informationsmanagement-

Systemen auf der Basis von objektorientierten Datenbankmanagementsystemen (OODBMS) genutzt werden. Die Umsetzung und Implementierung der erarbeiteten Konzepte auf der operativen Ebene wird hierdurch durchgängig unterstützt. Diese Durchgängigkeit des Werkzeugs in Semantik (und bei Smalltalk-basierten OODBMS auch in der Syntax) erlaubt eine integrierte Auslegung von objektorientierten Informationssystemen.

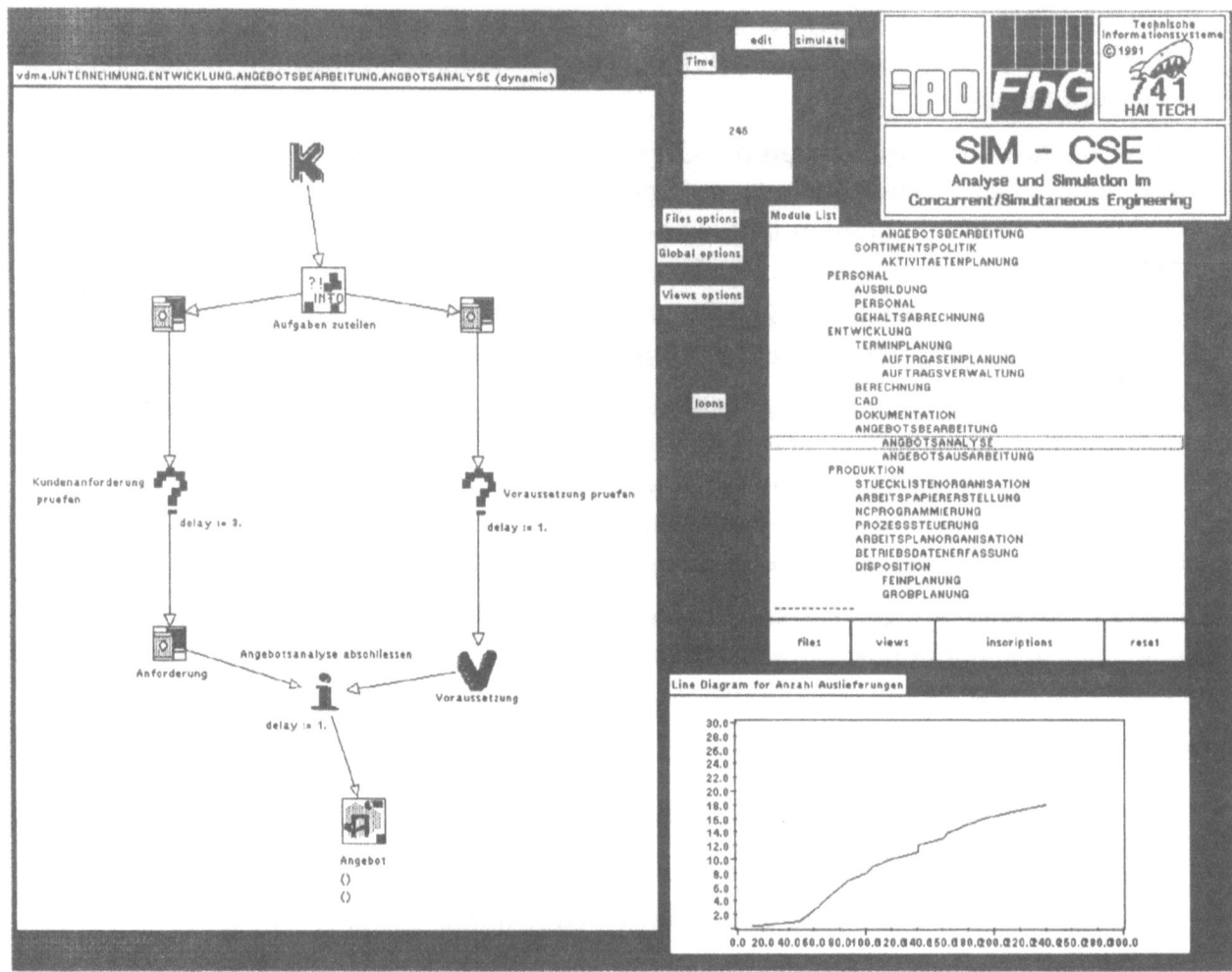

Bild 4: Bildschirmkopie der Benutzeroberfläche von SIM-CSE

5   Fallbeispiel Unternehmensmodell

Die Potentiale und Einsatzmöglichkeiten der Methodik und des Werkzeugs SIM-CSE soll an Hand eines Fallbeispiels dargestellt werden. Das generische Unternehmensmodell des von VDMA herausgegebenen DV-Leitfadens [VDMA80] wurde mit SIM-CSE umgesetzt. Zur Einleitung soll hier daraus zitiert werden (Seite 3):

Was aber macht nun diese Entscheidung, in welchem Umfang EDV genutzt werden soll, so schwierig? Häufig ist in Klein- und Mittelbetrieben der Informationsstand über firmeninterne Arbeits- und Produktionsabläufe unzureichend. Auf der anderen Seite besteht Unklarheit über die generellen Einsatzmöglichkeiten eines Computers. Und zum Dritten ist man sich nicht im klaren darüber, welche Aufgaben auf welche Weise auf den Computer übertragen werden sollen.

Im Laufe der letzten zwölf Jahre hat sich an dieser Aussage nur wenig geändert. Die geschilderten Wissensdefizite sind auch heute noch akut und nicht auf Klein- und Mittelbetriebe beschränkt. Exemplarisch wird an diesem Fallbeispiel die Modellierung eines gesamtbetrieblichen Informationsablaufes gezeigt; die Arbeitsweise und die Fragestellungen, die mit SIM-CSE beantwortet werden können, sind bereits in Kapitel 4 beschrieben.

Mit SIM-CSE wurde die in der VDMA Studie aufgestellte Unternehmensstruktur mit ihrem organisatorischen Aufbau und ihren Informationsflüssen abgebildet. Bild 5 zeigt die Struktur des Gesamtsystems Fertigungsunternehmen, gegliedert nach seinen sechs betrieblichen Funktionen

- Finanzen
- Beschaffung
- Absatz
- Personal
- Entwicklung
- Produktion

und nach den Aufgaben seiner Teilsysteme.

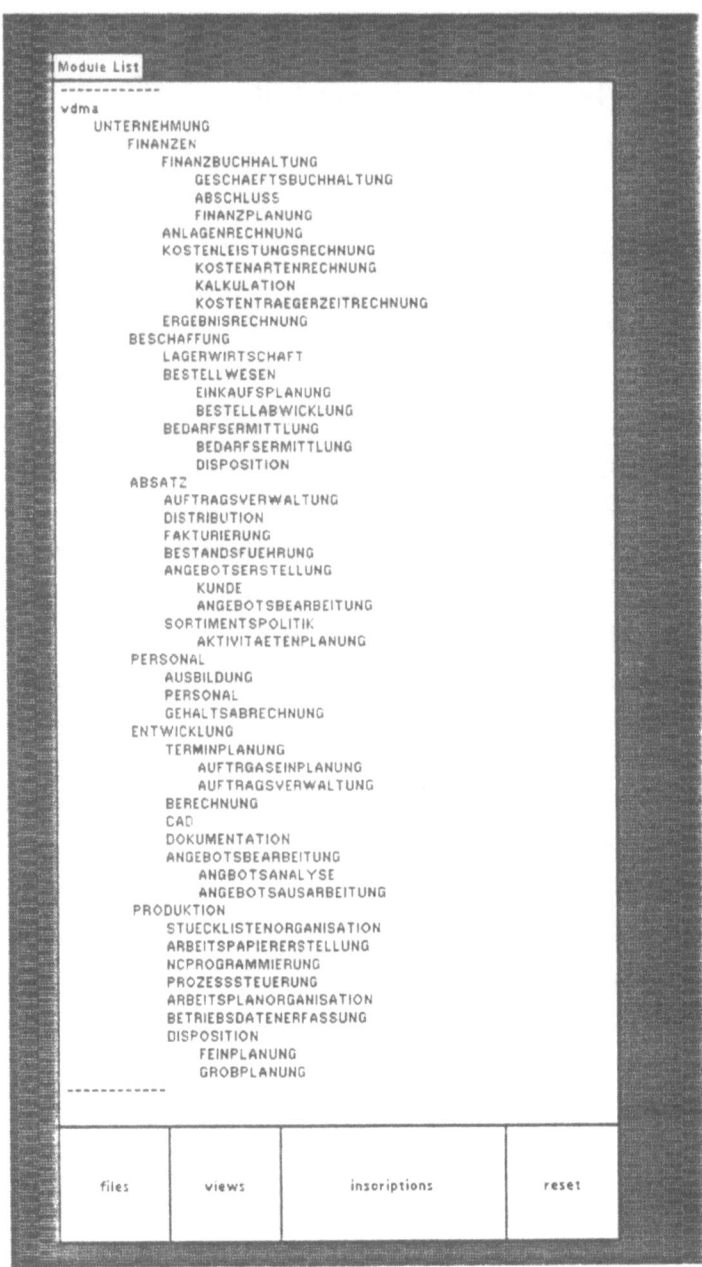

Bild 5: Modulliste des Gesamtsystems "Fertigungsunternehmen"

Funktionen und Aufgaben werden nach dem dem SIM-CSE zugrundeliegenden hierarchischen Modell als Module dargestellt und mit der in Bild 5 gezeigten Modulliste zur Übersicht und zur Auswahl in der Benutzeroberfläche angeboten. Der Benutzer von SIM-CSE hat die Möglichkeit einzelne Module im Detail zu betrachten oder über den Gesamtüberblick der Modulstruktur mit einer Simulation zu beginnen. Von der Selektion des Moduls (Funktion) "Entwicklung" beispielsweise ausgehend, gelangt man in der nächstunteren Hierarchieebene zu den Aufgaben "Auftragseinplanung" und "Auftragsverwaltung" als Bestandteil der Teilaufgabe "Terminplanung", deren Abbildung in der Benutzeroberfläche von SIM-CSE in Bild 6 dargestellt ist.

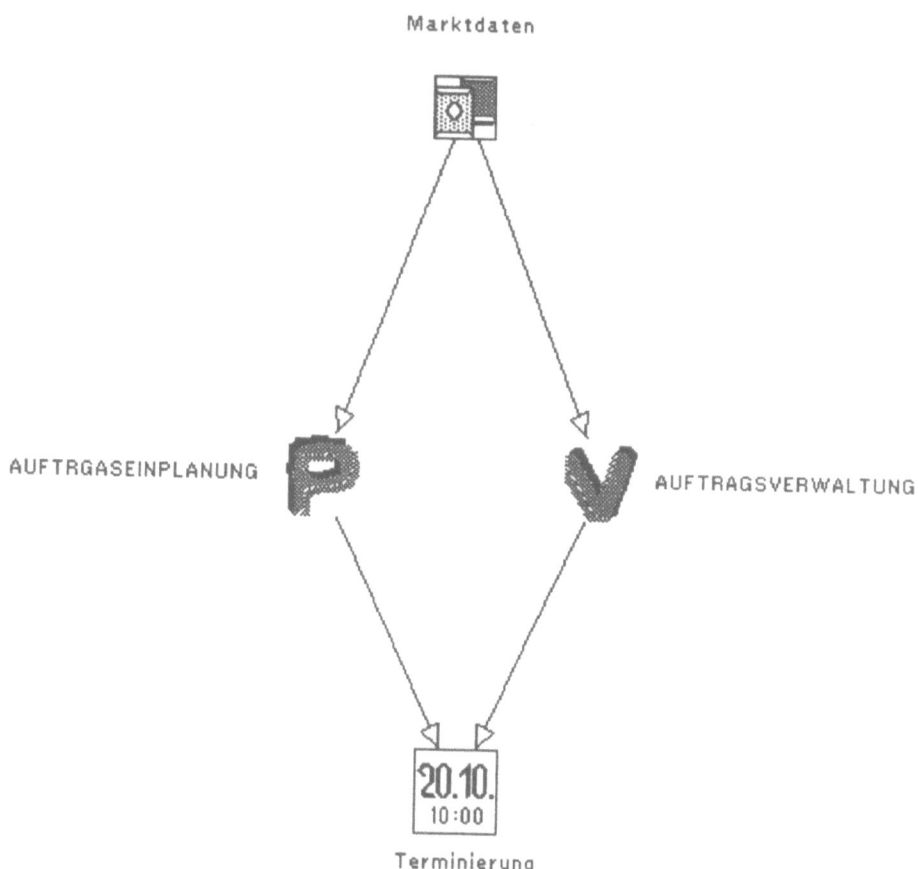

Bild 6: Teilaufgabe "Terminplanung" des Moduls "Entwicklung"

In Ergänzung zur rein organisatorischen Gliederung, die in der strukturellen Abbildung enthalten ist und auch durch herkömmliche Informationsflußdiagramme grafisch darstellbar ist, können durch die Petri-Netz Basis von SIM-CSE auch zeitliche Dimensionen, wie z. B. Bearbeitungszeit (Verweildauer) pro Vorgang integriert werden. Dadurch ist die realitätsnahe Abbildung der Informationsflüsse gewährleistet. Neben der festen Verweildauer ist es auch möglich, bestimmte statistische Verteilungen vorzugeben und damit praxisnahe Verhältnisse zu simulieren. Das folgende Bild zeigt die Modellierung der Teilaufgabe "Auftragseinplanung" auf der untersten Hierarchieebene, d. h. in der höchsten Detaillierungsstufe. Die dargestellten Vorgänge sind in diesem Beispiel mit einer festen Verweildauer der sie durch fließenden Information behaftet, die sich für verschiedene Simulationsgänge beliebig verändern oder auch mit Hilfe statistischer Verteilungen berechnen läßt.

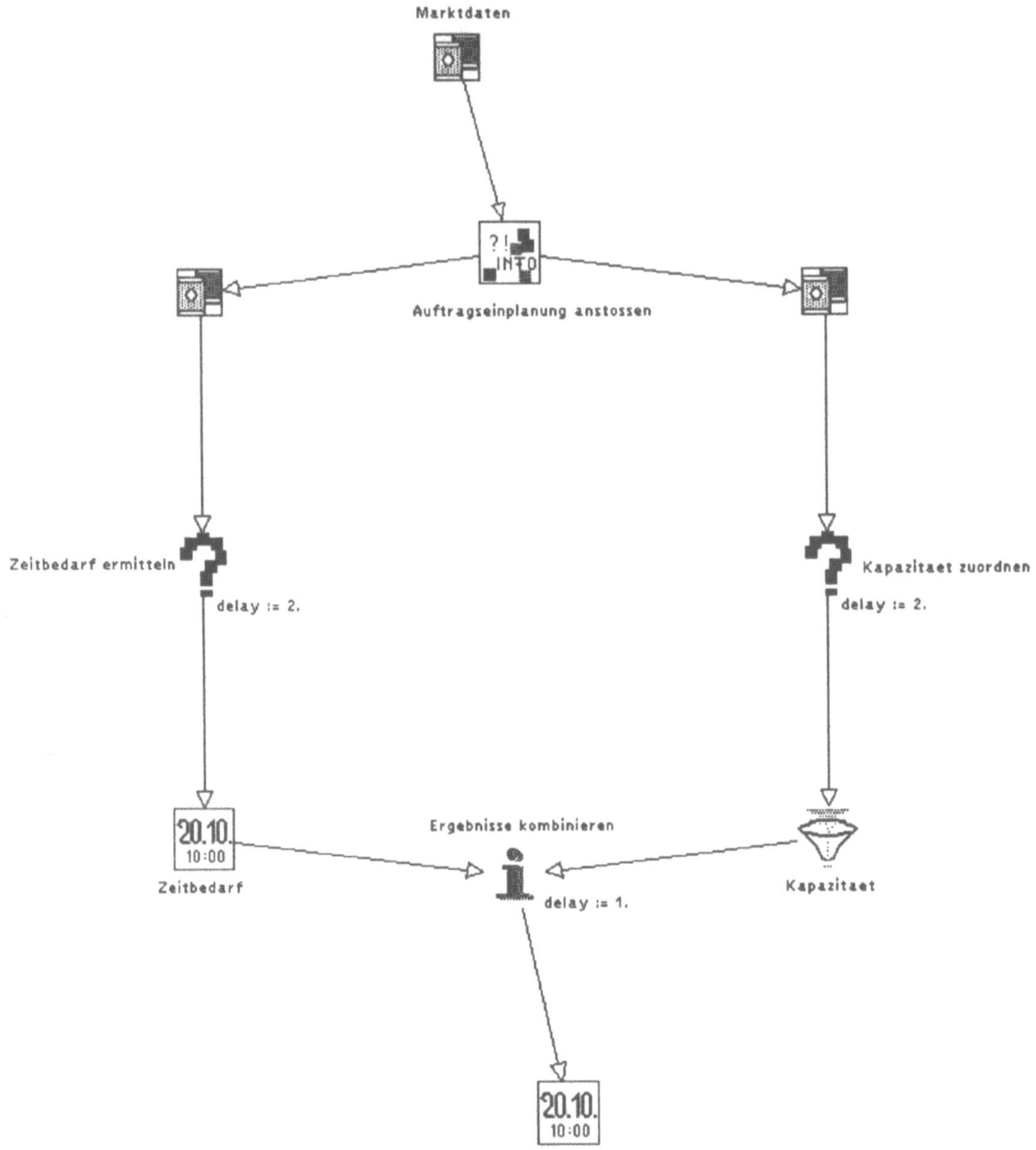

Bild 7: Teilaufgabe "Auftragseinplanung" im Detail mit Verweildauer

In Bild 8 ist das Modul "Entwicklung" als Übersicht mit seinen untergeordneten Teilaufgaben dargestellt. Deutlich erkennbar sind die unterschiedlichen Ergebnisse, die in den Teilaufgaben anfallen und deren Merkmale und formelle Struktur bei der Modellierung eines Informationssystems als Grundlage dienen.

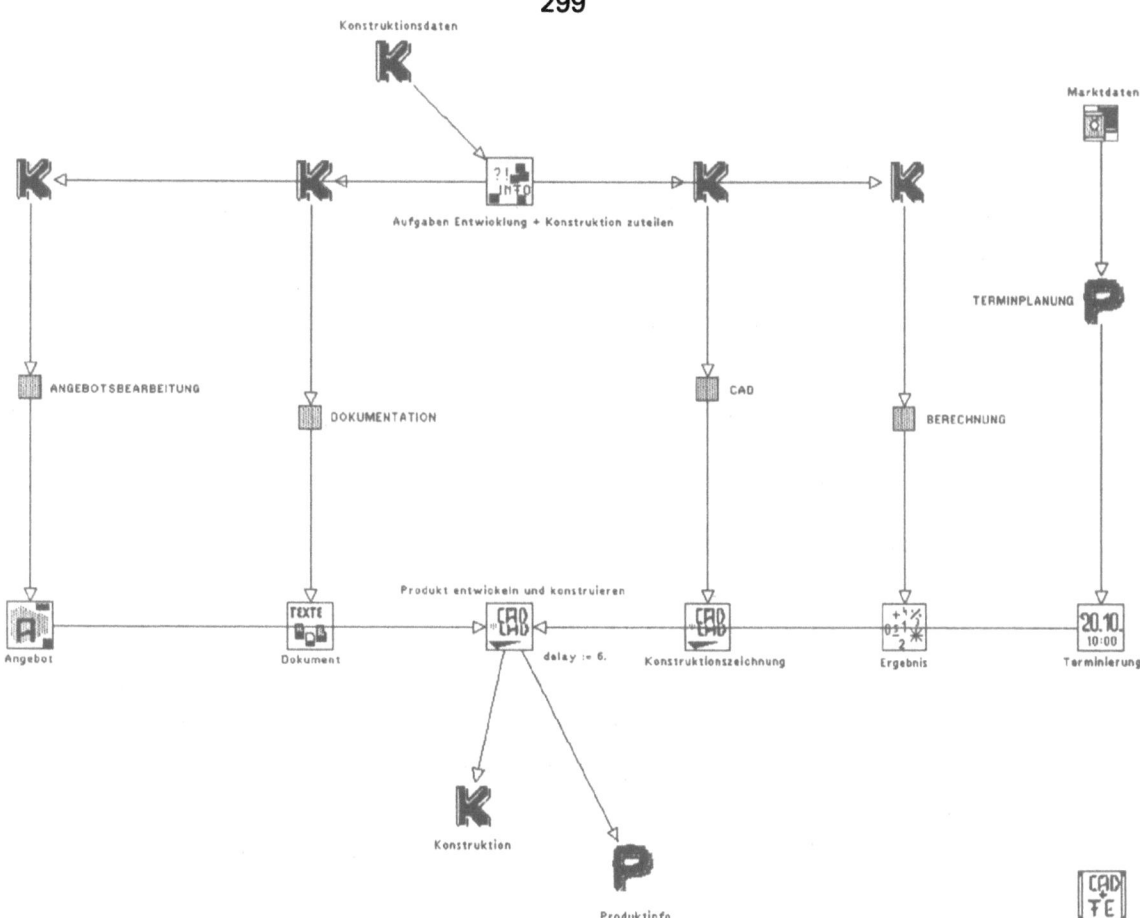

Bild 8: Modul "Entwicklung" mit Teilaufgaben in der Übersicht

Um eine fundierte Aussage über die Leistungsfähigkeit eines modellierten Informationsflusses zu treffen, ist eine statistische Auswertung der Simulationsergebnisse unerlässlich. Mit Hilfe von SIM-CSE ist es in dem beschriebenen Beispiel möglich, die Häufigkeit der Aufträge, die in bestimmten Zeitintervallen bearbeitet wurden, festzustellen.

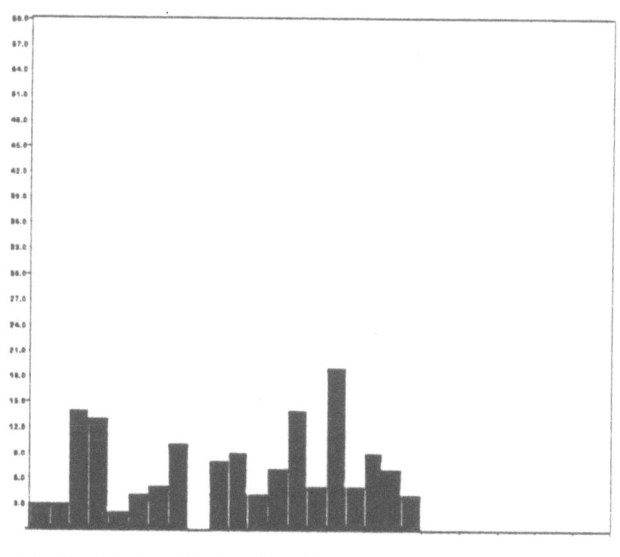

Bild 9: Statistische Auswertung der Simulation mit SIM-CSE

Bild 9 zeigt eine exemplarische grafische Darstellung dieser Auswertung. Auf der Ordinate ist die Bearbeitungsdauer eines Auftrages in dimensionslosen Zeiteinheiten auftgetragen, die Abszisse gibt die Anzahl der in diesem Zeitinterval bearbeiteten Aufträge wieder. Mit Hilfe der so gewonnenen Daten können durch zusätzliche Auswertealgorithmen Fragen beantwortet werden, wie z. B.:

- Wieviele Aufträge wurden in weniger als drei Zeiteinheiten bearbeitet?
- Wieviele Aufträge benötigten mehr als 18 Zeiteinheiten?
- Wie lange wurde ein Auftrag durchschnittliche bearbeitet?
- Wie groß war die kürzeste/längste Durchlaufzeit?

Das teilweise beschriebene Fallbeispiel Fertigungsunternehmen und seine Modellierung, Analyse und Informationsflußsimulation mit SIM-CSE zeigt in besonderem Maße den integrativen Ansatz der beschriebenen Methode. Nicht die Optimierung eines einzelen Arbeitsschrittes steht im Vordergrund, sondern die effektive Gestaltung des Gesamtablaufes. Dadurch werden insbesondere Bestrebungen nach Datendurchgängigkeit und Systemintegration unterstützt, die an die Stelle der zur Zeit noch vorherrschenden Informations- und Systeminseln getreten sind.

6 Zusammenfassung

Mit SIM-CSE und den ihm zugrunde liegenden Methoden und Konzepten ist eine durchgängige Methodenfolge für das Informations- und Kommunikationsmanagement im Engineering entstanden. Von der Ist-Zustands-Analyse über die Reorganisation und Verbesserung der Kommunikation bis zum Entwurf, Implementierung und Einführung von neuen Informations- und Kommunikationssystemen stehen nun durchgängige Methoden und Werkzeuge zur Verfügung. Die objektorientierte Implementierung und Benutzungsoberfläche sowie die Schnittstellen zur Konzeption von objektorientierten Informationssystemen sind dabei wichtige Bestandteile.

Allerdings haben auch die besten rechnergestützten Methoden und Werkzeuge ihre Grenzen. Die Kreativität des Gestalters und seine analytischen Fähigkeiten können damit auf keinen Fall ersetzt, sondern nur unterstützt werden. Qualitative Aspekte sind häufig nur schwer zu quantifizieren. Dabei ist nur eine ganzheitliche und anthropozentrische Sicht in der Lage, komplexe Abläufe und Informationsprozesse im Engineering zu optimieren. Psychologische und soziale Aspekte lassen sich auch in der objektorientierten Analyse nur unzureichend auf einem Rechner abbilden.

7 Ausblick

Die Methodik und das Werkzeug SIM-CSE ist aus der Projektarbeit der Gruppe "Technische Informationssysteme" am Fraunhofer-Institut für Arbeitswirtschaft und Organisation (IAO) heraus entstanden und wurde erfolgreich eingesetzt. Dabei wird das Werkzeug und die zu Grunde liegende Vorgehensweise ständig weiterentwickelt und evaluiert. Im Ausblick werden derzeit folgende Erweiterungen angedacht:

- die Entwicklung und Bereitstellung von Modulbibliotheken,
- die noch engere Anbindung an objektorientierte CASE-Tools zum Entwurf von objektorientierten Datenbanksystemen,
- die Abbildung der technischen Abläufe innerhalb der Informationssysteme sowie
- eine methodische Unterstützung des Anwenders bei der Modellierung und Analyse.

Die weitere Projektarbeit wird zeigen, wie sich dieses vielversprechende Werkzeuge mit seiner Methodik weiterentwickelt. Die vorhandenen Potentiale scheinen aber noch nicht ausgeschöpft zu sein.

8 Literatur

[Boo91] Booch, G.: Object Oriented Design with Applications, Benjamin/Cummings Publishing Company, Inc., Redwood City, CA, 1991.

[Ben91] Benedini, K.: Informationsmanagement entlang der Wertschöpfungskette - Konzepte, Erfahrungen, In: Bullinger, H.-J. (Hrsg.): 3. F&E Management-Forum, gfmt-Gesellschaft für Management und Techologie-Verlags KG, München, 1991.

[Bul91a] Bullinger, H.-J. (Hrsg.): Handbuch des Informationsmanagement im Unternehmen, Verlag C.H.Beck, München, 1991.

[Bul91b] Bullinger, H.-J.: Neue Wege der Informationsverarbeitung, In: Bullinger, H.-J. (Hrsg.): IAO-Forum Objektorientierte Informationssysteme, Springer-Verlag, Berlin u.a., 1991.

[GeSt88] Gerelle. I.G.R. und Stark, J.: Integrated Manufacturing - Strategy, Planning and Implementation, McGraw Hill, New York, 1988.

[PACE90] o. V. : PACE User's Manual, GPP Gesellschaft für Prozeßrechnerprogrammierung mbH Oberhaching bei München, 1990.

[Rei82] Reisig, W.: Petrinetze Eine Einführung, Springer-Verlag, Berlin u.a., 1982

[Sche90] Scheer, A.-W.: Wirschaftsinformatik Informationssysteme im Industriebetrieb, Springer-Verlag, Berlin u.a., 1990.

[VDMA80] Verband Deutscher Maschinen- und Anlagenbau e. V., Abteilung Betriebswirtschaft und Informatik: DV-Leitfaden für Klein -und Mittelbetrieb im Maschinenbau, Maschinenbau-Verlag, 1980.

If you have any concerns about our products,
you can contact us on
ProductSafety@springernature.com

In case Publisher is established outside the EU,
the EU authorized representative is:
Springer Nature Customer Service Center GmbH
Europaplatz 3, 69115 Heidelberg, Germany

Printed by Libri Plureos GmbH
in Hamburg, Germany